Procedimentos clínicos em felinos

Procedimentos clínicos em felinos

EDITORAS

Fernanda Vieira Amorim da Costa

Christine Souza Martins

manole
editora

Projeto gráfico e diagramação: Departamento de arte da Editora Manole
Ilustrador: Igor R. Santos
Capa e imagem da capa: Iuri Guião

CIP-BRASIL. CATALOGAÇÃO NA PUBLICAÇÃO
SINDICATO NACIONAL DOS EDITORES DE LIVROS, RJ

P956

Procedimentos clínicos em felinos / editoras Fernanda Vieira Amorim da Costa , Christine Souza Martins. - 1. ed. - Barueri [SP] : Manole, 2026.

Inclui bibliografia e índice
ISBN 9788520470268

1. Medicina veterinária. 2. Felídeos. I. Costa, Fernanda Vieira Amorim da. II. Martins, Christine Souza.

25-100222.0 CDD: 636.089
CDU: 636.09

Carla Rosa Martins Gonçalves - Bibliotecária - CRB-7/4782

Edição – 2026

Editora Manole Ltda.
Alameda Rio Negro, 967 – cj. 717
Alphaville – Barueri – SP – Brasil
CEP: 06454-000
Fone: (11) 4196-6000
www.manole.com.br | https://atendimento.manole.com.br/

Impresso no Brasil
Printed in Brazil

Editoras

Fernanda Vieira Amorim da Costa

Médica-veterinária e mestre em Medicina Veterinária pela Universidade Federal Fluminense (UFF). Doutora em Ciências Veterinárias pela Universidade Federal do Rio Grande do Sul (UFRGS). Presidente da Academia Brasileira de Clínicos de Felinos (ABFeL). Professora Associada de Clínica Médica de Felinos Domésticos do Departamento de Clínica e Cirurgia Veterinárias da Universidade Federal de Minas Gerais (UFMG). Pesquisadora permanente e orientadora no Programa de Pós-graduação em Ciências Veterinárias da UFRGS e mestrado no Programa de Pós-graduação em Ciência Animal da UFMG.

Christine Souza Martins

Médica-veterinária e mestre pela Universidade Federal de Viçosa (UFV). Doutora em Ciências Animais pela Universidade de Brasília (UnB). Professora Adjunta de Clínica Médica de Animais de Companhia da UnB. Membra fundadora da Academia Brasileira de Clínicos de Felinos (ABFeL). Coordenadora do Serviço de Medicina Felina do Hospital Veterinário da UnB. Coordenadora do Grupo de Estudos em Medicina Felina da UnB (GEMFEL – UnB).

Autores

Álan Gomes Pöppl

Médico-veterinário pela Universidade Federal do Rio Grande do Sul (UFRGS). Residência em clínica e cirurgia de pequenos animais. Mestre em Ciências Biológicas pelo Instituto de Ciências Básicas da Saúde da UFRGS e doutor em Ciências Veterinárias pelo Programa de Pós-graduação em Ciências Veterinárias (PPGCV) da UFRGS. Sócio-fundador e vice-presidente (gestão 2019-2022) da Associação Brasileira de Endocrinologia Veterinária (Abev). Professor adjunto do Departamento de Medicina Animal da Faculdade de Veterinária da UFRGS, coordenador do Serviço de Endocrinologia e Metabologia do Hospital de Clínicas Veterinárias (HCV) da UFRGS e professor permanente do PPGCV da UFRGS.

Alessandra Vieira Pereira

Mestre em Medicina Veterinária pela Universidade Federal Fluminense (UFF). Pós-graduada em Dermatologia Veterinária pela Universidade de São Paulo (USP). Doutora em Ciências, com ênfase em doenças infecciosas, pela Fundação Oswaldo Cruz (Fiocruz).

Alexandre Bendas

Graduado em Medicina Veterinária pela Universidade Federal Fluminense (UFF). Mestrado e doutorado em Clínica Médica e Reprodução Animal pela UFF. Atuando na área de Cardiologia Clínica e Eletrocardiografia desde 2000. Professor adjunto de Clínica Médica de Animais de Companhia da Universidade Federal Rural do Rio de Janeiro (UFRRJ).

Bruna Cenci Ortiz

Médica-veterinária pela Universidade de Passo Fundo (UPF). Residência em clínica médica de cães e gatos pela Universidade Luterana do Brasil (Ulbra). Especialização em Clínica Médica e Cirúrgica de Pequenos Animais pela Faculdade Qualittas. Mestrado em Clínicas Veterinárias pela Universidade Estadual de Londrina (UEL). Doutoranda em Ciências Veterinárias pela Universidade Federal do Rio Grande do Sul (UFRGS).

Bruno Benetti Junta Torres

Residência em cirurgia de pequenos animais pela Universidade Federal de Lavras (UFLA). Mestre e doutor em Ciência Animal pela Universidade Federal de Minas Gerais (UFMG). Diplomado especialista em Cirurgia Veterinária pelo Colégio Brasileiro de Cirurgia Veterinária. Presidente da Associação Latino-americana de Neurologia Veterinária (NeuroLatinVet). Membro fundador e diretor científico da Associação Brasileira de Neurologia Veterinária (ABNV) desde 2012. Professor adjunto de Clínica e Cirurgia da Escola de Veterinária e Zootecnia da Universidade Federal de Goiás (EVZ/UFG). Responsável pelo Serviço de Neurologia e Neurocirurgia do Hospital Veterinário da EVZ/UFG.

Carine Ribas Stefanello

Mestre e doutora em Ciências Veterinárias pela Universidade Federal do Rio Grande do Sul (UFRGS). Sócia-proprietária da OTOVET – Otologia Veterinária.

Cristiano Gomes

Graduado em Medicina Veterinária pela Universidade Luterana do Brasil (Ulbra). Residência em Clínica e Cirurgia de Pequenos Animais na Ulbra. Residência em Cirurgia de Pequenos Animais na Universidade Federal do Rio Grande do Sul (UFRGS). Mestrado em Ciências Veterinárias pela UFRGS. Doutorado em Medicina Veterinária pela Universidade Federal de Santa Maria (UFSM). Professor adjunto do Departamento de Medicina Animal da UFRGS.

Heloisa Justen Moreira de Souza

Professora titular da Universidade Federal Rural do Rio de Janeiro (UFRRJ). Professora e orientadora do curso de Pós-graduação em Medicina Veterinária – Patologia e Ciências Clínicas da UFRRJ. Responsável pelo Setor Exclusivo de Atendimentos de Gatos Domésticos do Hospital Veterinário da UFRRJ. Tutora dos Residentes de Clínica Cirúrgica e Medicina Felina do Hospital Veterinário da UFRRJ.

Karen Macambira

Graduada pela Universidade Estadual do Ceará (UECE), Residência em cardiologia e doenças respiratórias de animais de companhia pela Universidade Federal Rural do Rio de Janeiro (UFRRJ). Mestrado em Patologia e Ciências Clínicas pela UFRRJ. Curso de ecodopplercardiografia níveis básico, intermediário e avançado pelo Instituto Naya – São Paulo. Professora de pós-graduação no Instituto Qualittas e professora convidada em outras instituições de pós-graduação.

Kátia Barão Corgozinho

Graduação em Medicina Veterinária na Universidade Federal Fluminense (UFF). Curso de especialização em Cirurgia de Pequenos Animais na Universidade Estadual Paulista Júlio de Mesquita Filho (Unesp), Botucatu. Mestre em Clínica e Cirurgia Veterinária na Universidade Federal Rural do Rio de Janeiro (UFRRJ). Doutora em Medicina Veterinária pela UFF e pós-doutorado pela UFRRJ. Revisora da revista *Journal of Feline Medicine and Surgery*. Trabalha com clínica e cirurgia de felinos.

Leandro Fadel

Graduado em Medicina Veterinária pela Universidade Federal de Lavras (UFLA). Mestrado em Ciências pela Universidade de São Paulo (USP). Título de especialista em Medicina Veterinária intensiva pela Brazilian Veterinary Emergency and Critical Care Society (BVECCS), reconhecido pelo Conselho Federal de Medicina Veterinária (CFMV). *Chief Knowledge Officer* do Hospital Veterinário Vettie (RS). Professor assistente de Emergências em Pequenos Animais – Oklahoma State University (EUA).

Luana de Sousa Ribeiro

Graduada em Medicina Veterinária pela Universidade Federal de Goiás (UFG). Intercâmbio pelo programa Programa Brasil França Agricultura (Brafagri) para a École Nationale Vétérinaire de Toulouse. Mestre em Ciência Animal pela UFG, com enfoque em Patologia Clínica. Pós-graduação *lato sensu* em Clínica Médica e Cirúrgica de Pequenos Animais pela Qualittas/Facesp. Residência em clínica médica de cães e gatos pela Universidade Federal Fluminense (UFF). Doutoranda em Ciência Animal na UFG e pós-graduanda *lato sensu* em Neurologia e Neurocirurgia Veterinária na Ufape Intercursos.

Maiara Poersch Seibel

Estudante de Medicina Veterinária da Universidade Federal do Rio Grande do Sul (UFRGS).

Marcela Torikachvili
Médica-veterinária graduada pela Universidade Federal do Rio Grande do Sul (UFRGS). Mestre pelo Programa de Pós-graduação em Ciências Veterinárias (PPGCV) da UFRGS. Especialização (em andamento) em Oftalmologia Veterinária pela Ufape Intercursos. Atua no Hospital Vettie – Porto Alegre-RS.

Marcele Bettim Bandinelli
Médica-veterinária pela Universidade Federal do Rio Grande do Sul (UFRGS). Mestre e doutora em Patologia Animal pelo Programa de Pós-graduação em Ciências Veterinárias da UFRGS. Coordenadora do Serviço de Citopatologia do Setor de Patologia Veterinária da UFRGS desde 2016, no qual ainda atua na rotina de histopatologia, imunocitoquímica, imuno-histoquímica e necropsia estética de pequenos animais.

Michelle Hirahata
Mestrado em Ciências Veterinárias pela Universidade Federal do Rio Grande do Sul (UFRGS). Médica-veterinária autônoma.

Nathália da Conceição Lima
Graduada em Medicina Veterinária pela Universidade Federal Fluminense (UFF). Pós-graduanda em Cardiologia Veterinária pela Associação Nacional de Clínicos e Veterinários de Pequenos Animais – São Paulo (Anclivepa-SP). Atualmente membro da equipe de cardiologia do Instituto de Especialidades em Medicina Veterinária (IEMEV-RJ).

Sarah Machado Castro
Médica-veterinária pela Universidade Federal de Uberlândia (UFU).

Simone Passos Bianchi
Graduação em Medicina Veterinária e residência em cirurgia, na Universidade Federal do Rio Grande do Sul (UFRGS). Mestrado e doutorado em Ciências Veterinárias na UFRGS.

Tathiana Mourão dos Anjos

Graduação em Medicina Veterinária pela Universidade Federal de Minas Gerais (UFMG). Mestrado, doutorado e pós-doutorado em Ciência Animal pela UFMG. Pós-graduação em Clínica Médica e Cirúrgica de Pequenos Animais na Universidade Paulista/Faculdade Qualittas (Unip/Qualittas). Pós-graduação em Clínica Médica e Cirúrgica de Felinos pela Unip/Qualittas. Pós-graduação em Nefrologia e Urologia em Pequenos Animais pela Qualittas. Professora titular da disciplina Clínica e Terapêutica de Felinos do curso de Medicina Veterinária da Faculdade Arnaldo (BH-MG). Professora de Medicina Felina, Nefrologia e Urologia de cursos de pós-graduação. Médica-veterinária certificada *cat friendly veterinarian* pela American Association of Feline Practitioners (AAFP). Fundadora e responsável técnica da Mia Vida Medicina Felina – clínica especializada e exclusiva em atendimento a gatos (BH-MG) com certificação ouro (Gold) pelo programa internacional Cat Friendly Practice (AAFP). Tesoureira da Associação Brasileira de Clínicos de Felinos (ABFel). Coordenadora da Subcomissão de Doenças do Sistema Urinário dos Felinos do CBNUV. Conselheira deliberativa do Colégio Brasileiro de Nefrologia e Urologia Veterinárias (CBNUV). Tesoureira do CBNUV. Secretária da Associação Nacional de Clínicos e Veterinários de Pequenos Animais Minas Gerais (Anclivepa Minas). Membro fundador do CBNUV. Membro da ABFel. Membro da AAFP. Membro da International Society of Feline Medicine (ISFM). Autora de capítulos de livros e artigos, organizadora de eventos e palestrante nas áreas de Medicina Felina, Nefrologia e Urologia.

Sumário

Apresentação

A medicina veterinária contemporânea reconhece a necessidade de abordagens específicas para os felinos, cuja fisiologia, comportamento e resposta terapêutica diferem substancialmente das demais espécies atendidas em clínica de pequenos animais. *Procedimentos clínicos em felinos* surge como resposta a essa demanda, reunindo um conjunto abrangente de técnicas indispensáveis ao diagnóstico, à terapêutica e ao manejo seguro dos gatos em diferentes contextos clínicos.

Organizado em 33 capítulos, o livro contempla desde procedimentos básicos, como administração de medicamentos, coleta de sangue e mensuração de pressão arterial, até intervenções avançadas, incluindo cateterização venosa central, monitoramento glicêmico contínuo, fluidoterapia em múltiplas vias, exames complementares (radiografia contrastada, ecocardiografia e eletrocardiograma) e condutas em emergências críticas, como reanimação cardiopulmonar e desobstrução uretral. Também incorpora capítulos voltados a áreas em franca expansão, como oncologia (quimioterapia em felinos), dermatologia (biópsias, exames parasitológicos, tricograma) e neurologia (análise de líquido cerebrospinal), além de discussões éticas sobre a eutanásia.

Os capítulos foram elaborados por profissionais atuantes nas diversas áreas da clínica de felinos, que aliam experiência prática à atualização científica. Assim, a obra assegura consistência, rigor técnico e pertinência clínica, refletindo a expertise de quem se dedica intensamente ao avanço da medicina felina no Brasil.

Em um cenário no qual os felinos representam parcela crescente dos pacientes nos hospitais e consultórios veterinários, esta obra se consolida como referência atualizada, abrangente e indispensável para clínicos gerais, residentes, pós-graduandos e especialistas que buscam excelência no cuidado com gatos.

1

Administração de medicamentos

Christine Souza Martins

O PULO DO GATO

A administração de medicamentos nos gatos não precisa ser um pesadelo nem para o veterinário nem para o proprietário, desde que sejam seguidas regras simples na hora da prescrição e nos procedimentos de administração.

Deve-se evitar ao máximo a prescrição de medicamentos desnecessários ou redundantes.

Os proprietários devem ser esclarecidos e instruídos a respeito das técnicas de administração de medicamentos, a fim de estimular a aderência ao tratamento e aumentar as chances de sucesso.

Por mais fácil que possa parecer, não se deve assumir que as pessoas serão capazes de usar qualquer medicamento da maneira correta, mesmo os de uso tópico.

INTRODUÇÃO

Qualquer pessoa que já tenha tentado dar um medicamento contra a vontade de um gato quase sempre sabe o desafio que isso representa. Nossa obrigação como médicos-veterinários é não adicionar dificuldades ou riscos para o proprietário na hora da medicação, a fim de estimular o engajamento e a aderência ao tratamento. Assim como quando os animais estão internados e a administração de medicamentos está sob nossa responsabilidade, a escolha da melhor via, da maneira mais gentil e menos estressante de medicar, pode fazer toda a diferença no prognóstico de recuperação e no bem-estar do paciente.

Nossa responsabilidade começa no momento da prescrição ou indicação de um regime terapêutico. Infelizmente, é bastante comum o médico-veterinário sem um diagnóstico final prescrever quantidade e variedade absurdas de medicamentos, muitas vezes inúteis, na tentativa de "acertar". A decisão quanto ao regime terapêutico começa na determinação da necessidade absoluta daquele fármaco, na escolha da via de administração e do produto farmacêutico específico.

Obviamente, qualquer escolha de medicamentos a serem utilizados no paciente felino também deve levar em consideração as características fisiológicas, anatômicas e comportamentais do gato.

VIAS DE ADMINISTRAÇÃO

A escolha da via de administração de medicamentos deve considerar vários fatores inerentes ao paciente felino e não apenas a conveniência para o médico-veterinário ou as indicações da bula.

Administração de medicamentos orais

A maior frequência de prescrições na Medicina Veterinária é de medicamentos de uso oral. No caso do paciente felino, nunca é demais enfatizar que "menos é mais", no sentido de que, quanto menos medicamentos, menores volumes e menores frequências, maior a possibilidade de aderência por parte do proprietário e menor estresse ao gato.

O médico veterinário deve conhecer pessoalmente a forma farmacêutica que está prescrevendo. Deve-se tocar, cheirar, visualizar o tamanho real (no caso de comprimidos e cápsulas) e ter uma nítida percepção da facilidade, ou dificuldade real, na administração do medicamento escolhido. No caso de comprimidos, é necessário ter certeza de que é possível alcançar a dose desejada sem fragmentar o comprimido ou, se for necessário fragmentá-lo, se isso é possível ou se vai interferir na eficácia do fármaco. Já foi demonstrado que a concentração dos princípios ativos de comprimidos fragmentados pode variar conforme o tipo de comprimido e a técnica de fragmentação, podendo levar a dosagens inadequadas, menores ou maiores que o recomendado (Figura 1).

Também é útil questionar os proprietários quanto às reações do gato ao receber aquele medicamento. A noção de medicamento "palatável" pode ter significados muito diferentes para os gatos, em comparação aos cães e seres humanos. Os gatos costumam reagir prontamente a uma medicação pouco palatável demonstrando salivação profusa e até ânsia de vômito. Infelizmente, a indústria farmacêutica veterinária raramente leva em consideração as particularidades do

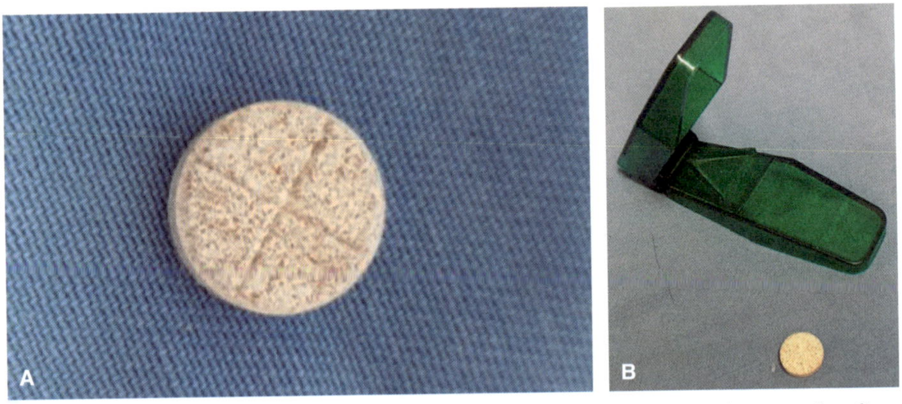

FIGURA 1. **A:** comprimido bissulcado, que permite ser partido em até quatro frações, o que pode ser feito com uma lâmina ou com um cortador de comprimido. **B:** modelo de cortador de comprimido que pode ser utilizado.

Fonte: arquivo pessoal da autora.

gato na formulação dos produtos comerciais, obrigando o médico-veterinário a recorrer a medicamentos para uso humano ou às fórmulas manipuladas.

Caso aquele medicamento realmente seja o escolhido para nossa prescrição, o próximo passo é nos certificarmos de que o proprietário consegue fazer a administração. Pode-se demonstrar ao vivo, preparar cartilhas ou tutoriais em vídeo para treinar os proprietários ou cuidadores (Figuras 2 e 3). As técnicas de administração podem variar ligeiramente se o medicamento é líquido ou em comprimidos (Quadro 1).

Recomenda-se a adoção das técnicas menos estressantes possíveis durante a contenção do gato para a administração do medicamento por via oral. Mas alguns gatos vão resistir à contenção ou não a permitirão de nenhuma maneira, obrigando o médico-veterinário a fornecer alternativas terapêuticas.

Antes de administrar qualquer medicação por via oral, deve-se ter certeza de que o reflexo de deglutição do gato está funcionando normalmente. Jamais se deve tentar administrar medicação oral em gatos com estado de consciência alterado.

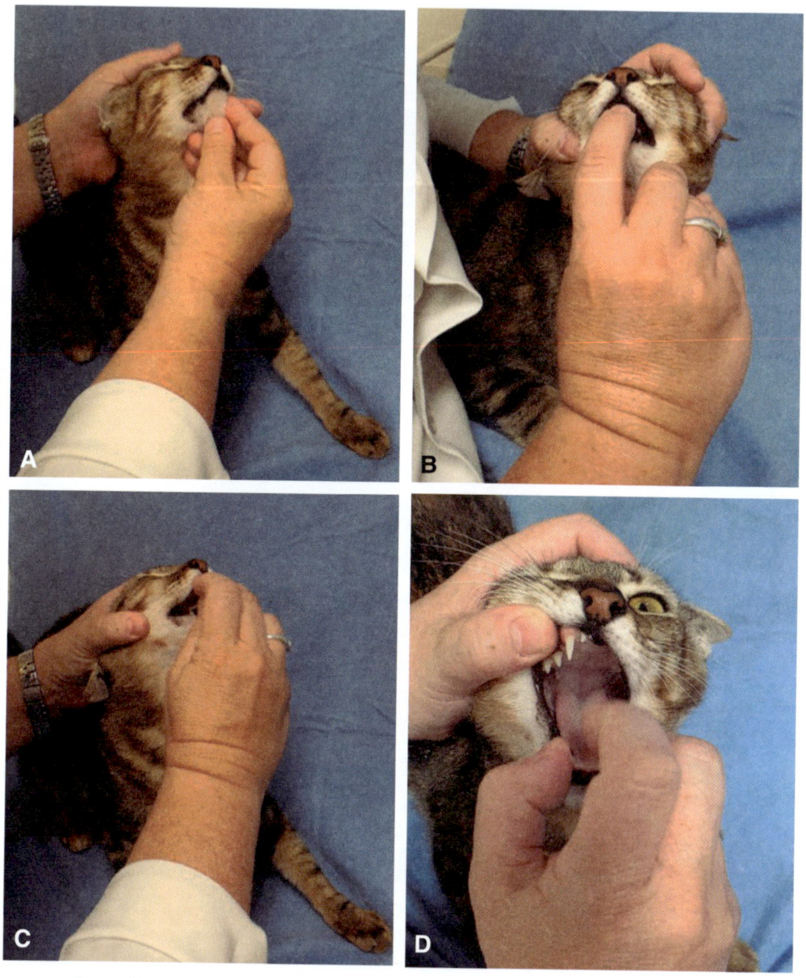

FIGURA 2. Sequência de manobras para administrar medicamentos sólidos (comprimidos). **A:** o gato é contido e a cabeça é segurada firme e gentilmente, inclinada para cima (o comprimido já está na mão dominante). **B:** o dedo indicador traciona a mandíbula pra baixo. **C:** assim que a boca se abre, o comprimido é jogado na garganta e empurrado com o dedo indicador de maneira rápida, evitando a mordida. **D:** aspecto da região caudal da cavidade oral no momento de colocar o comprimido.

Fonte: arquivo pessoal da autora.

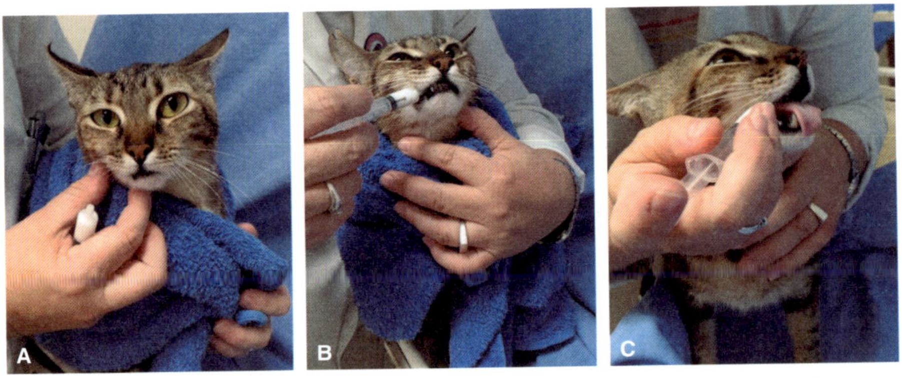

FIGURA 3. Sequência de manobras para administrar medicamentos líquidos. **A:** o gato é contido gentilmente (com uma toalha) e a cabeça é mantida em uma posição neutra (sem angulação). A seringa utilizada tem um bico que facilita a administração. **B:** a seringa com o medicamento é encaixada no canto da boca e comprime-se o êmbolo lentamente. **C:** à medida que o medicamento é dispensado, o gato faz movimentos de deglutição.

Fonte: arquivo pessoal da autora.

QUADRO 1

Dicas úteis para administração de medicamentos orais para gatos

- Certifique-se de que tudo o que você vai precisar está ao seu alcance antes de começar o procedimento
- Misturar o comprimido, inteiro ou triturado, ao alimento, raramente dá certo. O gato é capaz de sentir o odor e evitar a ingestão
- Comprimidos pequenos e de formato oval são mais fáceis de administrar
- Ao conter o gato, deve-se escolher uma superfície firme, como chão, mesa ou bancada de trabalho. Devem-se evitar superfícies escorregadias
- A abordagem deve ser rápida e confiante. Se a primeira tentativa não for bem-sucedida, o gato pode ficar cada vez mais resistente
- Ao optar pelo uso de um dispositivo auxiliar ("aplicador de comprimido"/*pet piller*), dar preferência àqueles que não possuem partes destacáveis, que podem ser engolidas pelo gato
- Os comprimidos ou fragmentos podem ser colocados dentro de cápsulas de gelatina vazias ou em petiscos produzidos com essa finalidade (*pill pockets*)
- Medicamentos com sabor ou odor forte podem ser armazenados na geladeira a fim de atenuar o sabor
- Para evitar que cápsulas e comprimidos fiquem retidos no esôfago, pode-se lubrificá-los com manteiga, margarina, requeijão ou com suplementos oleosos designados para eliminar "bolas de pelos"
- Sempre é recomendado dar água ou alimento após o comprimido. Considera-se que dar a água "forçada" na seringa pode ser desagradável. Como alternativa, pode-se fornecer o petisco favorito do gato ou a ração úmida, se ele aprecia
- Medicamentos líquidos devem ser administrados em volumes pequenos (menores que 2 mL)
- O proprietário deve ser desestimulado a usar colheres para administrar medicações líquidas

Administração de medicamentos tópicos

Medicamentos tópicos são aplicados diretamente no local em que se deseja seu efeito terapêutico. A administração de medicamentos tópicos também deve ser demonstrada aos proprietários.

- **Medicamentos oftálmicos:** a aplicação de colírios e pomadas oftálmicas deve ser demonstrada a fim de evitar erros ou inadequações nas doses recomendadas. O gato pode ser contido da mesma maneira realizada para as administrações orais e com sua cabeça levemente inclinada para cima. Os colírios geralmente devem ser instilados no quadrante dorsolateral do olho, simulando o trajeto das secreções das glândulas lacrimais. A instilação é feita de preferência na esclera, evitando-se o desconforto causado pela instilação direta na córnea. Deve-se recomendar que o proprietário evite ao máximo tocar os bicos dos tubos de aplicação na superfície dos olhos, a fim de evitar contaminações e traumatismos. Quando o tratamento exigir a instilação de mais de um colírio, deve-se respeitar um intervalo de 5 a 10 minutos entre eles, e as pomadas são aplicadas por último.
- **Medicamentos de uso otológico:** antes da aplicação de qualquer medicação nas orelhas, é necessário se certificar da integridade da membrana timpânica, a fim de evitar ototoxicidade. A orelha é gentilmente tracionada, porém com firmeza na direção do aplicador, e a quantidade determinada de solução é instilada no canal, seguida de massagem delicada para garantir que o medicamento alcance o canal horizontal em quantidades suficientes. O gato vai balançar a cabeça e parte da solução inevitavelmente vai ser colocada para fora. No caso de tratamentos em casa, o proprietário deve ser instruído a não utilizar hastes de algodão para retirar o excesso de medicamento ou sujidades, com o risco de causar mais traumas ao canal doente.
- **Medicamentos de uso tópico na superfície da pele:** ao prescrever um medicamento a ser utilizado na superfície da pele, deve-se levar em consideração o hábito do gato de se lamber e lamber outros gatos no mesmo ambiente. Dependendo do fármaco, a ingestão pode ser tóxica ou diminuir a eficácia do tratamento tópico. O proprietário deve ser instruído a usar luvas ao aplicar qualquer medicação tópica.
- A administração por via inalatória também pode ser considerada tópica, visto que sua ação primária é exatamente nos brônquios, como nas crises de asma/bronquite, com a utilização do nebulímetro (*spray* dosimetrado) (ver capítulo 19 – Manejo de *spray* inalatório com espaçador).

Administração de medicamentos transdérmicos

Apesar de sua administração na superfície da pele, esse tipo de medicamento destina-se a tratamento sistêmico, pois o veículo utilizado no produto farmacêutico permite que o princípio ativo seja absorvido de imediato, diferentemente dos medicamentos tópicos, cujo objetivo é o tratamento local. Apesar de ser considerada uma boa alternativa quando o gato impõe dificuldades à administração de medicamentos orais, a absorção e, consequentemente, as concentrações plasmáticas dos princípios ativos, podem variar bastante. Antes de prescrever um medicamento transdérmico, o médico veterinário deve se certificar de que aquele fármaco específico vai atingir os níveis plasmáticos adequados. Geralmente, o medicamento é massageado na superfície medial da orelha e sempre é recomendado que o proprietário use luvas ao manusear as preparações transdérmicas.

Administração de medicamentos injetáveis

A utilização de medicamentos injetáveis pode ser necessária, principalmente nos gatos internados, mas algumas vezes gatos doentes sem necessidade de internação também podem se beneficiar de medicamentos injetáveis, a fim de acelerar o processo de recuperação ou quando não permitem a administração oral. Nesses casos, pode-se fazer o atendimento domiciliar ou marcar a visita diária na clínica para a aplicação. Logicamente, essa prática só vai compensar para medicamentos cuja posologia seja no máximo a cada 12 horas.

Algumas medidas importantes para prevenir o desconforto das injeções:

- Tentar escolher agulhas mais finas e curtas, obviamente respeitando a viscosidade da solução a ser injetada.
- Usar agulhas diferentes, uma para puxar a medicação e outra para injetar no paciente.
- Remover bolhas de ar.
- Evitar movimentar a agulha durante a aplicação.
- Se a solução sabidamente causa dor, informar antecipadamente ao proprietário e considerar o uso de sedativos.

A área a ser utilizada para a injeção deve ser limpa com álcool, assim como a superfície da tampa do frasco do medicamento, no caso de frascos-ampola de múltiplas doses. Deve-se evitar misturar medicamentos na mesma seringa, a não ser que já venham com essa instrução de fábrica.

- **Injeções subcutâneas:** deve-se evitar a área interescapular, pelo maior risco de sarcoma de aplicação. Além de medicamentos, a via subcutânea pode ser utilizada para fluidoterapia (ver capítulo 4 – Fluidoterapia subcutânea). Em determinadas situações, o proprietário precisa aprender a administrar injeções subcutâneas, como no caso dos gatos com *diabetes mellitus* (tratando com insulina) ou nos doentes renais (para fluido subcutâneo). Nesses casos, deve-se instruir, ensaiar e checar se o proprietário consegue fazer o tratamento com segurança em casa.
- **Injeções intramusculares:** considerando que é uma via muito mais dolorida, deve-se ter certeza de que o fármaco a ser aplicado realmente exige essa via. Recomenda-se dar preferência ao músculo quadríceps femoral (cranial ao fêmur), a fim de evitar lesões ao nervo ciático (especialmente em gatos muito magros) (Figura 4). Antes de efetuar a aplicação, o êmbolo da seringa deve ser retraído, a fim de testar se um vaso não foi atingido, evitando injetar algo irritante ou particulado em uma veia.
- **Injeções intravenosas:** as veias mais utilizadas são as cefálicas, safenas mediais ou jugulares. A contenção necessária deve ser adequada à veia escolhida (Figura 5).
- Outras vias injetáveis podem ser utilizadas para objetivos bem restritos, como é o caso da via intraóssea (alternativa para filhotes muito jovens) (ver capítulo 5 – Fluidoterapia intraóssea), da via intradérmica (mais usada para testes diagnósticos) e da via intraperitoneal (para diálise peritoneal).

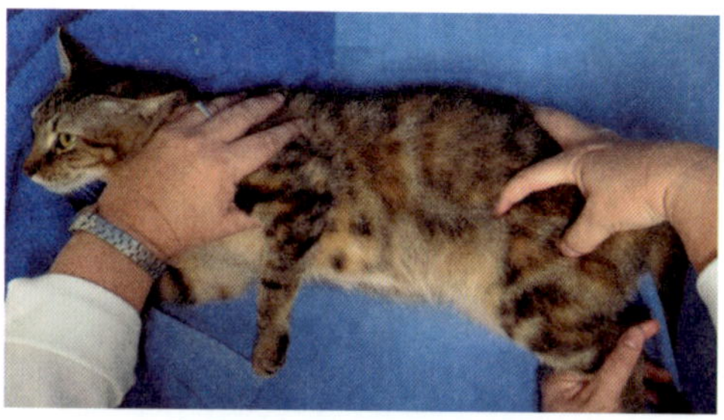

FIGURA 4. Delimitação da área mais apropriada para injeção intramuscular, na região do musculo quadríceps femoral, na face cranial da coxa.

Fonte: arquivo pessoal da autora.

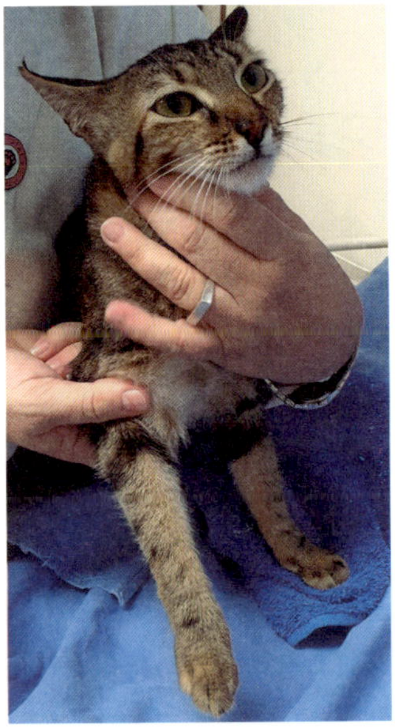

FIGURA 5. Contenção para acesso à veia cefálica para a aplicação de medicamentos por via intravenosa ou colocação de cateter (nota: o local ainda não está preparado para a inserção de cateter).

Fonte: arquivo pessoal da autora.

LITERATURA SUGERIDA

Bedogni GR, Pires FQ, Chaker JA, Sa-Barreto LL, Seremeta K, Okulik N, et al. Elucidating the splitting behavior of tablets to optimize the pharmacotherapy in veterinary medicine. AAPS PharmSciTech. 2021;22(2):67.

Boyle J. Oral administration of medications. In: Boyle J, editor. Crow and Walshaw's Manual of Clinical Procedures in Dogs, Cats, Rabbits, and Rodents. 4. ed. Ames: Wiley; 2016. p.73-8.

Hartmann K, Day MJ, Thiry E, Lloret A, Frymus T, Addie D, et al. Feline injection-site sarcoma: ABCD guidelines on prevention and management. J Feline Med Surg. 2015;17(7):606-13.

Gotthelf LN. Ototoxicity. In: Gotthelf LN, editor. Small animal ear diseases: an illustrated guide. 2. ed. St. Louis: Elsevier Saunders; 2005. p.329-37.

James-Jenks EM, Pinard CL. Topical ocular therapeutics in small animals. Vet Clin North Am Small Anim Pract. 2023;53(2):473-92.

Oishi N, Talaska AE, Schacht J. Ototoxicity in dogs and cats. Vet Clin North Am Small Anim Pract. 2012;42(6):1259-71.

Rodan I, Dowgray N, Carney HC, Carozza E, Ellis SLH, Heath S, et al. 2022 AAFP/ISFM Cat Friendly Veterinary Interaction Guidelines: Approach and Handling Techniques. J Feline Med Surg. 2022;24(11):1093-132.

Sivén M, Savolainen S, Räntilä S, Männikkö S, Vainionpää M, Airaksinen S, et al. Difficulties in administration of oral medication formulations to pet cats: an e-survey of cat owners. Vet Rec. 2017;180(10):250.

Taylor S, Caney S, Bessant C, Gunn-Moore D. Online survey of owners' experiences of medicating their cats at home. J Feline Med Surg. 2022;24(12):1283-93.

Trepanier LA. Transdermal therapeutics. In: August JR, editor. Consultations in feline internal medicine. 5. ed. St. Louis: Elsevier Saunders; 2006. p.169-73.

2

Mensuração de pressão arterial

Tathiana Mourão dos Anjos

O PULO DO GATO

A mensuração de pressão arterial é essencial no reconhecimento de normotensão, hipertensão e hipotensão, sendo indispensável como ferramenta na clínica médica de felinos.

Tendo em vista a grande ocorrência de alterações pressóricas em gatos, medir a PA torna-se essencial para avaliar o estado circulatório, assim como auxiliar no diagnóstico precoce de doenças.

Mais importante do que o método de mensuração a ser utilizado são a consistência e a atenção ao modo de mensuração, aliadas ao emprego de um ambiente e técnicas amigáveis para a obtenção de valores fidedignos, com o mínimo de estresse possível.

INTRODUÇÃO

A pressão arterial (PA) impulsiona o sangue pelo organismo e, para isso, é essencial que seja mantida dentro de um intervalo estreito de valores para promover adequada perfusão sanguínea aos órgãos vitais e tecidos. Alterações de PA como a hipotensão (pressão arterial sistólica – PAS < 100 mmHg, pressão arterial média – PAM < 70 mmHg) quanto a hipertensão (PAS > 160 mmHg) devem ser prontamente identificadas e manejadas terapeuticamente. A pressão se altera a cada batida do coração, principalmente se o animal não estiver totalmente relaxado. Grandes variações interferem nos resultados e diagnóstico do *status* pressórico.

INDICAÇÕES

Consultas de rotina, *check-up* geral, acompanhamento geriátrico, diagnóstico, instituição e monitoramento de tratamento, além do acompanhamento de doenças relacionadas às alterações hemodinâmicas (doença renal crônica, hipertireoidismo, hiperaldosteronismo, hiperadrenocorticismo, cardiomiopatia, feocromocitoma, hipertensão arterial) e de pacientes que fazem uso de eritropoetina e/ou agentes anti-hipertensivos. Também deve fazer parte do acompanhamento de pacientes anestesiados (pré, trans e pós-anestesia) ou sob cuidados intensivos e de emergência (choque, crise hipertensiva, trauma, efusão pericárdica, efusão pleural, envenenamento, crise addissoniana). O rastreio de rotina da PA permite uma avaliação do *status* circulatório individual. Porém, alguns pesquisadores acreditam que um rastreio indeterminado em animais saudáveis possa incorrer no risco de um falso diagnóstico de hipertensão, ocasionada por estresse. Valores elevados em animais saudáveis, particularmente nos mais jovens (< 7 anos), devem ser assumidos como resultado de uma hipertensão de estresse, até nova avaliação e confirmação. Poucos gatos jovens apresentam hipertensão, exceto aqueles que já possam ser nefropatas crônicos. Assim, não se recomenda o rastreio de rotina em todos os gatos. Contudo, a mensuração periódica, idealmente iniciada com o gato ainda jovem, auxilia na determinação do perfil individual de PA característico de cada animal. Uma abordagem possível, adotada por alguns clínicos, é realizar um programa anual/semestral que indique os valores de base de modo a desenvolver valores de referência para o animal em questão, conforme o Quadro 1.

MÉTODOS DIRETOS E INDIRETOS DE AVALIAÇÃO DA PRESSÃO ARTERIAL

Métodos diretos (invasivos)

Oferecem vantagens como a representação consistente e precisa da PA, sendo a mensuração intra-arterial (geralmente na artéria femoral) considerada o padrão-ouro. Raramente é utilizada na prática, em virtude das dificuldades de técnica e riscos, que incluem sedação ou anestesia do paciente, fatores que podem reduzir artificialmente a PA. Isquemia e formação de trombos são as principais complicações do método invasivo, por meio de cateterização arterial, além de embolia. Por tais motivos, esses métodos são mais usados em anestesia, pesquisas ou unidades de terapia intensiva.

QUADRO 1

Frequência de monitoramento da PA de acordo com cada faixa etária e particularidades clínicas

Rastreio de rotina	
Faixa etária e *status* de saúde	**Frequência de monitoramento**
Gatos adultos, jovens e saudáveis (3-6 anos)	Anualmente
Gatos maduros e saudáveis (7-10 anos)	Anualmente
Gatos senis e geriátricos (> 11 anos)	Semestralmente
Gatos com fatores de risco reconhecidos para hipotensão (hipotermia, desidratação, trauma, hemorragia, choque, escala de consciência reduzida)	Imediata e periodicamente (de acordo com a resposta clínica), até estabilização da pressão
Gatos com fatores de risco reconhecidos para hipertensão (doença renal crônica, hipertireoidismo, cardiopatia, hiperaldosteronismo, hiperadrenocorticismo, lesão em órgão-alvo, feocromocitoma, uso de eritropoetina e/ou anti-hipertensivos)	Imediata e periodicamente (de acordo com a resposta clínica) até estabilização da pressão, reavaliação trimestral a semestral, ou em menor intervalo, se necessário

Métodos indiretos (não invasivos)

São mais utilizados em situações clínicas, pela maior praticidade de uso e possibilidade de repetição entre pequenos intervalos de tempo. A fotopletismografia é um método pouco utilizado em medicina veterinária, sendo o Doppler vascular e a oscilometria os mais utilizados. A pressão arterial pode ser medida em qualquer membro ou na cauda – o membro torácico tende a ser mais fácil e confiável para o método Doppler, e a cauda pode ser preferível para a oscilometria de alta definição (HDO).

Pelo método oscilométrico, após escolha e colocação correta do manguito, o membro deve ser mantido posicionado ao nível do coração, do lado direito. O local em que o manguito está colocado, independentemente do método utilizado, deve estar no mesmo plano horizontal que o coração e não deve exceder 10 cm sua distância até a base do coração (átrio direito). O manguito, então, é automaticamente inflado com um aperto contínuo da pera do esfigmomanômetro ao longo de 1 a 3 segundos a uma pressão suprassistólica (20-40 mmHg) e, em seguida, desinflado automaticamente de modo progressivo. Dependendo do aparelho, não há pera para ser insuflada, apenas um botão a acionar para iniciar a mensuração (Figura 1).

As oscilações da parede arterial emitidas pela pulsação sanguínea são captadas pelo manguito e permitem ao equipamento determinar a oscilação máxima

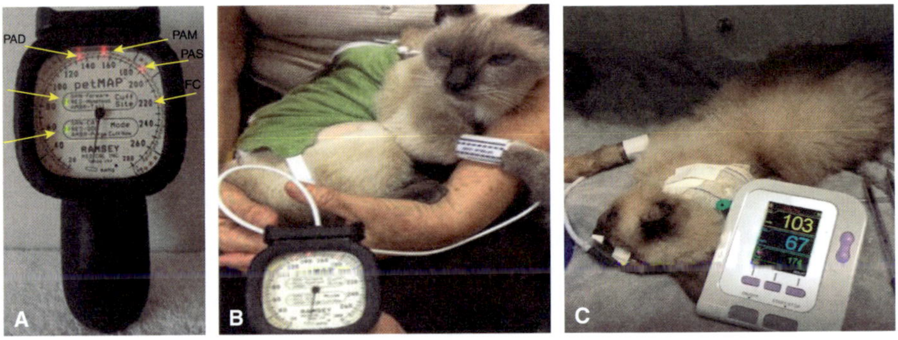

FIGURA 1. Diferentes modelos de mensuração oscilométrica, um acionado por aperto contínuo na pera do esfigmomanômetro (**A**, **B**), outro acionado apenas por um botão no painel do aparelho (**C**).

Fonte: arquivo pessoal da autora.

e, consequentemente, calcular a PAM por meio do microprocessador. Logo, por cálculo aritmético, o aparelho determina a PAS e a PAD, além da frequência cardíaca. Para que uma nova mensuração possa ser realizada sem interferência, o manguito deve ser totalmente desinflado, a fim de normalizar mais rapidamente a estase venosa, e deve-se aguardar um período mínimo de trinta segundos para uma nova mensuração. Essa técnica é bem mais prática, pois a manipulação do paciente é mínima, permitindo maior possibilidade de medidas em menor intervalo de tempo. Em condições de hipotensão, vasoconstrição e/ou movimentação excessiva, os valores obtidos são questionáveis. Equipamentos oscilométricos de nova geração (HDO) também parecem ter precisão aceitável para medir pressões sistólicas em gatos conscientes e na cauda (Figura 2).

Na técnica Doppler, álcool 70° e gel de ultrassonografia são aplicados sobre o pelo da região palmar, próximo ao coxim (palmar ou plantar) (Figura 3), onde o pulso é audível, bem como o gel é aplicado sobre a superfície do transdutor.

O transdutor, conectado ao Doppler, é formado por cristais piezelétricos que emitem ondas de alta frequência, as quais são refletidas pelo movimento dos eritrócitos dentro do leito vascular e transformadas em sinal sonoro. O manguito é acoplado ao esfigmomanômetro aneroide e, após obtenção dos sinais de pulso adequados, é inflado até aproximadamente 20 a 40 mmHg superior à pressão necessária para obliterar o sinal de pulso audível e, a seguir, a válvula do esfigmomanômetro é aberta lentamente, sendo regulada manualmente para a liberação de ar na velocidade de 2 a 5 mmHg por segundo, para que o manguito desinfle lentamente. A PAS é determinada no momento que o sinal de pulso se torna novamente audível (claro e consistente). Para a realização dessa técnica, é imperativo que o operador use fones de ouvido (Figura 4) para evitar que o gato

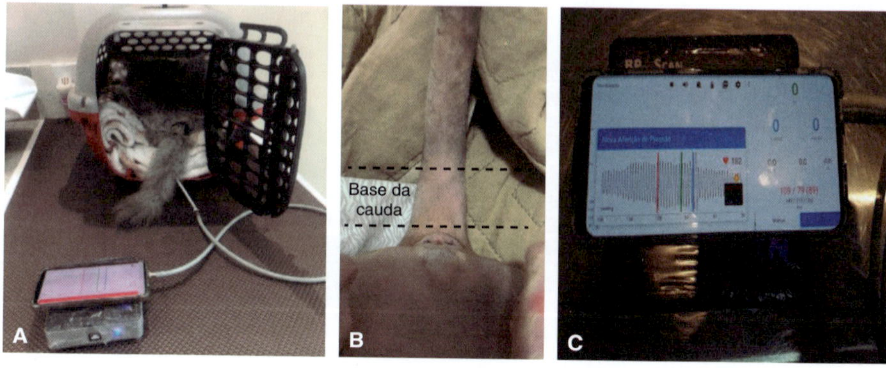

FIGURA 2. **A:** método oscilométrico com alta definição (HDO) sendo utilizado para aferição da pressão arterial na cauda do paciente. **B:** localização anatômica do local da cauda em que deve se posicionar o manguito para aferição na artéria coccígea. **C:** detalhes da leitura do aparelho HDO.

Fonte: arquivo pessoal da autora.

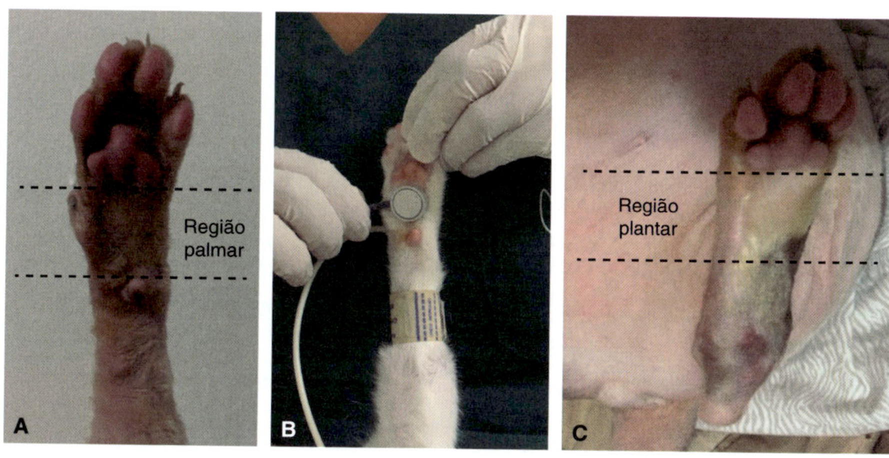

FIGURA 3. Localização anatômica onde o *transdutor* do Doppler deve ser colocado em membro tóracico (**A**, **B:** região palmar) e membro pélvico (**C:** região plantar).

Fonte: arquivo pessoal da autora.

se estresse ao escutar os ruídos gerados pelo gel em contato com o transdutor, bem como o próprio som do pulso. A técnica Doppler é bastante empregada por ter menor custo, ser menos sensível à movimentação e padrão respiratório, obter medidas consistentes e com maior repetibilidade de resultados. No entanto, a manipulação pode ser mais incômoda ao gato (em razão do transdutor) e, em condições de PA mais baixa, a detecção pode não ser possível, além de a única medida confiável a ser obtida por essa técnica ser a PAS. A mensuração na cauda

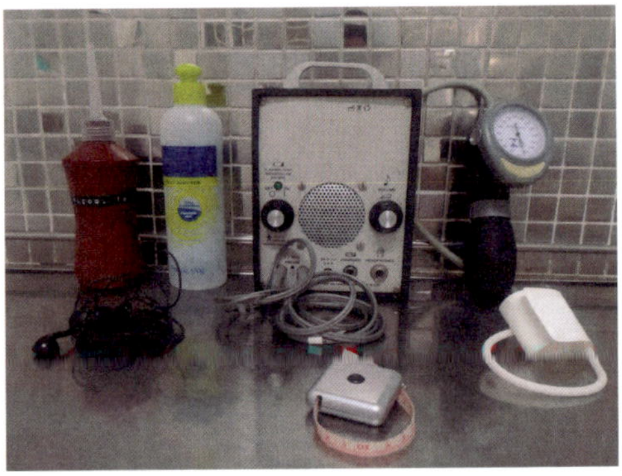

FIGURA 4. Material necessário para a mensuração Doppler (álcool 70°, gel de ultrassonografia, esfigmomanômetro e fones de ouvido, além de aparelho Doppler, transdutor, fita métrica e manguito).

Fonte: arquivo pessoal da autora.

pelo método Doppler pode ser 18.7 ± 37 mmHg mais alta que na artéria radial e, por isso, deve ser evitada.

Independentemente do método, a principal causa de resultados imprecisos é o erro técnico relacionado à inexperiência do operador. Para a obtenção de resultados confiáveis, deve-se conhecer bem o método e o aparelho, dominar a técnica, saber escolher o manguito ideal, ser muito paciente e hábil para lidar com gatos e, ainda, ser capaz de identificar valores elevados de PA relacionados ao estresse, para evitar um falso diagnóstico de hipertensão. Também pode ser necessário ter cuidado, em particular, na manipulação de membros de gatos artríticos mais velhos.

PRÉ-REQUISITOS PARA A MENSURAÇÃO FIDEDIGNA DA PRESSÃO ARTERIAL

Para a obtenção de valores confiáveis, um protocolo adaptado dos consensos "Diretrizes para a Identificação, Avaliação e Manejo de Hipertensão Arterial Sistêmica em Cães e Gatos" (American College of Veterinary Internal Medicine – ACVIM e Veterinary Blood Pressure Society – VBPS) e "Diagnóstico e Manejo de Hipertensão em Gatos" (International Society of Feline Medicine – ISFM) é descrito a seguir.

Ambiente, aclimatação e paciente

O ambiente deve ser isolado, calmo, afastado e, se o gato se sentir mais seguro, deve estar preferencialmente na presença do proprietário. Deve ser permitido ao gato explorar o ambiente, caso queira, para que se adapte (5 a 10 minutos antes). Em um ambiente calmo e silencioso, a mensuração pode ser realizada dentro do próprio gatil quando o animal se encontra hospitalizado. Uso de feromônio facial sintético é recomendado (difusor no ambiente e/ou *spray*, borrifado 15 minutos antes no ambiente e nos pertences do gato, como a coberta ou toalha utilizada) para minimizar o estresse. Telefones devem ser silenciados e o mínimo de barulho deve ser feito, no entanto, músicas de relaxamento para gatos podem ajudar. O uso de máquinas de tosa para a realização de tricotomia onde será colocado o transdutor deve ser evitado, mas, se forem realmente necessárias, devem ser silenciosas e deve ser dado tempo ao gato para se restabelecer do estresse causado pelo barulho antes de iniciar a mensuração. A colocação de álcool sobre o pelo, seguida de gel, em geral é suficiente para a detecção do pulso.

Alguns gatos são extremamente territorialistas e só permitem manipulação fora de seu ambiente. Já foi demonstrado que a avaliação clínica do paciente em domicílio não descarta alterações fisiológicas causadas pelo estresse. Observou-se que, em gatos menos tolerantes à manipulação dentro de seu território, os valores de PA obtidos no domicílio foram maiores que os obtidos no consultório, demonstrando que, além da manipulação como fonte de estresse, o territorialismo deve ser sempre levado em consideração para a mensuração da PA. Em outras palavras, a mensuração em domicílio pode ou não funcionar para alguns gatos, assim como a mensuração em ambiente clínico. Os efeitos da ansiedade e do estresse no paciente felino podem ou não ser previsíveis. Alguns animais apresentam aumento expressivo na PA, enquanto outros não, não significando ausência de estresse por apresentarem mensurações com valores dentro dos valores de referência; por isso, postura e expressões facial e corporal devem ser observadas atentamente durante a mensuração. Alguns ainda podem apresentar uma queda da PA, por hiperatividade do sistema nervoso parassimpático, como resultado do processo de mensuração. Pacientes agitados ou estressados que apresentem a média de uma série de medidas de PAS acima de 200 mmHg provavelmente são hipertensos. Se não houver lesão em órgão-alvo, ou doença como nefropatia crônica ou hipertireoidismo, o paciente deve ter nova mensuração agendada para outro momento caso persista a dúvida se a PA está de fato elevada.

O uso de gabapentina (20 mg/kg por via oral) duas horas antes do atendimento pode ser necessário para deixar o paciente menos ansioso e facilitar a manipulação. No entanto, deve-se ter muito cuidado com pacientes idosos (especialmente acima de 15 anos) e aqueles sabidamente doentes renais crônicos, uma vez que a gabapentina tem excreção renal e, portanto, a dose deve ser ajustada cuidadosamente. Nesses pacientes, indica-se uma dose máxima de 10 mg/kg. A terapia farmacológica deve ser utilizada apenas para pacientes ansiosos, medrosos e/ou de difícil manipulação, e aparentemente não altera a pressão arterial de gatos saudáveis. Em um ambiente *cat friendly*, a maioria dos gatos permite ser manipulada tranquilamente, sem necessidade de medicação prévia.

Outro ponto importante a ser observado é o estado de hidratação do paciente. Um paciente desidratado tem seu valor pressórico subestimado pelo baixo volume sanguíneo circulante. Se o paciente apresenta valor limítrofe e está desidratado, após hidratação, provavelmente a PA desse paciente deve ser verdadeiramente elevada. Um paciente que toma anti-hipertensivo e tem a mensuração sistólica próxima de 100 mmHg dentro do consultório provavelmente está se mantendo hipotenso em seu domicílio. Idealmente, o paciente medicado com anti-hipertensivo deve manter a PA acima de 110 e abaixo de 150 mmHg no consultório.

Pessoal

O mínimo de pessoas necessárias (geralmente duas) deve estar na sala no momento da mensuração. A presença do proprietário pode ser de grande valia para manter o gato mais tranquilo e seguro. É importante que todos os presentes ajam de forma calma e gentil, sem movimentos bruscos nem em tom de voz aumentado. Ter uma pessoa treinada e experiente para mensurar a PA minimiza erros de execução, bem como a interpretação dos resultados obtidos, além de melhorar a reprodutibilidade desses resultados. Por isso, o mesmo indivíduo (médico-veterinário ou auxiliar), essencialmente treinado e experiente, deve ser o responsável por todos os procedimentos de mensuração, com base nas recomendações do protocolo padrão, além de ter empatia e gentileza no manejo com os gatos no momento da mensuração.

Contenção e posicionamento do gato

O paciente deve estar calmo e imóvel, em posição relaxada e confortável, e não deve estar sob influência de sedativos (exceto gabapentina quando necessário). Alguns gatos ficam imóveis com o mínimo de contenção. O gato deve ser mantido na posição escolhida para a mensuração durante todo o procedimento, sendo gentilmente contido de modo que se sinta mais confortável (em cima ou embaixo de uma coberta ou toalha, em cima de uma caminha, dentro da caixa de transporte, no colo, no chão, dentro do gatil – Figura 5). O manejo amigável sempre deve ser empregado. Se o gato se estressar ou se agitar, deve-se fazer uma pausa até que ele se acomode novamente e jamais deve-se contê-lo de uma maneira mais firme. Se não for possível, deve-se agendar outro momento para mensuração.

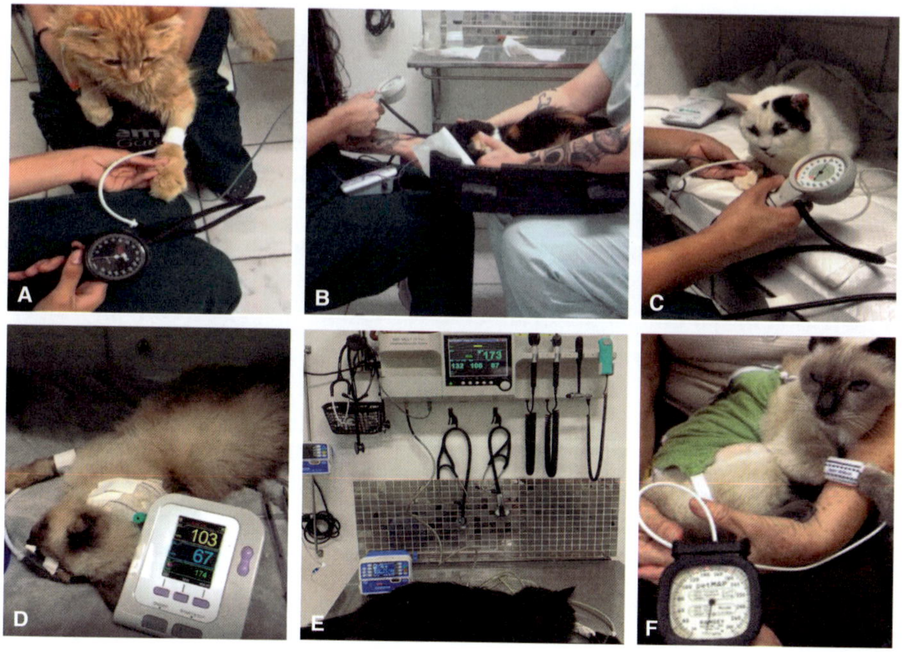

FIGURA 5. Formas e locais distintos de posicionamento do gato para mensuração de PA. Mensuração pelo método Doppler (**A**, **B** e **C**) e método oscilométrico (**D**, **E** e **F**).

Fonte: arquivo pessoal da autora.

Escolha e posição do manguito (*cuff*)

O local para mensurar a PA depende de alguns fatores, como preferência do operador, recomendação do fabricante (membro torácico para Doppler, base da cauda para modelos oscilométricos de alta definição), qual membro é mais bem tolerado pelo gato (pacientes idosos, que sofrem de doença articular degenerativa, membro lesionado ou com flebite devem ser manipulados com muita gentileza e cuidado). A largura do manguito deve ser aproximadamente 30 a 40% da circunferência da extremidade do membro ou cauda. Ao medir a circunferência do membro, o valor encontrado (em cm) deve ser multiplicado por 30% (0,3) a 40% (0,4) (geralmente 35% – 0,35) e o número obtido dessa multiplicação é a medida correspondente à largura do manguito que deve ser escolhido (Figura 6).

Os manguitos geralmente são presos com velcro, que deve ser confortavelmente ajustado ao membro do animal, evitando que fique muito justo e restrinja o fluxo de sangue, ou muito solto e não consiga fazer a pressão necessária quando insuflado. O velcro do manguito deve estar sempre limpo para garantir boa

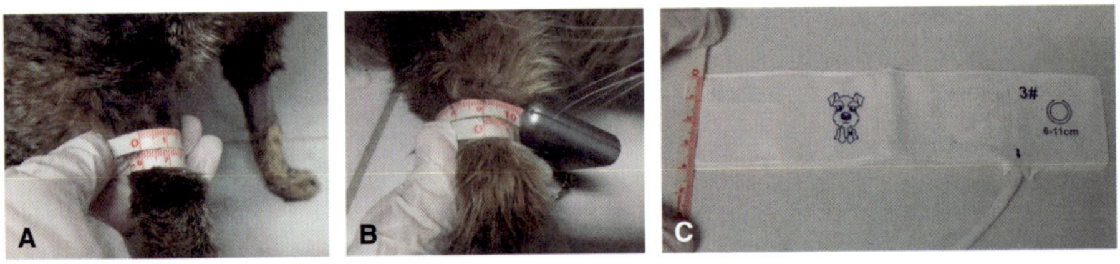

FIGURA 6. Medida da circunferência da extremidade do membro torácico. **A:** membro depilado; **B:** membro com pelo e **C:** medida correspondente à largura do manguito correto após o cálculo.

Fonte: arquivo pessoal da autora.

fixação. Se necessário, pode ser colocada fita adesiva, como a microporosa, para garantir que o velcro do manguito não se desprenda. No entanto, não deve ser colocada ao redor de todo o manguito (Figura 7).

A direção que a mangueira do manguito deve estar é muito importante para correta mensuração, devendo sempre estar direcionada para a extremidade do corpo e não em direção a ele (Figura 8).

Obtenção de medidas

Para a aquisição de medidas fidedignas, o aparelho deve ser sempre testado e calibrado semestralmente, e o procedimento, padronizado. Fatores fisiológicos afetam a PA normal. Cada batimento cardíaco produz uma onda distinta de PA, que pode flutuar constantemente em valores de 10 a 15 mmHg. Em questão de segundos, sob efeito de catecolaminas, a PA se eleva, especialmente em gatos medrosos ou pouco sociais. Os efeitos dessas flutuações sobre a precisão dos valores são minimizados por meio de medidas seriadas da PA.

O processo de mensuração não deve se estender por um período muito longo, sob pena de o gato começar a ficar impaciente e ansioso, não permitindo a obtenção de valores fidedignos. De maneira contrária, alguns gatos precisam de mais mensurações para se acalmarem e apresentarem medidas consistentes. O bom senso deve prevalecer ao fazer as medidas.

Devem ser excluídas a primeira medida, se discrepante das subsequentes, e todas as demais com valores extremos (variação em mais de 20 mmHg entre as medidas, bem como a maior e a menor medida da série). Idealmente, devem ser anotadas pelo menos três e, preferencialmente, de 5 a 7 medidas consecutivas e consistentes.

Além das condições ambientais e das técnicas de mensuração bem padronizadas, é fundamental que o médico-veterinário esteja atento ao comportamento

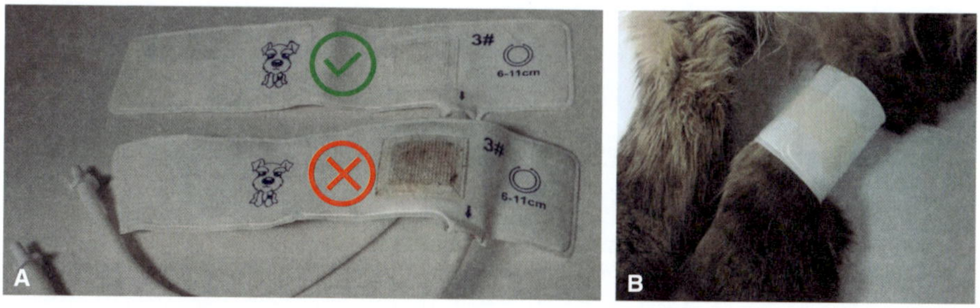

FIGURA 7. **A:** manguitos com o velcro limpo (correto) e sujo (incorreto). **B:** manguito sendo preso, apenas em suas extremidades, por fita microporosa.

Fonte: arquivo pessoal da autora.

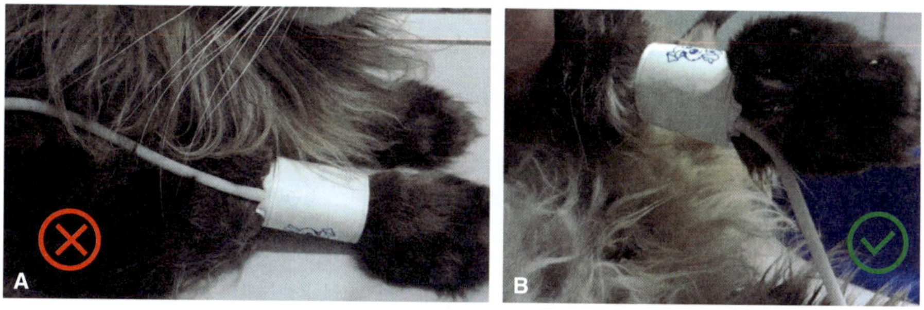

FIGURA 8. Manguito com a direção da mangueira posicionada incorretamente (**A:** direção ao corpo) e corretamente (**B:** extremidade do corpo) no membro torácico.

Fonte: arquivo pessoal da autora.

do gato, antes e principalmente durante a mensuração, para que seja capaz de perceber mudanças bruscas nos valores de PA em decorrência das alterações fisiológicas geradas pelo estresse. Se necessário, o procedimento de mensuração deve ser repetido, alterando a localização e/ou o manguito para a obtenção de valores consistentes. Se ainda persistir dúvida, deve-se mensurar a PAS em outro momento ou em outro dia. Em caso de valores limítrofes, aconselha-se medir em dias distintos para que se tenha uma ideia da média. Se ainda assim os valores médios continuarem discrepantes, o efeito do ambiente clínico deve ser considerado, bem como a hidratação e o temperamento do paciente no momento dessas medidas. Se o animal for submetido a uma única avaliação e estiver estressado nesse dia, por qualquer razão, o médico-veterinário terá um falso resultado de hipertensão. Se esse gato apresentar lesões em órgão-alvo compatíveis com hipertensão em uma única série de medidas que apresente uma média elevada, a hipertensão deve ser considerada e o paciente, medicado.

Apenas mensurações de PAS devem ser consideradas. Fichas de registro devem conter todos os dados conforme modelo adaptado (Figura 9) da American Association of Feline Practitioners (AAFP) e ISFM.

Ficha de mensuração de pressão arterial sistólica

Paciente felino:
Raça:
Local: ( ) Ambiente hospitalar ( ) Domicílio

Sexo: ( ) Macho ( ) Fêmea ( ) Castrado ( ) Inteiro **Idade:**
Tutor: **Data:** **Horário:**
Médico-veterinário/clínica/hospital:

Posicionamento do gato:

( ) **Sentado** ( ) **Estação** ( ) **Esternal** ( ) **Lateral**

Equipamento utilizado:
( ) Doppler ( ) Oscilométrico ( ) HDO ( ) Outro
Tamanho do manguito (*cuff*):
Técnico responsável pela mensuração:
Locais de mensuração:
( ) Colo ( ) Dentro do transporte ( ) Mesa ( ) Outro

Local do manguito (*cuff*):

( ) MTD
( ) MTE

( ) MPD
( ) MPE
( ) Base da cauda

Avaliação subjetiva de estresse:
( ) Relaxado ( ) Ansioso ( ) Agitado ( ) Medroso
( ) Impaciente ( ) Nervoso ( ) Muito nervoso
( ) Agressivo defensivo ( ) Agressivo ofensivo

Feromônio:
( ) Difusor ( ) *Spray*

Agrado:
( ) Petisco ( ) Sachê ( ) Ração

Preferências do gato:

Medidas obtidas de pressão arterial sistólica (mmHg):
1. ____ 2. ____ 3. ____ 4. ____ 5. ____ 6. ____ 7. ____ 8. ____ 9. ____ 10. ____
Média das medidas obtidas de pressão arterial sistólica (mmHg): ____

FIGURA 9. Ficha de mensuração de pressão arterial em gatos.
Fonte: adaptada de AAFP/ISFM.

LITERATURA SUGERIDA

Acierno MJ, Brown S, Coleman AE, Jepson RE, Papich M, Stepien R, Syme HM. ACVIM consensus statement: Guidelines for the identification, evaluation, and management of systemic hypertension in dogs and cats. J Vet Int Med. 2018;32(6):1803-22.

Anjos TM, Veado JCC, Castro MCN, Diniz SA, Rocha GSL, Silva EF, et al. Avaliação e comparação entre métodos de mensuração de pressão arterial sistólica em gatos hígidos anestesiados. Arq Bras Med Vet Zootec. 2014;66(4):1051-9.

Anjos TM, Veado JCC, Araújo RB, Leme FOP, Diniz SA, Castro MCN, et al. Avaliação e comparação entre métodos de mensuração de pressão arterial sistólica em gatos hígidos conscientes. Arq Bras Med Vet Zootec. 2016;68(3):611-9.

Brown S, Atkins C, Bagley R, Carr A, Cowgill L, Davidson M, et al.; American College of Veterinary Internal Medicine. Guidelines for the identification, evaluation, and management of systemic hypertension in dogs and cats. J Vet Intern Med. 2007;21(3):542-58.

Egner B, Carr A, Brown S. Essential facts of blood pressure in dogs and cats – a reference guide. Die Deutsche Bibliothek; 2007.

Henik RA, Dolson MK, Wenholz BS. How to obtain a blood pressure measurement. Clin Tech Small Anim Pract. 2005;20(3):144-50.

Quimby JM, Lorbach SK, Saffire A, Kennedy A, Wittenburg LA, Aarnes TK, et al. Serum concentrations of gabapentin in cats with chronic kidney disease. J Feline Med Surg. 2022;24(12):1260-6.

Quimby JM, Smith ML, Lunn KF. Evaluation of the effects of hospital visit stress on physiologic parameters in the cat. J Feline Med Surg. 2011;13:733-7.

Taylor S, Sparkes AH, Briscoe K, Carter J, Cervantes S, Jepson RE, et al. Consensus Guidelines on the Diagnosis and Management of Hypertension in Cats. J Feline Med Surg. 2017;19:288-303.

Veronezi TM, Lopes DJ, Zardo IL, Ferronatto JV, Trojan MM, Franck KR, et al. Evaluation of the effects of gabapentin on the physiologic and echocardiographic variables of healthy cats: a prospective, randomized and blinded study. J Feline Med Surg. 2022;24(12):e498-e504.

Whittemore JC, Nystrom MR, Mawby DI. Effects of various factors on Doppler ultrasonographic measurements of radial and coccygeal arterial blood pressure in privately owned, conscious cats. J Am Vet Med Assoc. 2017;250(7):763-9.

Zeugswetter FK, Tichy A, Weber K. Radial vs coccygeal artery Doppler blood pressure measurement in conscious cats. J Feline Med Surg. 2018;20(10):968-72.

3

Fluidoterapia intravenosa

Christine Souza Martins

O PULO DO GATO

A fluidoterapia intravenosa é uma importante ferramenta terapêutica para os gatos internados com necessidades de restabelecimento do equilíbrio hídrico e eletrolítico.

A etapa fundamental no fluxo de decisões quanto ao estabelecimento da fluidoterapia intravenosa é a determinação da real necessidade do paciente. Além disso, é importante saber se suas necessidades são para correção de hidratação, hipovolemia ou ambas.

O gato é mais predisposto à sobrecarga de fluidos em comparação aos cães, e um planejamento adequado e monitoramento constante podem prevenir suas consequências.

INTRODUÇÃO

A água é essencial para a homeostase do organismo, participando diretamente de vários mecanismos celulares, além de ser considerada um diluente universal. Cerca de 60% do peso corporal de um gato é composto de água, e esse percentual varia com idade, condição corporal e estado fisiológico. Um filhote pode ter até 80% do seu peso composto de água e, tendo em vista seus mecanismos compensatórios imaturos, eles são ainda mais suscetíveis a desequilíbrios hidroeletrolíticos.

De modo simplificado, a água corporal se distribui em "compartimentos" no organismo. Os dois principais compartimentos são: o fluido intracelular (FIC), que corresponde à maior parte de toda a água corpórea (60%), e o fluido extracelular (FEC). O fluido localizado no compartimento extracelular ainda se divide em subcompartimentos: o fluido intersticial e o fluido intravascular (plasma). Os fluidos presentes em todos os compartimentos estão em equilíbrio dinâmico por vários mecanismos homeostáticos através de diferentes membranas. A composição individual dos diferentes compartimentos e o equilíbrio entre eles também inclui os eletrólitos neles presentes.

Em condições fisiológicas, a quantidade de água que entra no organismo é a mesma que é perdida diariamente. O gato adquire a água pela ingestão oral (água e alimento) e como resultado de reações orgânicas (água metabólica). As perdas fisiológicas e inevitáveis ocorrem pela urina, fezes, saliva, evaporação pelo trato respiratório e superfície da pele. As perdas fisiológicas são contínuas e, se o gato não está se alimentando e bebendo quantidades suficientes de água, já pode haver déficit. Para manter o equilíbrio, também há necessidade de manutenção das concentrações de eletrólitos.

As perdas patológicas de água podem ocorrer em diversas situações, sendo as mais comuns: vômitos, sialorreia, diarreia, hemorragias, excesso de evaporação por ferimentos e queimaduras na pele, poliúria e excesso de perda respiratória (hipertermia).

PRINCÍPIOS DA FLUIDOTERAPIA

A fluidoterapia intravenosa é uma importante medida terapêutica em pacientes com déficits de água e eletrólitos. Representa uma das intervenções terapêuticas mais comuns em um ambiente hospitalar, mas a abordagem de cada paciente deve ser individualizada. Repetidas avaliações clínicas e reformulações dos protocolos escolhidos podem ser necessárias ao longo do tratamento.

Ao fazer uso da fluidoterapia como medida terapêutica, é necessário basear escolhas em vários parâmetros clínicos, laboratoriais e muitas vezes logísticos. Várias decisões e adequações devem ser incluídas no planejamento inicial da fluidoterapia (Figura 1).

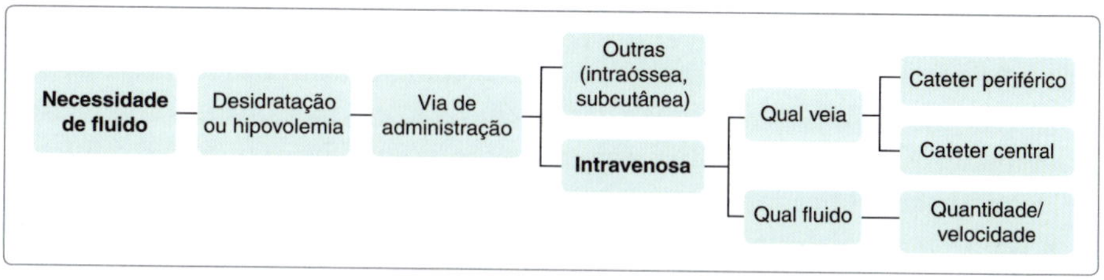

FIGURA 1. Fluxograma das decisões relacionadas ao estabelecimento da fluidoterapia.
Fonte: elaborada pela autora.

Indicações

Como primeira abordagem, deve-se decidir sobre a indicação da fluidoterapia como ferramenta terapêutica. De maneira geral, a necessidade de fluidoterapia pode ser dividida em três categorias:

- **Reanimação:** correção da hipovolemia pela restauração do volume vascular (expansão de volume).
- **Reidratação:** restauração do volume extravascular, corrigindo déficits de água e eletrólitos já presentes no início do tratamento, e as perdas contínuas.
- **Manutenção do estado de hidratação normal:** especialmente em pacientes com ingestão diminuída.

É fundamental determinar se o paciente está desidratado, hipovolêmico ou ambos, pois assim é possível direcionar as demais escolhas, do volume e da velocidade de administração.

A desidratação é definida como depleção de água corporal como um todo. O estado de hidratação é uma avaliação fundamentalmente do líquido intersticial, que certamente também está refletindo as perdas celulares, tendo em vista o constante equilíbrio entre eles. A volemia se refere ao fluido intravascular, que se reflete na perfusão periférica.

A hipovolemia é definida como diminuição do fluido intravascular, com ou sem depleção de líquido corporal total. A desidratação grave pode levar à hipovolemia, mas vários outros estados patológicos podem causar hipovolemia. É importante fazer um bom exame físico do paciente, a fim de detectar sinais de desidratação e/ou hipovolemia (Tabela 1).

Os sinais de hipovolemia podem começar a ser detectados em estados mais graves de desidratação, com perdas maiores que 10 a 12% da água corporal. Os sinais que indicam hipovolemia estão associados com déficit de perfusão, como aumento do tempo de preenchimento capilar (TPC), palidez de mucosas, hipotensão, pulsos fracos, diminuição de temperatura central e periférica e aumento do lactato.

Escolha da via de administração

O acesso venoso para fluidoterapia é indicado quando:

- O gato está muito desidratado, com risco de hipovolemia.
- O animal está internado e não está bebendo ou comendo normalmente.

TABELA 1 Achados clínicos associados com diferentes graus de desidratação

Déficit de água (%)	Sinais clínicos
< 5%	Pode haver histórico de perdas hídricas, mas ainda não apresenta sinais clínicos evidentes
6-8%	Redução do turgor cutâneo (prega na pele começa de demorar mais que o normal para voltar ao estado inicial após tracionada) Mucosas pegajosas Início de enoftalmia Leve aumento do TPC
10-12%	Prega da pele praticamente não retorna Mucosas ressecadas Enoftalmia evidente Significativo aumento do TPC Início de sinais de choque
> 12%	Sinais de choque evidentes Morte iminente

TPC: tempo de preenchimento capilar.

- Há necessidade de infusão de cristaloides ou coloides para o manejo da hipotensão.
- Há necessidade de reidratação ou manejo de desequilíbrios eletrolíticos que não pode ser suprida por outras vias (oral ou subcutânea).
- O paciente necessita de infusão de medicamentos ou fármacos vasoativos ou por infusão contínua.

O simples fato de estar internado não significa obrigatoriamente que o gato deve receber fluido e outros medicamentos por via intravenosa, especialmente se o trato digestório estiver funcional, podendo receber hidratação e nutrição por via oral ou por sonda.

Para indicações e procedimentos de outras vias de administração, como a subcutânea e a intraóssea, consulte os capítulos 4 – Fluidoterapia subcutânea e 5 – Fluidoterapia intraóssea.

Escolha da veia

O vaso que vai ser usado para a fluidoterapia deve ser passível de acesso e contenção adequados. **As principais escolhas são as veias cefálica ou cefálica acessória nos membros torácicos ou a veia safena (lateral ou medial) nos membros**

pélvicos. As veias safenas costumam ser mais bem visualizadas, pois a pele sobre elas é mais delgada. Eventualmente, podem-se utilizar as veias jugulares, especialmente nos acessos centrais.

Na escolha da veia, os seguintes fatores também devem ser considerados:

- A sensação de conforto do gato e a manutenção da sua capacidade de se movimentar, comer e dormir. Se o gato estiver confortável, diminuem as chances de ele tentar danificar ou arrancar o cateter. A maioria exige apenas uma bandagem leve. Mas, se necessário, pode-se utilizar um colar elizabetano macio/flexível.
- Evitar acessos venosos em membros doloridos ou traumatizados. Deve-se dar especial atenção aos gatos idosos, que podem apresentar dores articulares, as quais podem se agravar com a contenção ou fixação dos acessos venosos.
- Evitar acesso nos membros pélvicos em gatos com risco de tromboembolismo aórtico. Deve-se evitar também quando há risco de contaminação no local de acesso venoso, como nos casos de diarreia, incontinência urinária ou secreções vaginais.
- Evitar o acesso jugular nos animais com coagulopatias.

Escolha dos dispositivos de infusão

Existem vários tipos de cateteres venosos: periférico, venoso central, central de inserção periférica (PICC), intraósseo, borboleta (scalp ou *butterfly*). Cada um deles tem suas indicações, vantagens e desvantagens. O mais comum para a administração de fluidoterapia é o cateter periférico.

A escolha do cateter deve levar em consideração a qualidade do material, que pode variar bastante conforme o fabricante. Essa característica é bem importante, visto que a pele do gato oferece bastante resistência à penetração de agulhas e cateteres de qualidade inferior, pois esses têm a tendência de dobrar ou se fragmentar sem penetrar no vaso. Também é importante decidir quanto ao calibre do cateter, considerando que, quanto maior o número designado a ele, menor será o calibre. Para gatos de até 5 kg, os calibres mais utilizados são o 24 e 22. Quando há necessidade de rápida administração de fluidos, recomenda-se utilizar cateteres de maior calibre. Para terapias de ressuscitação, que exigem administração rápida, recomenda-se o cateter de maior calibre que se adapte à veia escolhida.

O cateter periférico mais comum é designado, por sua configuração, cateter sobre agulha (Figura 2).

A técnica de acesso venoso e implantação do cateter periférico é simples, mas exige alguns cuidados (Quadro 1).

Se o gato precisar ficar com o cateter por vários dias, devem-se implementar rotinas de manutenção do cateter e do ponto de acesso venoso (Quadro 2).

QUADRO 1

Técnica de inserção de cateter venoso periférico (cateter sobre agulha)

1. Separe com antecedência todo o material necessário, inclusive em maior quantidade, a fim de evitar ter de parar o procedimento para buscar algo que faltou.
2. Realizar tricotomia com lâmina afiada n. 40, tendo o cuidado de evitar lesões na pele, que aumentam as chances de contaminação do local (Figura 3).
3. Preparar o local com limpeza e antissepsia, utilizando clorexidina (degermante a 4%) e retirando o excesso com álcool ou soro estéril. Lembrar de secar bem para a umidade não interferir na fixação.
4. Se o tempo permitir, a fim de diminuir o desconforto, recomenda-se massagear o local designado para a venopunção com anestésico local (lidocaína gel). É necessário esperar cerca de 20 a 30 minutos até o efeito desejado.
5. A pessoa que vai inserir o cateter deve lavar bem as mãos e utilizar luvas descartáveis.
6. Se a veia não estiver prontamente visível, ou o gato tiver a pele muito grossa, e a pele tiver sido previamente dessensibilizada com lidocaína, há a possibilidade de realizar uma pequena incisão, de cerca 0,5 mm, em cima do ponto de entrada do cateter. A incisão pode ser bem superficial e feita com o bisel de uma agulha de grosso calibre.
7. Um auxiliar faz a oclusão (garrote) acima do ponto de inserção, desviando a veia lateralmente e garantindo a contenção apropriada do gato, a fim de proteger o procedimento.
8. Analgesia ou sedação leve podem ser necessárias para garantir a correta inserção do cateter.
9. O membro deve ser estabilizado com uma mão, e com a outra se faz a inserção do cateter, com o bisel voltado para cima, em um ângulo aproximado de 15 a 20° com a veia. O cateter é avançado e permanece paralelo à veia até ser observado o refluxo de sangue. O cateter com o mandril é avançado mais alguns milímetros para garantir sua localização no lúmen do vaso. A partir de então, o mandril é tracionado para fora enquanto se empurra o cateter até este entrar totalmente. Nesse momento, solicita-se ao auxiliar que realize pressão sobre a ponta do cateter, evitando refluxo de sangue (Figura 4).
10. Coloca-se uma tampa, um plugue adaptador (tipo PRN) ou extensor de cateter. Com o extensor fica mais fácil testar a patência da via e verificar se não está havendo infiltração, e assim pode-se prosseguir para a fixação.
11. A fixação consiste em passar uma tira fina de esparadrapo ao redor do cateter e uma segunda tira mais grossa sobre a primeira. A fita que está aderida no paciente preferencialmente é do tipo microporoso, para facilitar a retirada (Figura 5).
12. Finaliza-se com uma bandagem elástica ao redor do conjunto todo. Deve-se tomar cuidado para não apertar em demasia a bandagem para não garrotear a veia. É importante verificar se o gato consegue se movimentar com a bandagem de maneira confortável, porém sem representar risco de deslocamento do cateter.
13. O cateter é então acoplado ao equipo de soro previamente preenchido (evitando bolhas de ar).
14. Se o acesso venoso foi feito de forma rápida e não estéril, em situações emergenciais, sem todos os cuidados necessários, deve-se considerar obter outro acesso mais adequado quando o paciente estiver estável.
15. Ao testar a patência da via ou "lavar" o cateter, considera-se que o uso de soro fisiológico é adequado, não havendo necessidade do uso de soluções heparinizadas.

QUADRO 2

Rotinas de manutenção dos pontos de inserção dos cateteres periféricos

- O local deve ser inspecionado diariamente para verificar deslocamentos do cateter, edema na extremidade do membro ou sinais de tromboflebite: dor, aumento de temperatura e edema no local, presença de exsudato, odor desagradável, febre sem outra justificativa.
- Se o local do cateter for contaminado por fezes, urina, vômitos ou se há sinais de flebite, recomenda-se que o cateter seja retirado e colocado um novo em outro membro.
- Por protocolo, os cateteres periféricos não devem permanecer na mesma veia por mais de 72 horas. Mas esse tempo pode variar conforme a qualidade do material ou se o membro utilizado estiver sendo muito movimentado. Material de qualidade inferior e excesso de movimento podem predispor a traumas venosos e aumentam as chances de complicações.
- Se houver indícios de contaminação bacteriana, após a remoção do cateter, sua extremidade deve ser enviada para cultura e teste de sensibilidade a antimicrobianos.
- Os dispositivos de infusão (bolsas de fluido, equipos e extensores) devem ser circuitos fechados e, se o gato precisar ficar na fluidoterapia por vários dias, devem ser trocados diariamente. Extremidades puncionáveis (PRN ou injetores laterais) devem ser limpos com álcool antes de cada injeção.

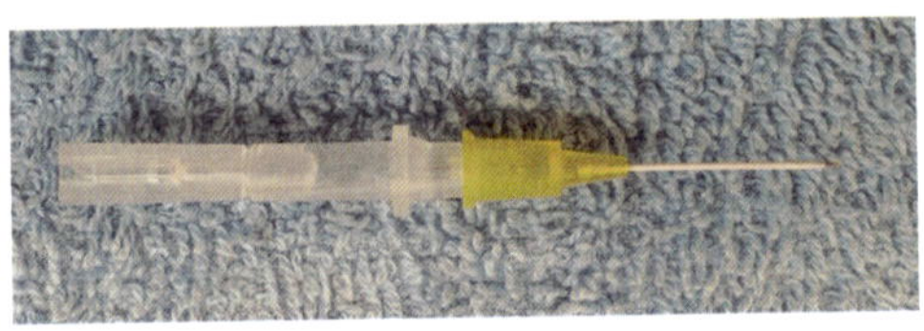

FIGURA 2. Cateter periférico “sobre agulha”. É o mais utilizado nas fluidoterapias intravenosas.

Fonte: arquivo pessoal da autora.

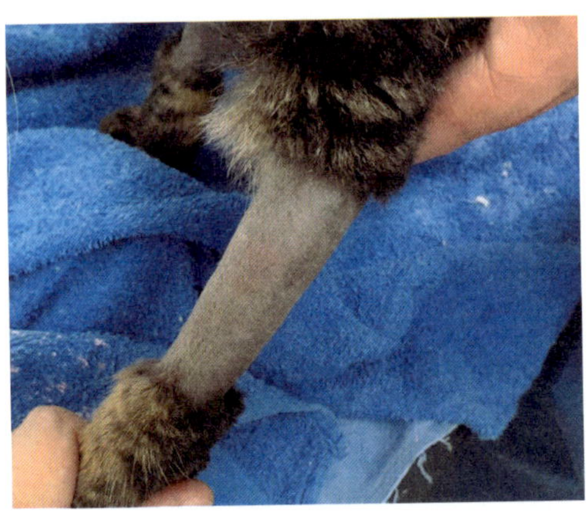

FIGURA 3. Área preparada para inserção do cateter na veia cefálica.

Fonte: arquivo pessoal da autora.

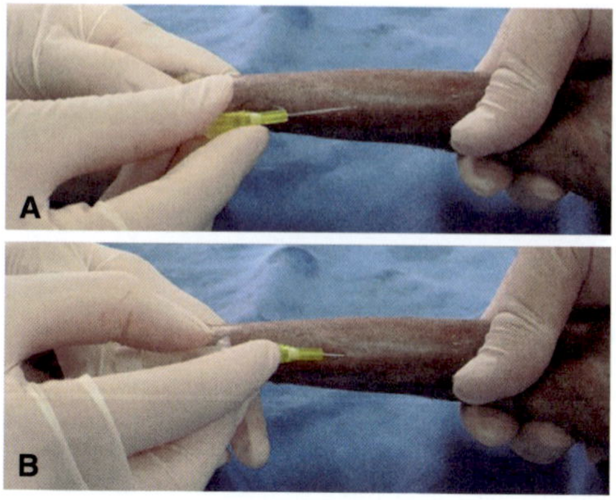

FIGURA 4. Inserção do cateter na veia cefálica. **A:** um auxiliar faz o garrote e a veia é visualizada. **B:** o cateter é inserido e avançado lentamente até que seja visto o refluxo de sangue, quando o mandril (agulha) é tracionado no sentido oposto e o cateter é avançado até o final.

Fonte: arquivo pessoal da autora.

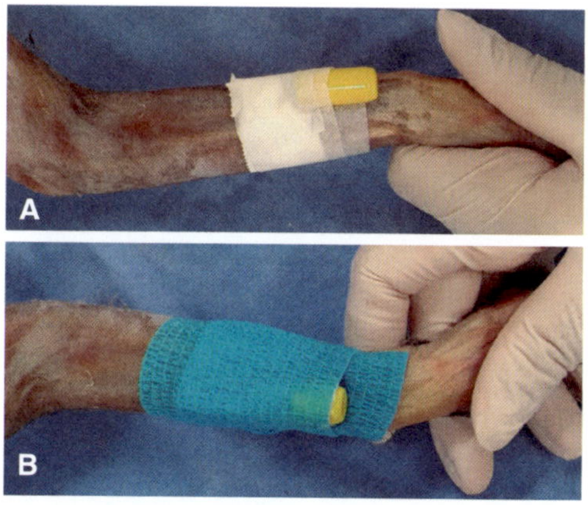

FIGURA 5. Fixação do cateter. **A:** uma tampa ou um dispositivo puncionável (tipo PRN) é acoplado no cateter, para facilitar sua fixação sem sangramentos. Uma tira fina de fita tipo microporosa ou esparadrapo comum é passada por baixo e por cima do cateter. Uma segunda tira é passada sobre a primeira. **B:** o conjunto é enfaixado e protegido com uma bandagem elástica, deixando apenas a superfície puncionável do dispositivo.

Fonte: arquivo pessoal da autora.

Escolha do fluido e das taxas de administração

Existem diversos tipos de fluidos indicados para uso intravenoso, mas a escolha adequada deve levar em consideração as necessidades individuais do paciente, influenciadas pelas condições patológicas que o afligem.

Os cristaloides são soluções à base de água contendo diversas concentrações de eletrólitos ou glicose e, às vezes, tampões. São os mais usados para tratar pacientes desidratados e com desequilíbrios eletrolíticos. A maior parte dos cristaloides exerce seu efeito primariamente nos compartimentos intersticial e intracelular, pois, mesmo sendo infundidos no espaço vascular, rapidamente se distribuem para fora dele. São subdivididos em soluções de reposição ou de manutenção. A principal diferença entre elas é a concentração de eletrólitos (Tabela 2). Os mais utilizados são as soluções de Ringer (com ou sem lactato de sódio), a solução salina 0,9% e a solução de glicose 5%.

Os coloides, por outro lado, são soluções contendo moléculas grandes que não passam com facilidade pelas membranas endoteliais vasculares, permanecendo, portanto, muito mais tempo no espaço vascular. Por esse motivo, sua maior utilidade é exatamente promover e manter expansão vascular em pacientes hipovolêmicos (ressuscitação fluida).

É bastante importante a detecção de hipovolemia, pois a reposição fluida tem de ser feita de maneira bem mais rápida.

O planejamento da fluidoterapia para a desidratação envolve a reposição dos déficits já estabelecidos, as necessidades de manutenção e a compensação para as perdas contínuas.

A determinação da quantidade de fluido de reposição é feita após anamnese e exame físico. Deve-se utilizar a estimativa do grau de desidratação (Tabela 1) no cálculo inicial:

Volume de reposição (VR) (litros) =
% de desidratação × peso corporal (em kg)

(p. ex.: um gato de 5 kg com 8% de desidratação vai necessitar de um volume de reposição de 0,4 litro ou 400 mL). Esse volume pode ser administrado em até 24 horas, mas, se a perda foi grave e rápida, a reposição também deve ser em até 4 a 6 horas.

As necessidades de manutenção são calculadas pela fórmula:

Volume de manutenção (VM)
(mL/24 horas) = (30 × peso) + 70

Para filhotes e gatos com menos de 2 kg, a fórmula é:

$$\mathbf{70 \times (peso)^{0,75}}$$

TABELA 2 Composição dos principais cristaloides utilizados na fluidoterapia intravenosa

Fluido	Sódio (mEq/L)	Cloreto (mEq/L)	Potássio (mEq/L)	Cálcio (mEq/L)	Outros	Tampão
Solução salina NaCl 0,9%	154	154	0	0	0	–
Solução de Ringer	147	156	4	4,5	0	–
Solução de Ringer com lactato de sódio	130	109	4	3	0	Lactato (28 mEq/L)
Solução de glicose 5%	0	0	0	0	Glicose (50 mg/mL)	–
Solução glicofisiológica	154	154	0	0	Glicose (50 mg/mL)	–

Além dos volumes de reposição e manutenção, acrescentam-se as **perdas contínuas** estimadas com vômitos, diarreias ou mensuradas com urina, por exemplo.

Para garantir que as quantidades e velocidades estejam corretas, recomenda-se o uso de bombas de infusão ou de seringa. Caso não haja disponibilidade, recomenda-se não usar bolsas de soro com grandes volumes, para evitar sobrecarga acidental. Existem equipos tipo bureta (câmaras graduadas) que permitem fracionar quantidades menores de fluido adaptadas ao peso do paciente.

Volumes menores, de manutenção ou perdas contínuas, podem ser administrados pela via subcutânea, se a condição hemodinâmica do gato assim permitir. Condições patológicas específicas, como doença renal, cardiopatias e diabetes, entre outras, necessitam de regimes diferenciados de fluidoterapia e devem ser consideradas no início do tratamento.

MONITORAMENTO

Os gatos exigem monitoramento rígido, pois possuem volume sanguíneo menor, menor taxa metabólica e maior incidência de doença cardíaca oculta, tornando-os mais suscetíveis a sobrecarga de fluidos, com potenciais consequências graves.

Se não for possível realizar o monitoramento contínuo do gato recebendo fluidoterapia, recomenda-se que essa seja administrada por via subcutânea.

Os parâmetros que devem ser monitorados no gato internado recebendo fluidoterapia intravenosa são: peso corporal (pelo menos duas vezes ao dia), umidade das mucosas, tempo de preenchimento capilar, frequência cardíaca, débito urinário, hematócrito e lactato.

Animais saudáveis podem ser bastante resistentes à sobrecarga de fluidos, mas gatos doentes não conseguem compensar os excessos. É importante estar atentos aos sinais de sobrecarga fluida: ganho de peso, inquietação, taquipneia, dispneia, secreção nasal serosa, quemose, crepitações pulmonares, taquicardia, ritmo de galope, tosse, distensão da jugular.

Como característica da espécie, a resposta de vasoconstrição diante da perda fluida é praticamente inexistente na presença de hipotermia. Portanto, quando hipotérmico, o gato também está mais suscetível à sobrecarga fluida e suas consequências. Providências de reaquecimento devem ser implementadas nesses casos.

LITERATURA SUGERIDA

Byers CG. Fluid therapy: options and rational selection. Vet Clin North Am Small Anim Pract. 2017;47(2):359-71.

Davis H, Jensen T, Johnson A, Knowles P, Meyer R, Rucinsky R, Shafford H; American Association of Feline Practicioners; American Animal Hospital Association. 2013 AAHA/AAFP fluid therapy guidelines for dogs and cats. J Am Anim Hosp Assoc. 2013;49(3):149-59.

Lunn KF, Johnson AS, James KM. Fluid therapy. In: Little SE, editor. The cat clinical medicine and management. St. Louis: Elsevier Saunders; 2012. p.52-89.

O'Grady NP, Alexander M, Burns LA, Dellinger EP, Garland J, Heard SO, et al.; Healthcare Infection Control Practices Advisory Committee (HICPAC). Guidelines for the prevention of intravascular catheter-related infections. Clin Infect Dis. 2011;52(9):e162-e193.

Oliveira RL, Soares JH, Moreira CM, Silva CP, Carrasco LP, Souza HJ. The effects of lidocaine-prilocaine cream on responses to intravenous catheter placement in cats sedated with dexmedetomidine and either methadone or nalbuphine. Vet Anaesth Analg. 2019;46(4):492-5.

Rieser T. Fluid therapy. In: Bruyette DS, Bexfield N, Chretin JD, Kidd L, Kube S, Langston C, et al., editors. Clinical small animal internal medicine. Hoboken: Wiley; 2020. p.355-64.

Rodan I, Dowgray N, Carney HC, Carozza E, Ellis SL, Heath S, et al. 2022 AAFP/ISFM Cat Friendly Veterinary Interaction Guidelines: Approach and Handling Techniques. J Feline Med Surg. 2022;24(11):1093-132.

Silverstein DC, Hart S. Crystalloid fluid therapy. In: Dobratz KJ, Hopper K, Rozanski E, Silverstein DC, editors. Textbook of small animal emergency medicine. Hoboken: Wiley-Blackwell; 2019. p.1091-6.

Ueda Y, Odunayo A, Mann FA. Comparison of heparinized saline and 0.9% sodium chloride for maintaining peripheral intravenous catheter patency in dogs. J Vet Emerg Crit Care (San Antonio). 2013;23(5):517-22.

Wellman ML, DiBartola SP, Kohn CW. Applied physiology of body fluids in dogs and cats. In: DiBartola SP, editor. Fluid, electrolyte, and acid-base disorders in small animal practice. 4. ed. St. Louis: Elsevier Saunders; 2012. p.26-43.

4

Fluidoterapia subcutânea

Fernanda Vieira Amorim da Costa

O PULO DO GATO

A administração de fluidos por via subcutânea é conveniente, rápida, fácil e barata, mas a absorção pode ser limitada quando a perfusão periférica é ruim.

Essa via geralmente não atende às necessidades diárias de líquidos da maioria dos animais e é contraindicada para animais gravemente desidratados ou hipovolêmicos e hipotérmicos.

Pode ser uma ferramenta útil para os proprietários no tratamento de doenças, principalmente a doença renal crônica, mas pode não ser necessária ou possível para todos os pacientes.

INTRODUÇÃO

A fluidoterapia subcutânea (FSC) é usada em pacientes que precisam de suporte ou terapia com fluidos quando a via intravenosa não é indicada ou a hospitalização não é possível. Essa prática pode ajudar a prevenir a desidratação em pacientes que não se alimentam bem e pode ser indicada àqueles que precisam de fluidoterapia intermitente, mas não de hospitalização (p. ex., pacientes com doença renal crônica – DRC). Casos leves de desidratação causados por curtos períodos de vômito ou diarreia também podem se beneficiar da FSC.

A FSC não pode ser usada em pacientes com vasoconstrição periférica (muito desidratados, hipotérmicos ou hipotensos), porque a vasoconstrição vai limitar a absorção de fluido do espaço subcutâneo. É necessário um período de equilíbrio para que soluções administradas por essa via sejam absorvidas. Fluidos sem eletrólitos (p. ex., glicose 5%) não devem ser utilizados, porque eles primeiro retiram eletrólitos do líquido extracelular, agravando alterações preexistentes. Soluções hipertônicas não devem ser utilizadas por via subcutânea por seu risco de necrose. Já as soluções com mais de 35 mEq/L de potássio causam dor e desconforto quando administradas por via subcutânea.

A maioria dos gatos adultos pode tolerar de 100 a 200 mL de fluido administrado por via subcutânea, no espaço interescapular. Para permitir que volumes significativos de fluido sejam administrados, muitas vezes são necessárias injeções múltiplas em locais diferentes, o que pode não ser tolerado por muitos gatos. Inicialmente, o fluido pode se parecer com uma bolsa nessa área e gravitar ventralmente em um ou ambos os membros torácicos, mas será absorvido em 4 a 6 horas. É necessário um período de equilíbrio para que as soluções administradas por essa via sejam absorvidas, mas, se o fluido administrado ainda estiver no espaço subcutâneo seis horas após administrado, significa que outra via deveria ter sido usada.

Quando a FSC é administrada, a taxa de entrega de fluidos é guiada pelo conforto do paciente. Os conjuntos de gotejamento geralmente são mais confortáveis que a injeção de fluido com uma seringa (Figura 1).

A hipocalemia é comum em gatos com insuficiência renal crônica e, portanto, deve ser monitorada regularmente, pois a administração de fluidos isentos de

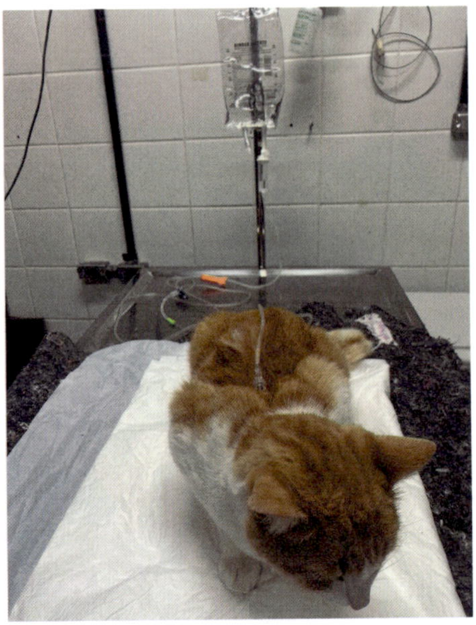

FIGURA 1. Fluidoterapia sendo realizada por via subcutânea em um paciente com desidratação leve.

potássio exacerba a hipocalemia. Mesmo que o potássio sérico esteja normal, as necessidades de manutenção de potássio devem ser adicionadas aos fluidos na forma de cloreto de potássio, a uma concentração de 20 mmol/L.

INDICAÇÕES

- Desidratação leve (≤ 8%), como na DRC ou em perdas leves de líquidos decorrentes de vômitos/diarreia.
- Fluidoterapia em casa em casos de desidratação crônica de baixo grau (DRC é a causa mais comum). Para a maioria dos gatos, cerca de 100 a 150 mL, administrados de 2 a 3 vezes por semana, estão adequados.
- Prevenção da desidratação em pacientes doentes que não estejam bebendo água.

CONTRAINDICAÇÕES

- A fluidoterapia subcutânea não é adequada para gatos com desidratação moderada ou grave (> 8%), perdas contínuas de fluidos significativas, hipovolemia ou hipotermia.
- Soluções hipertônicas (p. ex., soluções de glicose > 5% ou solução salina hipertônica) não devem ser administradas por via subcutânea.

MATERIAIS NECESSÁRIOS (FIGURA 2)

- Fluido apropriado (cristaloides: preferencialmente, solução de Ringer com lactato de sódio, ou solução salina a 0,9%), que deve ser aquecido à temperatura corporal colocando-o em um banho-maria de água morna.
- Agulhas: máximo 18G (1,2 × 40 mm).
- Equipo.
- Potássio pode ser adicionado ao fluido se indicado, mas apenas para uma concentração máxima de 35 mEq/L para evitar dor e desconforto.

As recomendações para proprietários realizarem fluidoterapia subcutânea em casa devem incluir uma variedade de técnicas para o treinamento (p. ex., demonstrações ao vivo, vídeos, instruções escritas, prática), porque cada pessoa absorve as informações de forma diferente e deve ter acesso aos métodos de aprendizagem que funcionam melhor. Deve-se oferecer um folheto que forneça respostas às perguntas mais frequentes, como forma de ajudar para que os tratamentos em casa corram sem problemas.

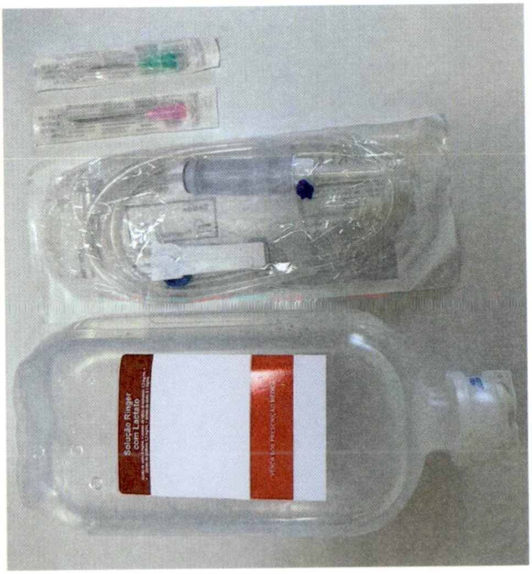

FIGURA 2. Materiais necessários para a realização de fluidoterapia subcutânea no gato.

Fonte: arquivo pessoal da autora.

LITERATURA SUGERIDA

Hughston, L. Subcutaneous fluid administration for needle-nervous clients. Veterinary Team Brief. 2017. Disponível em: https://files.brief.vet/migration/article/37266/subcutaneous-fluid-administration-for-needle-nervous-clients-37266-article.pdf. Acesso em 03 mar. 2023.

Taylor S. QRG 13.2 Subcutaneous fluid therapy. In: Harvey A, Tasker S, editors. BSAVA Manual of feline practice – a foundation manual. Gloucester: BSAVA; 2013. p.387.

5

Fluidoterapia intraóssea

Fernanda Vieira Amorim da Costa

O PULO DO GATO

A via intraóssea propicia uma excelente alternativa intravenosa em animais pequenos ou muito jovens, além de pacientes com trombose ou vasos colapsados.

Cateteres intraósseos podem ser colocados através da fossa trocantérica do fêmur e do tubérculo maior do úmero em neonatos e, em pacientes maiores, pela asa do íleo e tuberosidade da tíbia.

Qualquer líquido que possa ser administrado por via intravenosa (p. ex., sangue, solução eletrolítica balanceada, glicose, medicamentos) também pode ser administrado por via intraóssea.

INTRODUÇÃO

Embora o acesso intravenoso seja a via preferencial de fluidoterapia no paciente gravemente enfermo, às vezes é impossível realizar esse acesso, principalmente nos pacientes neonatos e nos filhotes muito jovens, e a colocação de um cateter intraósseo (IO) para a administração de fluido pode salvar a vidas desses pacientes.

O acesso aos sinusoides da medula óssea e canais medulares pela colocação de cateter IO permite a administração rápida de fluidoterapia adequada para o tratamento de choque hipovolêmico. Além disso, esses cateteres permitem a administração de todos os tipos de fluidos, incluindo produtos sanguíneos, e de medicamentos tipicamente destinados ao uso IV. O cateter IO deve ser colocado e mantido de maneira asséptica, porque não apenas a sepse, mas também a osteomielite, podem resultar de infecção no local.

Uma agulha espinhal de calibre 18 a 22 G (pacientes não pediátricos) ou agulha hipodérmica 18-25 G (neonatos e filhotes pequenos) deve ser usada para o cateterismo. Embora a colocação de um cateter IO seja bastante simples, mesmo nos menores pacientes, é difícil envolver e proteger o cateter. Idealmente, esse cateter é substituído por um cateter IV assim que o animal estiver estabilizado. Raramente, o cateterismo IO pode resultar em fratura óssea, osteomielite e dor.

A área sobre o quadril deve ser tricotomizada e preparada cirurgicamente antes de inserir a agulha no fêmur. O osso cortical é bastante duro em comparação à cavidade medular, mais macia. Uma vez que a agulha esteja firmemente inserida no eixo do fêmur, o estilete é removido da agulha e o fluido é injetado na mesma dose e velocidade da reanimação intravenosa. Uma vez restaurado o volume vascular, é mais fácil colocar um cateter intravenoso e a agulha intraóssea pode ser removida. Em alguns casos, o cateter intraósseo pode ser fixado no local para suporte contínuo de fluidoterapia por até 72 horas, desde que seja protegido e monitorado. Nesses casos, deve-se administrar regularmente solução salina heparinizada a cada seis horas para ajudar a evitar o bloqueio do cateter. No entanto, uma vez que o animal se torne mais ativo, a agulha é facilmente desalojada e a fluidoterapia intraóssea deve ser descontinuada (Figura 1).

As contraindicações da via IO incluem infecções na pele ou feridas no local de entrada da agulha; além disso, esse tipo de cateter não pode ser colocado em ossos fraturados.

TÉCNICA – FOSSA TROCANTÉRICA DO FÊMUR

1. Tricotomizar e preparar assepticamente a pele sobre a fossa trocantérica; a anestesia local pode ser obtida com lidocaína ou bupivacaína injetada no tecido subcutâneo e no periósteo sobre o local de inserção, medial à fossa trocantérica. Deve-se tomar cuidado para que o excesso de anestésico não distorça a palpação do local de inserção do cateter ou agulha.
2. Realizar uma pequena incisão na pele usando uma lâmina de bisturi n. 11 e inserir o cateter intraósseo. Isso é feito com um movimento de rotação para frente e para trás, alinhado com o longo eixo do fêmur, e em geral é relativamente fácil, em virtude da natureza macia dos ossos. A resistência diminuirá quando o cateter passar pelo córtex ósseo e entrar na cavidade da medula.
3. Avançar a agulha até que o canhão do cateter/agulha encontre a pele. Verifique o posicionamento correto movimentando a perna; o cateter se moverá com o fêmur.
4. Retirar o estilete, se estiver usando uma agulha espinhal, e conectar um conjunto de extensão intravenosa.

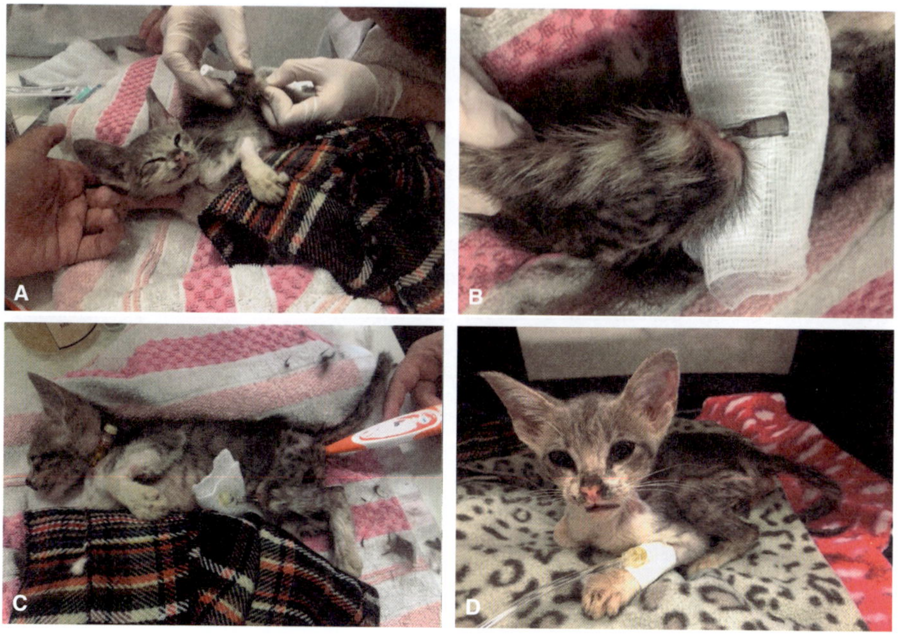

FIGURA 1. A reanimação de recém-nascidos criticamente enfermos pode ser realizada pela inserção de uma agulha 25 × 7 com o mandril de um cateter de 22 G na diáfise do fêmur ou da tíbia (**A**, **B**) e administrando fluidos aquecidos por via intraóssea. Assim que o paciente reagir e a pressão arterial subir, deve-se preferencialmente canular a veia jugular (**C**), cefálica (**D**) ou safena medial para substituir o acesso IO.

Fonte: arquivo pessoal da autora.

5. Tentar infundir 1,0 mL de solução salina heparinizada para verificar a desobstrução. Palpar ao redor do local e do osso longo para certificar-se de que uma bolsa de fluido não está sendo palpada. Se a infusão não for possível, tente girar o cateter 90 graus, pois isso aliviará qualquer bloqueio pela aposição do bisel do cateter ao córtex ósseo interno.
6. Aplicar pomada antisséptica e/ou antibiótica em uma compressa de gaze hemisseccionada colocada ao redor do cateter.
7. Pode-se fixar o cateter temporariamente com tiras de esparadrapo de tecido de forma estéril. A bandagem normalmente não é necessária.

A administração de fluidos em recém-nascidos e filhotes jovens pode ser feita usando fluxo de gravidade ou uma bomba de infusão. Pode haver dor se forem administrados fluidos frios, se um grande volume for administrado em um curto espaço de tempo ou se forem administradas soluções alcalinas ou hipertônicas (como alguns medicamentos). As complicações da administração intraóssea incluem infecção, extravasamento e trauma ósseo epifisário durante a colocação da agulha e dos tecidos moles.

MONITORAÇÃO

A fluidoterapia deve ser monitorada de perto, pois é fácil super-hidratar filhotes jovens em razão de uma função tubular renal imatura. Os métodos de monitoramento incluem pesagem do filhote 3 ou 4 vezes por dia e medição seriada de hematócrito e proteína total. Eletrólitos (p. ex., sódio, cloreto e potássio) e a glicemia também devem ser monitorados e os déficits, corrigidos. Para a punção venosa, deve-se posicionar o filhote em decúbito dorsal com os membros torácicos puxados para trás em direção ao abdome e a cabeça e o pescoço estendidos. O sangue pode ser coletado na veia jugular usando uma seringa de 1,0 mL com uma agulha de 25 ou 26 G. A aspiração lenta de sangue é essencial para evitar o colapso da veia. Um pequeno volume (0,5 mL) de sangue em um microtubo de 500 μL pode ser usado para os testes mais críticos.

LITERATURA SUGERIDA

Cohn LA, Kaplan-Zattler AJ, Lee JA. Fluid therapy for pediatric patients. Vet Clin North Am Small Anim Pract. 2022;52(3):707-18.

Lee JA, Cohn LA. Fluid therapy for pediatric patients. Vet Clin North Am Small Anim Pract. 2017;47(2):373-82.

Little, S. Management of reproduction and related disorders. In: Harvey A, Tasker S, editors. BSAVA Manual of feline practice – a foundation manual. Gloucester: BSAVA; 2013. p.399-412.

Macintire DK. Pediatric fluid therapy. Vet Clin North Am Small Anim Pract. 2008;38(3):621-7, xii.

6

Cateterização venosa central

Leandro Fadel

O PULO DO GATO

O cateter venoso central representa um acesso de maior calibre que garante maior viabilidade do acesso venoso.

Possui várias indicações, desde permitir infusões de soluções com osmolaridade alta e vasopressores, até mesmo ser utilizado em pacientes com fragilidade vascular periférica.

A técnica de Seldinger é a mais utilizada para sua inserção.

Seu uso pode trazer complicações, mesmo em operadores com prática.

INTRODUÇÃO

O cateter venoso central (CVC) é um cateter de diâmetro maior que é colocado na veia jugular. Possui grande utilidade dentro da medicina intensiva por ter diversas indicações, desde condições associadas ao paciente, isto é, fragilidade vascular, a indicações específicas para a infusão de algumas substâncias, como vasopressores e nutrição parenteral total. Outra indicação diz respeito à coleta seriada de amostras sanguíneas pela necessidade de avaliações periódicas, como no caso da estabilização inicial de um paciente com cetoacidose diabética. Ainda em relação à coleta de sangue, é possível fazer a mensuração da saturação venosa central de oxigênio ($SVcO_2$), importante na avaliação do paciente em estado de choque.

TÉCNICA DE SELDINGER

A técnica original de Seldinger foi desenvolvida pelo radiologista sueco Sven Ivar Seldinger em 1953 para permitir a passagem de um cateter mais calibroso em artérias periféricas para a realização de angiografias. A grande contribuição de sua técnica foi o uso de um fio metálico e maleável, chamado de fio-guia. Esse fio--guia permite inserir um cateter mais calibroso sem a necessidade de uma punção direta de grande calibre, ou mesmo a exposição cirúrgica do vaso a ser acessado.

A técnica original consiste na punção do vaso com uma agulha, seguida da passagem do fio-guia pela agulha, remoção da agulha (com permanência do fio-guia parcialmente dentro e parcialmente fora do vaso), inserção do cateter através do fio-guia e, por fim, remoção do fio-guia. Com o tempo, foram sendo realizadas modificações nessa técnica para adaptá-la aos mais diferentes usos, e hoje essa técnica pode ser usada em artérias, veias, espaço pleural, vísceras ocas e cateteres de diálise. A partir dessas necessidades, foram surgindo adaptações para garantir melhores resultados. A principal modificação presente hoje nos *kits* de acesso venoso central é a presença do dilatador, que ajuda a aumentar o ponto de entrada do cateter no vaso, garantindo mais facilidade para sua inserção. Outra variação da técnica é a substituição da punção inicial com agulha pelo cateter periférico, conferindo maior segurança no acesso da veia jugular. É importante ressaltar que esse cateter deve ter o mesmo calibre da agulha que vem no *kit*, pois, se for de menor diâmetro, não permitirá a passagem do fio-guia.

COMPLICAÇÕES

As complicações decorrentes do uso de CVC estão relacionadas a sua colocação ou a sua manutenção. Na literatura veterinária, ainda são esparsos os estudos sobre as complicações do uso de CVC. No estudo de Adamantos et al., 39% das complicações associadas ao uso de CVC foram inflamação e infecção local. Os autores relataram que essas condições estavam associadas à colocação do CVC sem anestesia geral e fora do bloco cirúrgico. Além disso, pacientes com enfermidades clínicas representaram um grupo de risco em relação aos pacientes cirúrgicos.

Em outro estudo mais recente e mais detalhado, realizado por Reminga et al., foram descritos fatores associados ao insucesso do uso desse tipo de cateter. A taxa de sucesso na sua colocação foi de 70% em gatos contra 85% em cães, mesmo os operadores tendo uma experiência prévia maior, já que 67% dos operadores já tinham implantado mais de 15 CVC. Os fatores que contribuíram para a falha na inserção do CVC em felinos foram incapacidade em puncionar a jugular (54,5%), hematoma (36,3%) e mau posicionamento do cateter (9,2%). Dentre as complicações encontradas durante a inserção do cateter, novamente os felinos apresentaram mais complicações, incluindo arritmias, hematomas, falha em colocar o cateter e seu mau posicionamento. Também foi identificado como fator de risco o tempo de permanência do CVC, em que, quanto maior o tempo, maior o número de complicações. Dentre essas complicações, houve principalmente irritação da pele, seguida por obstrução mecânica e inflamação. Por fim, dentre os motivos de retirada do CVC, em primeiro lugar ficou a alta hospitalar, seguida por eutanásia, término da necessidade do CVC, morte do paciente e complicações inflamatórias.

DESCRIÇÃO PASSO A PASSO DA COLOCAÇÃO

1. Preparo asséptico da região cervical (tricotomia e antissepsia cirúrgica).
2. Colocação de pano de campo estéril.
3. Uso de luvas cirúrgicas.
4. Punção da veia jugular externa com cateter periférico. Esse cateter tem que ter calibre suficiente para passar o fio-guia.
5. Passagem do fio-guia.
6. Remoção do cateter com a manutenção da posição do fio-guia.
7. Passagem do dilatador pelo fio-guia. Realização da dilatação e posterior remoção do dilatador. Nesse momento há maior risco de sangramento, que normalmente é contido com o uso de compressão com gaze ou digital. A depender do tipo de cateter, esse passo pode ser suprimido.
8. Passagem do cateter venoso central. Deve-se ter cuidado para não perder o fio-guia.
9. Remoção do fio-guia.
10. Sutura para fixação do cateter.
11. Aspiração da(s) via(s) cateterizada(s).
12. Infusão de solução heparinizada.
13. Via(s) pronta(s).

UTILIZAÇÃO DE CATETER ARTERIAL COMO CATETER VENOSO CENTRAL

Em virtude da maior taxa de insucesso da colocação de CVC em gatos, sugere-se a sua eventual substituição pelo cateter arterial (Figura 1). A principal desvantagem seria a existência de apenas uma via, pois os venosos centrais podem chegar a ter cinco vias. As vantagens incluem uma colocação mais ágil, pois o cateter arterial não necessita de dilatação, e um índice de sucesso muito maior.

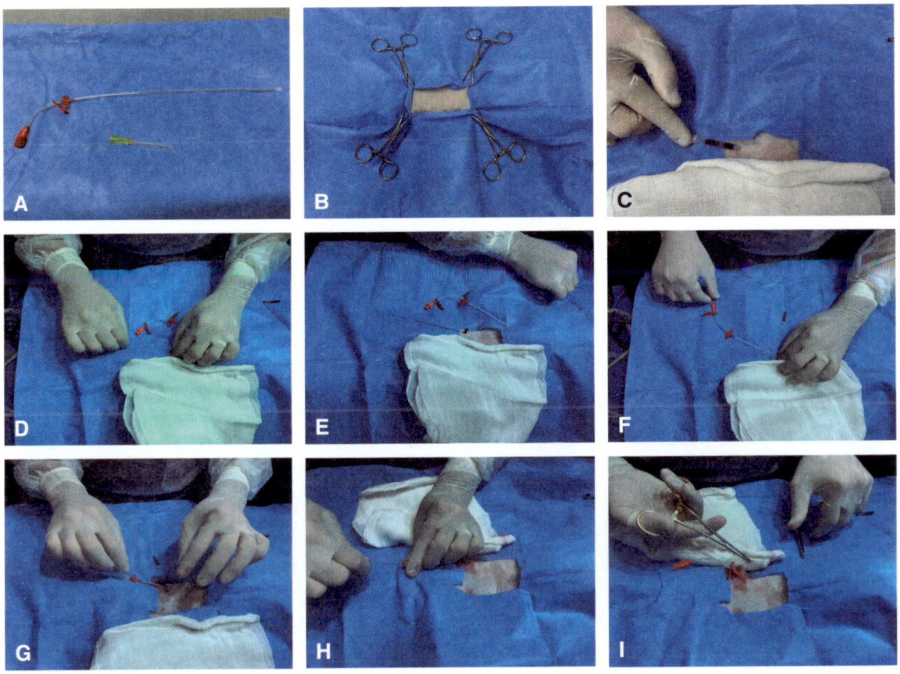

FIGURA 1. Etapas da cateterização venosa central. **A:** *kit* cateter, fio-guia e agulha. **B:** preparação asséptica para a cateterização. **C:** punção da veia jugular externa com cateter periférico de mesmo calibre da agulha. **D:** passagem do fio-guia dentro do cateter periférico. **E:** remoção do cateter periférico e manutenção do fio-guia. **F-H:** passagem do cateter pelo fio-guia. **I:** fixação do cateter com sutura.

Fonte: arquivo pessoal do autor.

REFERÊNCIAS

Adamantos S, Brodbelt D, Moores AL. Prospective evaluation of complications associated with jugular venous catheter use in a veterinary hospital. J Small Anim Pract. 2010;51(5):254-7.

Reminga CL, Silverstein DC, Drobatz KJ, Clarke DL. Evaluation of the placement and maintenance of central venous jugular catheters in critically ill dogs and cats. J Vet Emerg Crit Care. 2018;28(3):232-43.

LITERATURA SUGERIDA

Blaiset MA, Couto CG, Evans KL, Smeak DD. Complications of indwelling, silastic central venous access catheters in dogs and cats. J Am Anim Hosp Assoc. 1995;31(5):379-84.

Higgs ZCJ, Macafee DAL, Braithwaite BD, Maxwell-Armstrong CA. The Seldinger technique: 50 years on. Lancet. 2005;366:1407-9.

7

Nutrição enteral

Christine Souza Martins

O PULO DO GATO

O estado nutricional é considerado o quinto sinal vital e deve ser avaliado diariamente em todos os gatos internados.

Os objetivos do suporte nutricional são tratar o estado de déficit já presente e prevenir outras consequências da má nutrição, como a lipidose hepática.

A nutrição enteral traz inúmeras vantagens no manejo das demandas do gato doente.

Não devemos adiar demais a implementação de suporte nutricional, pelo risco de estabelecimento de estado catabólico, que piora o prognóstico de recuperação.

INTRODUÇÃO

Por suas características nutricionais e metabólicas únicas, os gatos enfrentam dificuldades de manter sua homeostase diante de lesões graves, especialmente condições que levam à privação de alimentos. Sua maior demanda de proteínas e necessidade especial de determinados aminoácidos, associadas a alterações metabólicas trazidas pelo estado patológico, aumentam ainda mais suas chances de desnutrição grave e suas consequências.

Não é raro que gatos internados não tenham suas demandas nutricionais atendidas por motivos diversos. O foco do tratamento hospitalar está voltado quase exclusivamente para os problemas clínicos e cirúrgicos, fazendo que, muitas vezes, o suporte nutricional do paciente fique em segundo plano ou nem seja feito. O estado catabólico associado traz complicações em todos os sistemas orgânicos. Outro fator agravante em gatos internados é o estresse ambiental e o excesso de medicações, que podem causar ou agravar a anorexia, aprofundando ainda mais o equilíbrio negativo de energia e nutrientes. A anorexia é uma apresentação comum em gatos doentes, internados ou não, e sua causa e fatores associados devem ser investigados, como náusea, dor, hipomotilidade gastrintestinal, medo etc.

AVALIAÇÃO NUTRICIONAL

As principais causas de desnutrição no ambiente hospitalar são: anorexia, presença de um processo patológico, administração de medicamentos, incapacidade de comer ou simples negligência com as necessidades do paciente.

Com o objetivo de determinar a necessidade e as demais características do suporte nutricional a ser implementado para o paciente felino, há a necessidade de fazer uma avaliação nutricional que leva em consideração os seguintes itens:

- **Histórico clínico e nutricional:**
  - Perda de peso recente > 10%.
  - Diminuição observada do consumo voluntário do alimento.
  - Aumento da demanda de nutrientes: trauma, doença grave, cirurgia.
  - Aumento da perda de nutrientes: vômitos, diarreia, ferimentos ou queimaduras extensas.
- **Descrição da dieta:** tipo, quantidade e qualidade apropriados, mudança recente, aceitação, uso de medicamentos.
- **Exame físico detalhado:** além do peso corporal (e suas flutuações), deve-se incluir a determinação do índice de condição corporal (ICC) e do índice de massa muscular (IMM). É importante lembrar que mesmo um gato aparentemente com sobrepeso ou obeso pode estar sofrendo de déficits nutricionais que devem ser apreciados e resolvidos. O estado da pelagem pode indicar estado nutricional inadequado. Também é avaliado qualquer impedimento físico para se alimentar, como desordens na cavidade oral.
- **Parâmetros laboratoriais:** alguns resultados de exames laboratoriais podem estar associados com variados graus de desnutrição, apesar de não exclusivos ou característicos, como linfopenia, hipoalbuminemia e anemia. Outros exames podem determinar disfunções orgânicas associadas a anorexia ou desnutrição, como no caso de doenças renais ou hepáticas.

INDICAÇÕES

A decisão quanto à indicação de suporte nutricional não deve ser baseada em um único parâmetro e o exercício do bom senso é recomendado. Na escolha da modalidade de suporte nutricional, vários fatores devem ser levados em consideração: antecipação da duração da necessidade de suporte nutricional, estado de consciência do paciente (relacionado ao risco de pneumonia por aspiração), risco anestésico imediato, condições funcionais do trato digestório, temperamento do paciente, domínio técnico, disponibilidade dos meios de implementação do suporte e custos inerentes à técnica escolhida (Quadro 1).

O suporte nutricional já deve ser oferecido para qualquer gato que esteja com ingestão alimentar inadequada por mais de 3 dias.

A nutrição enteral é indicada para pacientes que não estão sendo capazes de ingerir a quantidade adequada de calorias e nutrientes, mas ainda possuem funções gastrintestinais suficientes para permitir a digestão e absorção das soluções nutricionais administradas. Na eventual presença de sérias dificuldades morfológicas ou funcionais do trato digestório, pode haver a indicação do uso de nutrição parenteral.

Os inúmeros benefícios e vantagens da alimentação enteral já são bem estudados e estabelecidos em pacientes humanos e animais, entre eles:

- Manutenção da estrutura e função das vilosidades intestinais.
- Menor permeabilidade da mucosa intestinal às bactérias e endotoxinas.
- Preservação das concentrações de imunoglobulina A (IgA) nas secreções biliares.

MODALIDADES

Uma vez determinada a necessidade do suporte nutricional, deve-se escolher a modalidade que mais se adapta às demandas do paciente, considerando vantagens e desvantagens de cada método (Figura 1, Quadros 1 e 2).

Não se deve começar um suporte nutricional sem antes atender às necessidades de correção dos déficits hídricos e eletrolíticos, além de corrigir possíveis desequilíbrios acidobásicos.

Estímulo à ingestão voluntária

Existem diversas maneiras de implementar a nutrição enteral, incluindo a ingestão voluntária, certamente a mais simples e natural. Se um gato ingere quantidades adequadas de uma dieta especialmente designada para suas condições patológicas, não haverá necessidade de intervenção. A ingestão voluntária pode

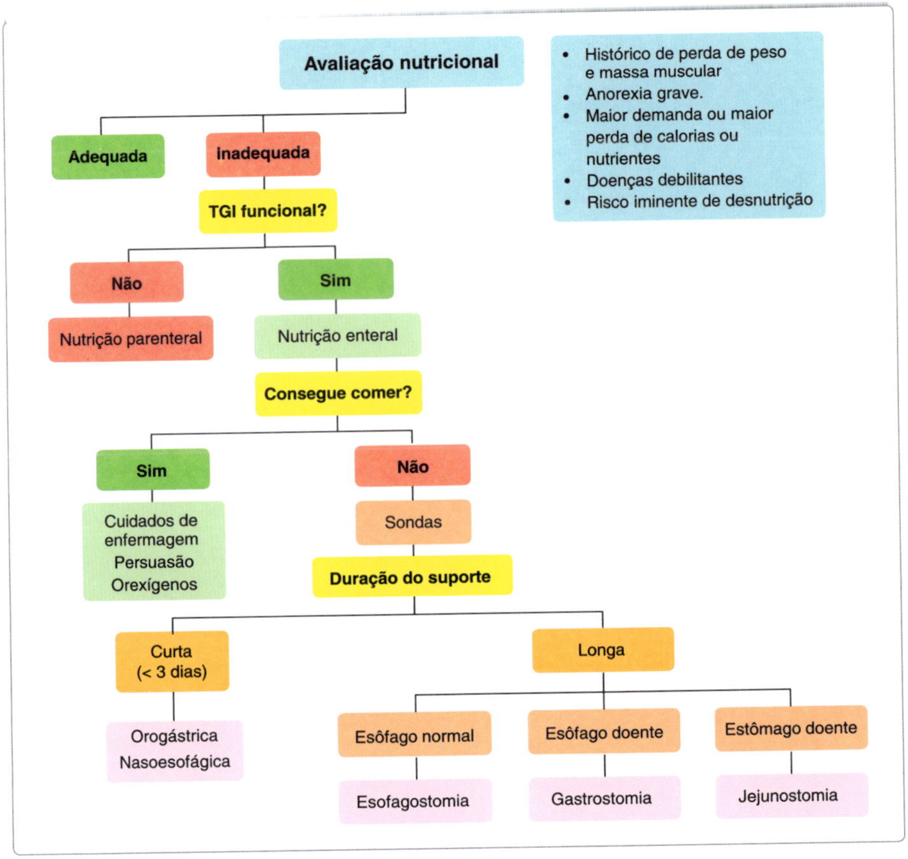

FIGURA 1. Fluxograma de implementação de suporte nutricional.

QUADRO 1

Características dos métodos de alimentação enteral não invasivos

Modalidade de suporte	Vantagens	Desvantagens	Comentários
Ingestão voluntária	▪ Fisiológica ▪ Baixo custo ▪ Conveniente ▪ Menos estressante	▪ Depende do apetite, que pode estar afetado pela doença ▪ O estresse associado ao ambiente hospitalar pode inviabilizar	▪ Devem-se implementar técnicas de persuasão: carinho e melhorar a palatabilidade do alimento ▪ Pode responder ao uso de orexígenos
Alimentação forçada ou facilitada	▪ Permite fornecer pequenas quantidades da dieta	▪ Estressante ▪ Pode causar aversão ao alimento e agravar náusea e vômitos ▪ Risco de aspiração do alimento ▪ Difícil fornecer toda a quantidade necessária	▪ Se a dieta for necessária por longo prazo, nunca deve ser forçada em situações de desconforto e internação
Sonda orogástrica	▪ Permite fornecer grandes quantidades da dieta indicada ▪ Fácil execução ▪ Baixo custo ▪ Não necessita de anestesia	▪ Estressante ▪ Contraindicada se houver náusea e vômitos ▪ Não indicada em gatos agressivos ou com dificuldades respiratórias	▪ Indicada para animais internados com risco anestésico alto ▪ Ideal para suportes hospitalares de curto prazo
Sonda nasoesofágica	▪ Fácil execução ▪ Baixo custo ▪ Não necessita de anestesia ▪ Pode ser usada imediatamente após a colocação ▪ Não impede ingestão voluntária	▪ Causa desconforto, espirros ▪ Pode causar epistaxe ▪ O gato pode tentar retirá-la ▪ Necessidade de colar elizabetano ▪ Só é possível usar sondas com pequeno diâmetro: a dieta tem de ser líquida, obstrui com facilidade ▪ Não indicada para gatos com lesões faciais e nasais ▪ Menor tolerância para gatos braquicefálicos	▪ Apropriada apenas para curtos períodos (< 5 dias) ▪ O gato tem de estar consciente, com seu reflexo de deglutição intacto ▪ Pode não suprir todas as demandas calóricas por causa do volume

QUADRO 2

Características dos diversos métodos de alimentação enteral invasivos

Modalidade de suporte	Vantagens	Desvantagens	Comentários
Sonda esofágica	▪ Fácil execução ▪ Baixo custo ▪ Não impede a ingestão voluntária ▪ Bem tolerada pelo gato, que pode ser alimentado em casa ▪ A dieta pode ser mais consistente ▪ Pode ser usada imediatamente após a colocação	▪ Necessita de anestesia geral ▪ Necessita de proteção da área (atadura)	▪ Possibilidades de complicação: vômitos e infecção no local da esofagostomia ▪ Pode ser utilizada por semanas a meses
Sonda gástrica	▪ Possibilita alimentar gatos com alterações esofágicas graves ▪ Permite administrar grandes volumes ▪ Permite administrar água e medicamentos ▪ Bem tolerada pelo gato, que pode ser alimentado em casa	▪ Necessita de anestesia geral ▪ Custo mais alto ▪ Necessidade de equipamentos e materiais específicos (endoscopia e sondas) ▪ Deve-se esperar pelo menos 24 horas para iniciar a alimentação	▪ Adequada para ser utilizada por meses ou anos
Sonda por jejunostomia	▪ Possibilita alimentar gatos com alterações gástricas graves ▪ Alimento fornecido diretamente no intestino (pode ser vantajoso em algumas doenças)	▪ Necessita de procedimento cirúrgico ▪ Experiência cirúrgica por parte do veterinário e disponibilidade de material adequado ▪ Risco alto de contaminação do estoma ▪ Risco de peritonite ▪ Não é adequado para ser manejado pelo proprietário em casa	▪ Método com indicações muito restritas e sob condições de terapia intensiva

ser estimulada pelo manejo na temperatura do alimento, palatabilidade e até no ambiente de alimentação, seja ele doméstico, seja hospitalar. Pode-se fazer tentativas de alimentar "na mão", fazendo carinho enquanto oferece o alimento, se for do agrado do gato. Os gatos internados e já com anorexia dificilmente aceitarão alimentos completamente novos. Devem-se oferecer esses alimentos por pouco tempo, não os deixando expostos por mais de 30 minutos e, se o gato não aceitar, deve-se retirar de seu alcance e fazer novas tentativas mais tarde.

Outra tentativa de aumentar a ingestão voluntária é a utilização de fármacos orexígenos. Cada um deles tem variadas taxas de sucesso e seu uso não deve ser tentado antes de descartar causas tratáveis de anorexia.

É importante lembrar que gatos internados podem desenvolver aversão ao alimento se ele e seu odor estiverem associados ao desconforto a que estão sendo expostos, ou a náusea, vômitos, dor, medo ou ansiedade.

Alimentação forçada ou facilitada

Certamente "forçar" o alimento não é uma solução indicada na maioria dos casos. Eventualmente, de acordo com a reação do gato, é possível fazer a dieta indicada, líquida ou pastosa, por seringa. Pode parecer surpreendente, mas alguns gatos aceitam essa modalidade de alimentação quando administrada pelo proprietário, em um ambiente familiar a ele e acompanhada de persuasão e carinho. No ambiente hospitalar, raramente esse tipo de alimentação trará vantagens, e vai ser interpretado pelo gato como mais um procedimento desagradável e inconveniente, acrescentando desconforto e mal-estar ao seu estado de doença, além da aversão ao alimento.

Se for decidido tentar a alimentação forçada em casa, deve-se instruir ao proprietário o modo de fazer e checar sua capacidade de executar. Além disso, checar se as necessidades nutricionais e calóricas estão realmente sendo satisfeitas.

Sondas de alimentação

Diante da incapacidade de aumentar a ingestão calórica com os métodos anteriores, deve-se implementar o uso de sondas (tubos) de alimentação. Mais uma vez, devem-se levar em consideração os fatores inerentes ao paciente (sua doença e comportamento), ao veterinário (sua capacidade técnica de execução e disponibilidade de equipamentos) e ao proprietário (suas restrições financeiras e de manejo).

Sonda orogástrica

A sonda orogástrica é uma boa opção para gatos que não estão vomitando e que precisam de suporte de nutrição enteral por pouco tempo (Quadro 3). Também pode ser utilizada para a administração de sulfato de bário nas radiografias contrastadas do trato digestório caudal e para a alimentação de neonatos.

Sonda nasoesofágica

A sonda nasoesofágica é bastante utilizada por sua facilidade de colocação, mas é indicada apenas por curtos períodos (Quadro 4).

Sonda esofágica

A sonda esofágica (por esofagostomia) é uma das mais comumente utilizadas, por sua possibilidade de ser mantida por longos períodos, sendo possível treinar o proprietário para administrar alimento e medicamentos pela sonda em casa. Apesar de ser mais invasiva que as descritas anteriormente, é bem tolerada pelos gatos.

QUADRO 3

Sonda orogástrica (Figura 2)

Material necessário:

- Sonda nasogástrica curta n. 10-14 (40 cm de comprimento), com extremidade fechada (as aberturas são laterais)
- Abridor de boca próprio (espéculo oral)*
- Gel lubrificante à base de água
- Seringa de 60 mL contendo o alimento

Técnica:

- Medir a sonda desde a cavidade oral até a última costela, garantindo que vai entrar no estômago
- Colocar o espéculo na boca do gato, encaixando os caninos nas aberturas próprias
- Segurar firmemente a cabeça para que o gato mantenha a boca fechada sobre o abridor
- Lubrificar a sonda com gel
- Inserir a sonda lentamente e observar o momento em que o gato a engole
- Avançar a sonda até o segmento marcado
- Encaixar a seringa com alimento e injetar lentamente o alimento, observando a reação do gato
- Se o gato tossir ou demonstrar ânsia de vômito, parar o procedimento e retirar a sonda
- Após ter sido administrada toda a quantidade desejada, retirar a sonda lentamente e depois retirar o abridor de boca

* Na falta do espéculo apropriado, pode-se utilizar um corpo de seringa adaptado com os furos nos lugares correspondentes.

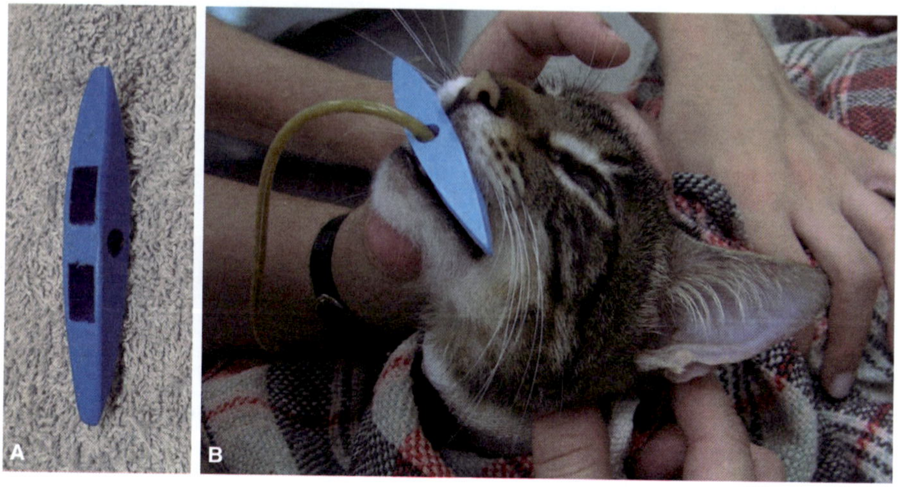

FIGURA 2. **A:** espéculo oral utilizado para passar a sonda orogástrica, com espaços para encaixar os dentes caninos e uma abertura central para passar a sonda, impedindo que o gato morda a sonda durante o procedimento. **B:** uma vez encaixado, a boca é mantida fechada, a sonda é inserida até o estômago e um auxiliar injeta lentamente o alimento.

Fonte: arquivo pessoal da autora.

QUADRO 4

Sonda nasoesofágica (Figuras 3 e 4)

Material necessário:

- Sonda tipo nasogástrica curta n. 4-6 (de polivinil ou silicone)
- Gel lubrificante à base de água ou gel de lidocaína 2%
- Solução de lidocaína 5% para instilar na narina
- Seringa de 5 mL com soro fisiológico estéril para testar a via
- Esparadrapo e cola instantânea para fixação
- Colar elizabetano

Técnica:

- Medir a sonda desde o plano nasal até a 6ª ou 7ª costela. Marcar a sonda com uma tira de esparadrapo (Figuras 3A e 3B)
- Instilar duas gotas de lidocaína 5% na narina (Figura 3C)
- Lubrificar a sonda com gel
- A cabeça do gato deve ser mantida em posição neutra, sem flexionar ou estender
- A sonda é inserida lentamente no sentido ventromedial. Observar o momento em que o gato deglute a sonda quando passa pela faringe
- Avançar até o segmento marcado
- Checar a correta localização da sonda: injetar soro estéril, auscultar e verificar se há reflexo de tosse. Se for possível, realizar uma radiografia torácica lateral para ter certeza da localização
- Encaixar a seringa com alimento e injetar, lentamente observando a reação do gato

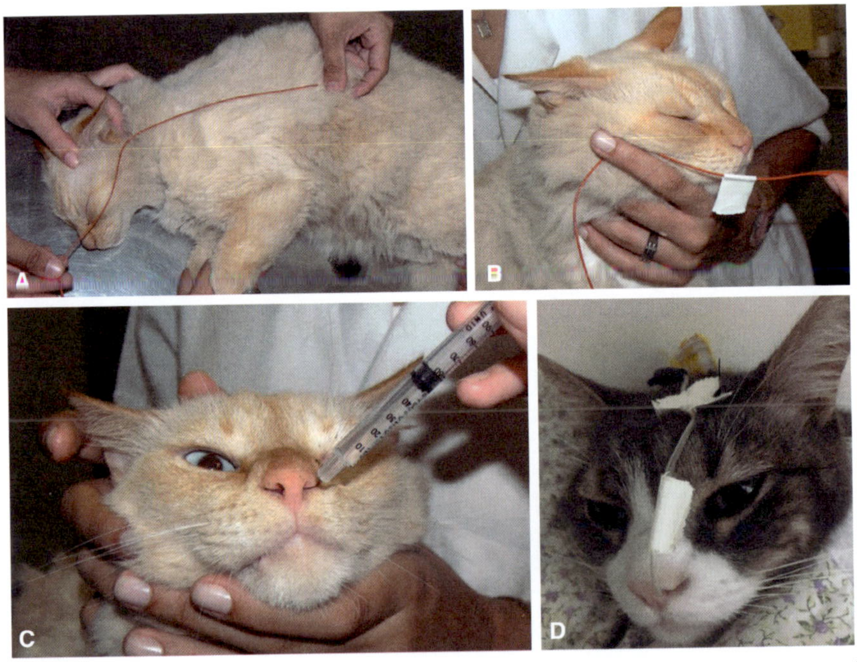

FIGURA 3. Principais etapas de colocação de sonda nasoesofágica. **A:** mensuração da sonda: o dedo está sobre a última costela, para demarcar o arco costal. Em seguida encontra-se o 6º, 7º ou 8º espaço intercostal. **B:** a sonda é marcada com um fragmento de esparadrapo. **C:** instila-se uma ou duas gotas de lidocaína na narina. **D:** as abas de esparadrapo são afixadas em dois pontos com cola instantânea, um sobre a nariz e outro no alto da cabeça.

Fonte: arquivo pessoal da autora (A-C); imagem cedida por Fernanda Vieira Amorim da Costa (D).

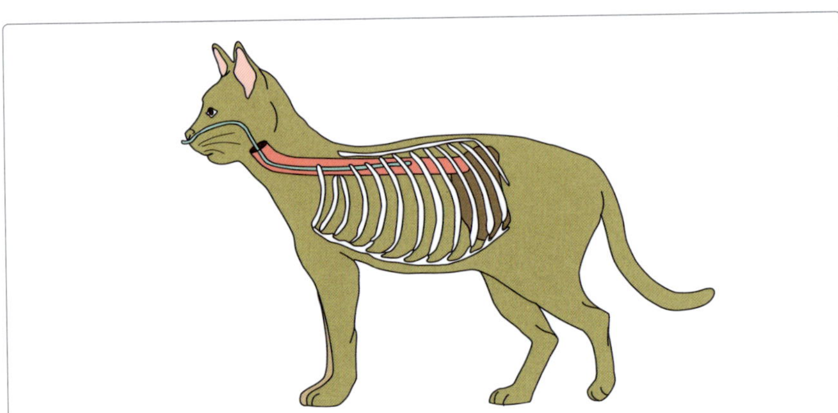

FIGURA 4. Representação esquemática da localização da sonda, aproximadamente entre o 6º, 7º ou 8º espaço intercostal.

A técnica descrita no Quadro 5 é modificada da mais tradicional, por causa do uso de um guia rígido para a sonda, tornando possível conduzi-la diretamente no sentido caudal do esôfago sem a necessidade de tracioná-la cranialmente até a cavidade oral primeiro. É a técnica preferida desta autora, mas recomenda-se utilizar a técnica com a qual o veterinário se sinta mais confortável e seguro.

Se o gato for liberado para ser alimentado em casa, instruções detalhadas devem ser discutidas e fornecidas por escrito, a fim de evitar erros e complicações no manejo.

Outros tipos de sonda

As sondas gástrica e por jejunostomia têm indicações pouco frequentes. Se houver necessidade, recomenda-se ao leitor buscar informações na literatura cirúrgica de referência.

QUADRO 5

Sonda esofágica (Figuras 5 e 6)

Material necessário:

- Sonda tipo nasogástrica curta n. 12-14 (de polivinil ou silicone – 40 cm de comprimento)
- Gel lubrificante à base de água
- Material para tricotomia e antissepsia
- Luvas cirúrgicas estéreis
- Lâmina de bisturi
- Material cirúrgico estéril mínimo: pinça hemostática tipo Kelly longa e curva, pinça dente de rato, tesoura cirúrgica, porta-agulha
- "Fio-guia" ou "estilete de intubação" metálico (45 cm de comprimento), com diâmetro compatível com a sonda esofágica que vai ser usada
- Material de sutura não absorvível: nylon 3-0
- Material de bandagem: gaze, esparadrapo, atadura de crepom ou bandagem elástica
- Pomada antibiótica

Técnica:

- Medir a sonda desde o local da inserção (região cervical) até a 6ª ou 7ª costela
- Marcar a sonda com uma caneta tipo marcador permanente
- Colocar o "fio-guia" dentro da sonda. Como a extremidade desse tipo de sonda é fechada, o guia metálico não entra em contato com o lúmen do esôfago
- Lubrificar o terço distal da sonda com gel
- O gato é anestesiado e intubado. Como o procedimento é rápido, pode não ser necessária anestesia inalatória, somente injetável (propofol), mas fica a critério do anestesista

(continua)

QUADRO 5 *(continuação)*

Sonda esofágica (Figuras 5 e 6)
• O gato é colocado em decúbito lateral direito e o lado esquerdo da região cervical é preparado (tricotomia, antissepsia), desde a articulação temporomandibular até a entrada do tórax (Figura 5A) • Coloca-se um "abridor de boca", que pode ser confeccionado com uma tampa de agulha, encaixado nos dentes caninos. Não se deve utilizar abridores metálicos • A pinça curva é inserida pela boca dorsalmente ao traqueotubo em direção ao esôfago até a região mais caudal possível (Figura 5B) • Recomenda-se esticar o pescoço do gato para facilitar a passagem da pinça • A extremidade da pinça é voltada para cima e empurrada contra a superfície da pele, de modo que possa ser palpada na região cervical • Nesse momento, um auxiliar segura a pinça nessa posição enquanto o veterinário faz a incisão com o bisturi, passando por todas as camadas (pele, músculo e parede do esôfago) (Figura 5C) • A pinça é aberta para prender a extremidade da sonda (recomenda-se retrair um pouco o guia metálico para facilitar essa preensão) (Figura 5D) • A pinça com a sonda é retraída uns 2-3 cm no sentido cranial e a pinça é aberta e retirada • Com delicadeza, a sonda (com o guia) é redirecionada no sentido caudal e avançada até sua marca. À medida que a sonda vai avançando na direção do tórax, o guia vai sendo retirado no sentido contrário (Figuras 6A e 6B) • Recomenda-se radiografia torácica lateral para verificar o posicionamento adequado da sonda antes da sutura (Figura 6D) • A sutura começa com um ponto de ancoragem na pele e prossegue com a fixação da sonda com ponto "dedo chinês" ou "bailarina" (Figura 6E) • O local é limpo e coberto com gazes estéreis, onde é aplicada uma pomada antibiótica • A extremidade da sonda visível deve ser voltada caudalmente para não incomodar o gato • Uma atadura de crepom ou bandagem elástica é envolvida ao redor do pescoço, protegendo as partes visíveis da sonda, tomando o cuidado de não apertar demais (Figura 6F) • Assim que o gato despertar da anestesia, já pode ser alimentado

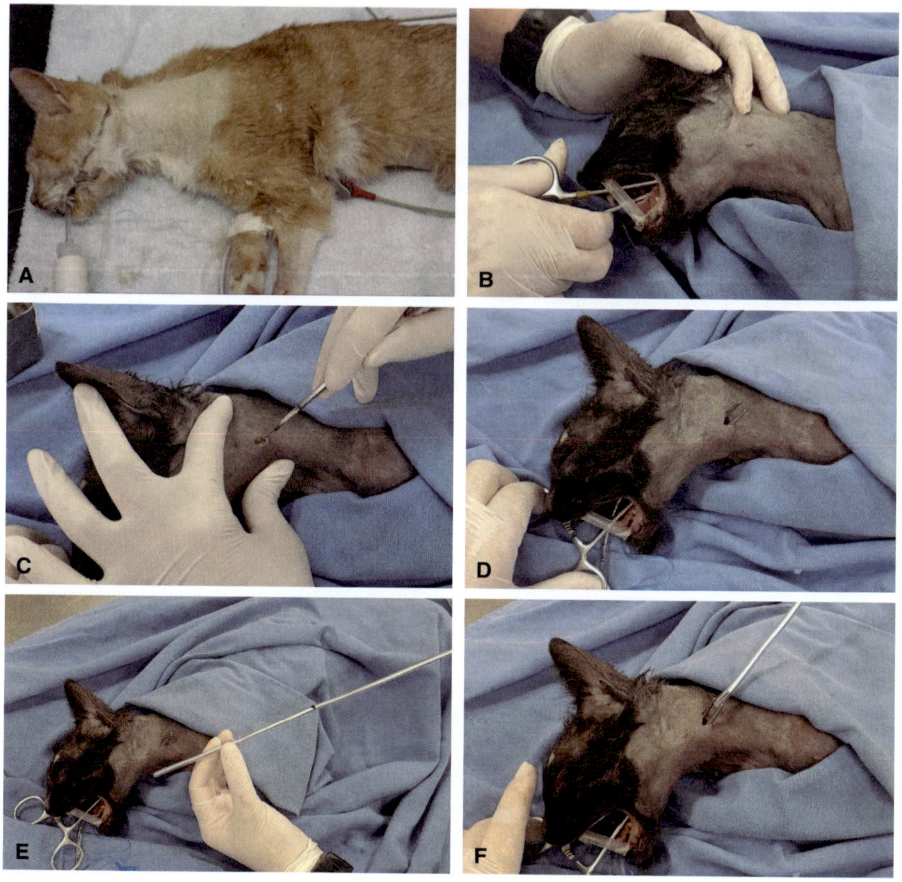

FIGURA 5. Sequência da inserção de sonda esofágica com o auxílio de um fio-guia rígido. **A:** o gato anestesiado e intubado com a área cervical preparada. **B:** a abertura da boca é mantida com uma tampa de agulha plástica, ajustada aos caninos. A pinça é avançada até a porção mais caudal do esôfago cervical. **C:** uma vez palpada a extremidade da pinça sob a pele, é feita a incisão de todas as camadas. **D:** a pinça é aberta. **E:** detalhe da sonda marcada e com fio-guia por dentro. **F:** a extremidade da sonda é pinçada e tracionada para dentro do esôfago.

Fonte: arquivo pessoal da autora.

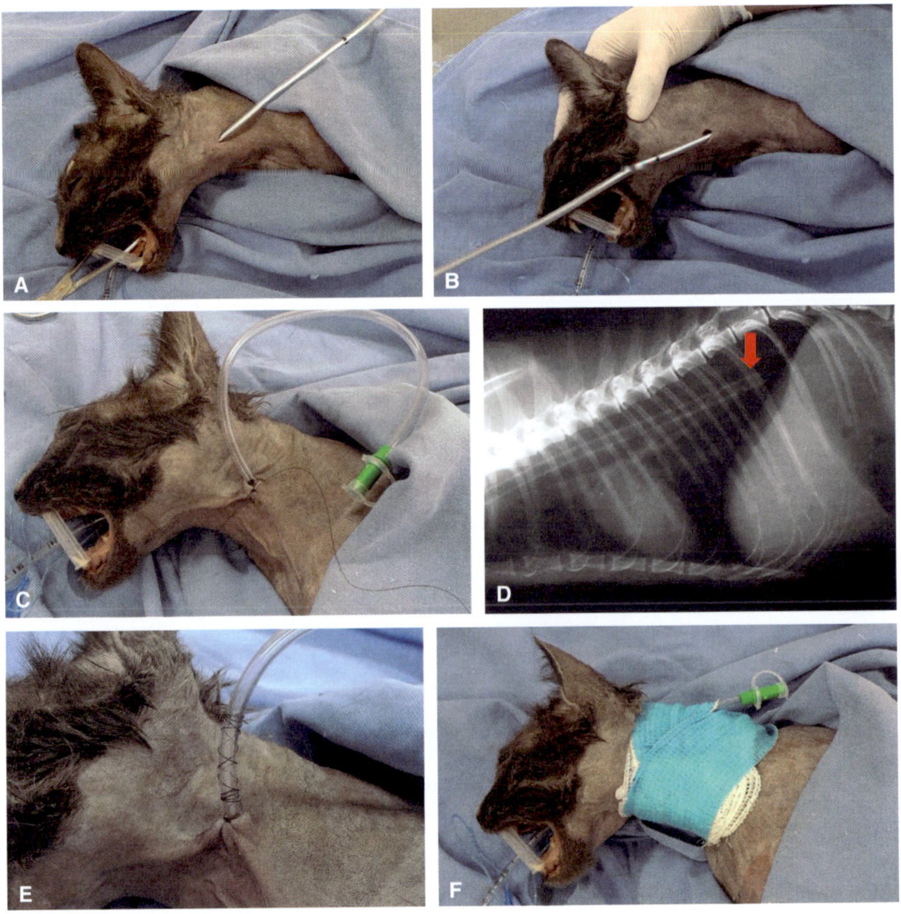

FIGURA 6. Continuação da sequência da inserção de sonda esofágica com o auxílio de um fio-guia rígido. **A:** a pinça é aberta e o conjunto sonda/guia permanece no lúmen do esôfago. **B:** sem tracionar ou empurrar, a sonda com o guia é redirecionada com delicadeza no sentido caudal. **C** e **D:** uma vez verificada a presença da sonda no esôfago, através de radiografia torácica lateral (seta vermelha), se ela não estiver entrando no estômago, deve-se começar a fixação da sonda com um ponto de ancoragem na pele. **E:** após a ancoragem, mantém-se a sonda fixa com ponto tipo "bailarina" ou "dedo chinês". **F:** após a aplicação de uma pomada antibiótica e proteção com gazes, enfaixa-se a área, deixando a extremidade da sonda virada caudalmente e mantida tampada.

Fonte: arquivo pessoal da autora.

SELEÇÃO DA DIETA

A escolha do tipo de dieta deve ser baseada no processo patológico que está presente e na adaptação ao meio de suporte que foi escolhido (calibre e localização do tubo de alimentação).

Em geral, o cálculo do requerimento energético de repouso (RER) é baseado na seguinte fórmula:

$$\mathbf{RER = 70 \times (peso\ em\ kg)^{0,75}}$$

Tendo em vista a necessidade de adaptação do metabolismo e do trato digestório à presença de nutrientes em animais anoréticos, os objetivos do fornecimento de calorias devem ser alcançados gradativamente, em um período de 3 a 5 dias. Isso quer dizer que não é recomendado fornecer toda a quantidade calculada no primeiro dia de implementação do suporte nutricional, para evitar síndrome de realimentação e vômitos.

LITERATURA SUGERIDA

Carr AP. Enteral nutrition. In: Norsworthy GD, editor. The feline patient. 5. ed. Hoboken: John Wiley & Sons; 2018.

Chan DL. Nutritional support of the critically ill small animal patient. Vet Clin North Am Small Anim Pract. 2020;50(6):1411-22.

Chan DL. The inappetent hospitalised cat: clinical approach to maximising nutritional support. J Feline Med Surg. 2009;11(11):925-33.

Eirmann L. Nutritional assessment. Vet Clin North Am Small Anim Pract. 2016;46(5):855-67.

Larsen JA. Enteral nutrition and tube feeding. In: Fascetti AJ, Outerbridge CA, editors. Applied veterinary clinical nutrition. Oxford: Wiley-Blackwell; 2012. p.329-52.

Marks SL. The principles and practical application of enteral nutrition. Vet Clin North Am Small Anim Pract. 1998;28(3):677-708.

Tan AWK. Assisted enteral feeding. In: Creedon JMB, Davis H, editors. Advanced monitoring and procedures for small animal emergency and critical care. 2. ed. Hoboken: John Wiley & Sons; 2023. p.567-83.

Taylor S, Chan DL, Villaverde C, Ryan L, Peron F, Quimby J, et al. 2022 ISFM Consensus Guidelines on Management of the Inappetent Hospitalised Cat. J Feline Med Surg. 2022;24(7):614-40.

8

Oxigenoterapia

Christine Souza Martins

O PULO DO GATO

Existem muitas indicações para a administração de oxigênio suplementar, além das óbvias dificuldades respiratórias.

A cianose é um indicador tardio de hipoxemia. Sinais mais sutis aparecem bem antes. A observação cuidadosa do paciente, associada com informações da anamnese, são indicadores mais precoces da necessidade de oxigenoterapia.

Em caso de dúvida sobre a necessidade de oxigênio, deve-se suplementá-lo.

O método utilizado para a suplementação de oxigênio deve levar em consideração vários fatores relacionados à doença, mas também à tolerância do gato ao método escolhido.

INTRODUÇÃO

A terapia com oxigênio (O_2) é indicada para qualquer paciente que apresenta dificuldades respiratórias, mesmo que o clínico considere as alterações suaves ou moderadas, pois isso pode mudar rapidamente. Considerando que não há importantes contraindicações para a suplementação de O_2 em curto prazo, esse suporte deve ser oferecido de maneira precoce para animais que apresentam sinais de esforço respiratório.

INDICAÇÕES

O objetivo do fornecimento de O_2 é aumentar a fração inspirada de O_2 (FiO_2), considerando que a grande maioria dos pacientes com comprometimentos respiratórios apresenta algum grau de alteração na relação V/Q (ventilação/perfusão).

O fornecimento precoce de O_2 suplementar pode prevenir algumas consequências da hipoxemia e hipóxia, diminuindo a incidência de acidose láctica.

Hipoxemia: baixa concentração de oxigênio no sangue arterial.
Hipóxia: baixa concentração de oxigênio nos tecidos.

O exame de gasometria arterial fornece as mensurações mais objetivas de ventilação e oxigenação do paciente. Entretanto, a oximetria de pulso é mais acessível e prontamente disponível, em comparação aos equipamentos de hemogasometria. A oximetria tem suas limitações, incluindo leituras errôneas em situações de vasoconstrição periférica/baixa perfusão tecidual, membranas mucosas pigmentadas e excesso de luz ambiente. Anormalidades da hemoglobina também resultarão em leituras erradas no oxímetro, como no caso da metemoglobinemia em gatos intoxicados com paracetamol. A oximetria também não é capaz de mensurar os níveis de dióxido de carbono, não permitindo a avaliação da ventilação.

Em termos objetivos, a suplementação de O_2 deve ser fornecida sempre que a PaO_2 for menor que 70 mmHg ou a saturação de O_2 (SpO_2) estiver menor que 93% em ar ambiente.

O conteúdo total de O_2 no sangue é um somatório do conteúdo de hemoglobina e a saturação de O_2 da hemoglobina (SaO_2), mais a quantidade de O_2 dissolvido no sangue (PaO_2). A grande maioria do conteúdo de O_2 está ligada à hemoglobina, com apenas uma pequena fração dissolvida no sangue. A suplementação de O_2 deve aumentar tanto o O_2 dissolvido quanto (mais importante) a saturação de O_2 da hemoglobina.

É importante lembrar que a cianose é um indicador tardio de hipoxemia, sendo evidenciada somente quando os valores de PaO_2 estiverem abaixo de 50 mmHg, e pode não ser detectada se houver anemia grave ou hipoperfusão periférica.

O clínico não deve esperar que o gato apresente sinais tardios de hipóxia, a detecção precoce de dificuldades respiratórias, ou a previsão de que elas podem ocorrer, já representa o melhor indicador para a suplementação de O_2.

Ao decidir suplementar oxigênio ao paciente felino, deve-se ter em mente que afecções pleurais e obstruções das vias aéreas craniais necessitam de outras intervenções terapêuticas (como toracocentese ou limpeza das vias aéreas sob sedação).

MÉTODOS DE SUPLEMENTAÇÃO DE OXIGÊNIO

Existem diversos métodos de fornecimento de O_2 ao paciente felino. A escolha do método mais adequado deve ser baseada na gravidade da doença, em sua capacidade de aumentar a fração inspirada de O_2 e no grau de hipoxemia, mas também na capacidade de o gato tolerar essa intervenção sem estresse de manipulação adicional (Quadro 1). "Lutar" com um gato para manter uma máscara de O_2 pode piorar o quadro de dispneia, acabar causando maior consumo de O_2 e até mesmo uma descompensação aguda.

O ar ambiente possui uma concentração de oxigênio de cerca de 21% → FiO_2 = 21%

QUADRO 1

Termos associados à dinâmica do oxigênio

- FiO_2: fração inspirada de O_2
- PaO_2: pressão parcial de O_2 dissolvido no sangue arterial
- SaO_2: saturação arterial de O_2 (mensurada pela gasometria)
- SpO_2: saturação periférica de O_2 (mensurada pelo oxímetro)

Deve-se sempre dar preferência aos métodos não invasivos, a não ser que a demanda de O_2 se torne emergencial e com ameaça à vida. A escolha do método também vai depender da estimativa de tempo da necessidade de suplementação e da disponibilidade de equipamentos e materiais necessários para a manutenção do fornecimento de O_2.

Independentemente do método escolhido, recomenda-se a umidificação do O_2 fornecido a fim de evitar ressecamento e irritação da mucosa nasal e das vias respiratórias, especialmente se a oxigenoterapia se estender por longo tempo. A fonte de O_2 suplementar pode ser facilmente umidificada, fazendo o fluxo borbulhar através de um recipiente com água destilada ou soro fisiológico.

Alguns gatos vão necessitar de sedação para receber oxigênio de maneira adequada.

QUADRO 2

Métodos de fornecimento de oxigênio

Método	Concentração de oxigênio possível	Vantagens	Desvantagens
Flow-by (fluxo direcional)	25-40%	Fácil de implementar Não há necessidade de equipamentos especiais Pode ser usado enquanto se realizam procedimentos diagnósticos Mantém o paciente acessível	Alguém precisa ficar segurando o tubo próximo à face do paciente Uso apenas por curto prazo Desperdício de oxigênio para o ambiente (aumento do custo)
Máscara	50-60%	Pode alcançar altas concentrações de oxigênio Necessidade de poucos equipamentos Mantém o paciente acessível Melhor para pacientes sedados ou anestesiados	Ineficaz se o paciente se afasta da máscara Pode causar reinspiração de CO_2 se a máscara estiver muito apertada Necessita de mais contenção, causando mais estresse
Capacete (ou colar adaptado)	30-40%	Necessidade de poucos equipamentos Mantém o paciente acessível	Pode haver excesso de umidade, temperatura e CO_2
Câmara ou tenda de oxigênio	Até 100%	Permite estabilização do paciente sem estresse Pode alcançar altas concentrações de oxigênio	Necessidade de equipamentos especiais Acesso limitado ao paciente A concentração de oxigênio cai rapidamente quando é aberta Pode haver excesso de umidade e temperatura
Cânulas nasais	Até 80% (se bilaterais)	Mantêm o paciente acessível	Pouco toleradas. Difícil uso em gatos braquicefálicos Menos eficazes se o paciente estiver respirando pela boca
Transtraqueal	60-80%	Útil em casos de obstrução em vias craniais Mantém o paciente acessível	Invasivo O procedimento pode ser desconfortável Necessita de monitoramento constante

Fluxo direcional por tubo próximo à face (*flow by*)

Este é considerado o método mais fácil e menos estressante de administrar O_2, porém o aumento da disponibilidade de O_2 é muito modesto em comparação ao ar ambiente, especialmente se o gato estiver muito inquieto (Figura 1).

O fornecimento de O_2 pode ser feito com o gato ainda dentro de sua caixa de transporte, desde que seja possível observar seu estado de consciência e alterações de padrão respiratório. O ideal é que o tubo fique a uma distância de 2 cm das narinas com um fluxo de 2 a 3 litros por minuto.

Máscaras

As máscaras bem ajustadas à face podem fornecer uma boa concentração de O_2, mas são mais estressantes e dificilmente serão viáveis em um paciente totalmente consciente. As máscaras frouxas podem ser uma opção em curto prazo, mas deve-se ter cuidado para que o gato não tenha lesões nos olhos durante o contato com as bordas das máscaras.

Uma opção pode ser o uso de máscaras como se fossem capacetes, em que toda a cabeça do gato fica dentro da máscara, evitando contato direto com o nariz. Isso pode ser útil para gatos braquicefálicos. A parte de borracha da máscara pode ser retirada, diminuindo o contato direto com a face do gato. Mesmo com o risco de diminuir a eficiência da entrega de O_2, esse procedimento aumenta o conforto do paciente e, consequentemente, aumenta a eficácia da oxigenoterapia (Figura 2). Considerando o jato direcionado frontal, aconselha-se o uso de lubrificante nos olhos, a fim de evitar ressecamento.

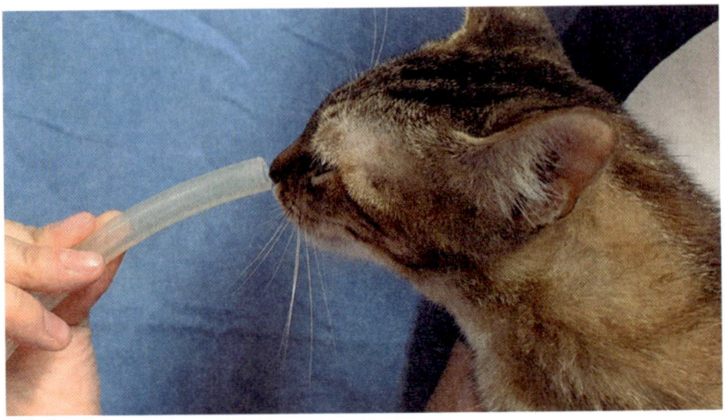

FIGURA 1. Gato recebendo oxigênio suplementar apenas com tubo próximo à face (*flow by*).

Fonte: arquivo pessoal da autora.

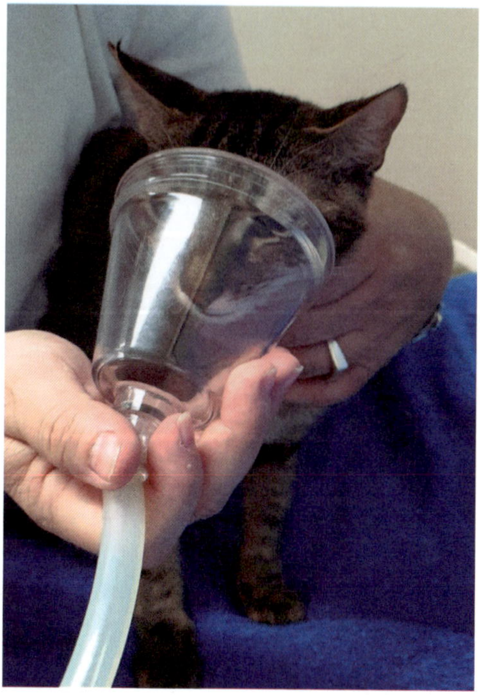

FIGURA 2. Gato recebendo oxigênio suplementar por máscara frouxa, sem encostar no nariz. O animal está aceitando bem a contenção gentil e a máscara.

Fonte: arquivo pessoal da autora.

Capacetes ou colares adaptados

Essa técnica combina as duas primeiras, de modo a fornecer O_2 com a utilização de capacetes próprios ou com um colar elizabetano adaptado. Funciona melhor em pacientes pouco móveis e, entre outras vantagens, está o fato de não fazer contato direto com a face, tornando-se mais bem tolerada que as máscaras.

O colar elizabetano deve ser maior que a cabeça do gato, podendo estar adaptado a uma coleira cervical frouxa, utilizando-se um filme plástico (PVC) para vedar a frente e deixando uma abertura de 2 a 5 cm para a saída de CO_2, calor e umidade (Figura 3).

Deve-se tomar cuidado caso o gato esteja com dificuldade de controle de temperatura, visto que esses dispositivos podem causar ou agravar uma hipertermia.

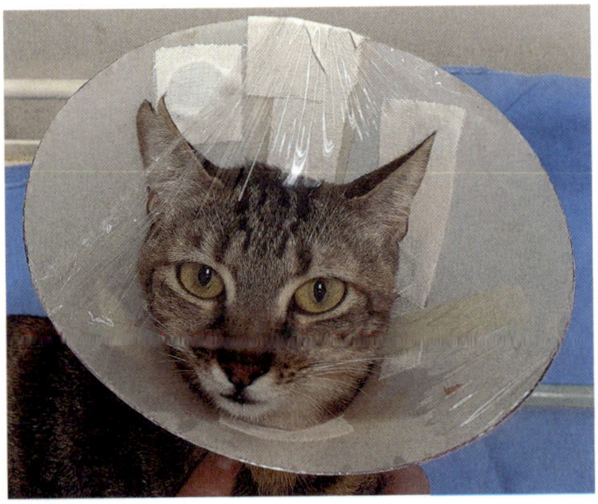

FIGURA 3. Gato recebendo oxigênio suplementar por "capacete" adaptado a partir de um colar elizabetano vedado com um filme plástico e sem encostar na face. A mangueira de oxigênio fica na parte mais ventral e uma abertura no plástico é feita na porção dorsal.

Fonte: arquivo pessoal da autora.

Sondas nasais

As sondas ou cânulas nasais são mais indicadas quando se prevê que a suplementação de O_2 será necessária por longos períodos (acima de 24 horas). Podem-se utilizar sondas próprias (calibre 3,5 Fr) ou sondas uretrais de uso humano (calibre 4). As sondas podem ser uni ou bilaterais, conforme a demanda e a resposta do paciente. Em gatos, em geral há a preferência por sondas unilaterais. Essa modalidade de suplementação de O_2 pode não ser indicada para gatos braquicefálicos em razão de sua anatomia peculiar.

Antes da colocação da sonda, a narina pode ser dessensibilizada com uma ou duas gotas de lidocaína a 2% e, para maior conforto, recomenda-se lubrificar sua extremidade. Essa sonda deve ser mensurada e marcada de modo que vá da entrada da narina até, no máximo, o canto medial do olho (Figura 4). Pode haver a necessidade de fixação da sonda com sutura ou adesivo medicinal, direcionando-a para o alto da cabeça, entre os olhos, evitando assim o contato direto com as vibrissas.

Qualquer paciente que necessite de suplementação contínua de oxigênio deve ficar sempre sob observação e supervisão, e não deve ser deixado sozinho.

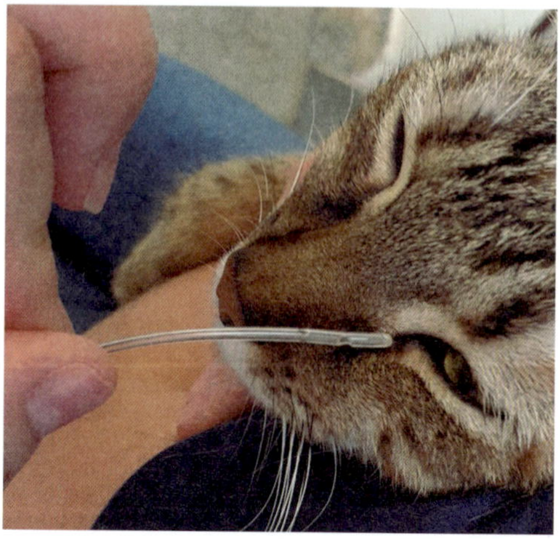

FIGURA 4. Mensuração da sonda que vai ser inserida na narina para suplementação de oxigênio. O canto medial do olho é o limite até onde a sonda poderá entrar na cavidade nasal.

Fonte: arquivo pessoal da autora.

Câmaras de oxigênio

As câmaras ou tendas de O_2 podem, de fato, ser a primeira escolha para a suplementação de O_2 em gatos que estão instáveis e/ou estressados à apresentação. Após um breve exame físico, o gato pode ser colocado na tenda de O_2 e mantido sob observação, enquanto uma anamnese mais detalhada é obtida. Certamente, se houver indicação imediata de outras medidas para melhorar a ventilação (toracocentese, sedação, desobstrução de vias aéreas), essas podem ser feitas durante a oxigenoterapia.

Existem tendas de O_2 com controles de temperatura e pressão, mas, na ausência delas, qualquer ambiente restrito que facilite a observação do paciente e que permita o fluxo de O_2 focado pode ser utilizado (Figura 5). Isso inclui a gaiola de internação adaptada ou até mesmo a própria caixa de transporte do gato.

Oxigenação transtraqueal

Caso os métodos anteriores não estejam sendo eficazes em aumentar a FiO_2 ou o gato apresente obstrução parcial de vias aéreas craniais ou alguma contraindicação para a colocação de uma sonda nasal, haverá a necessidade do emprego de métodos mais invasivos.

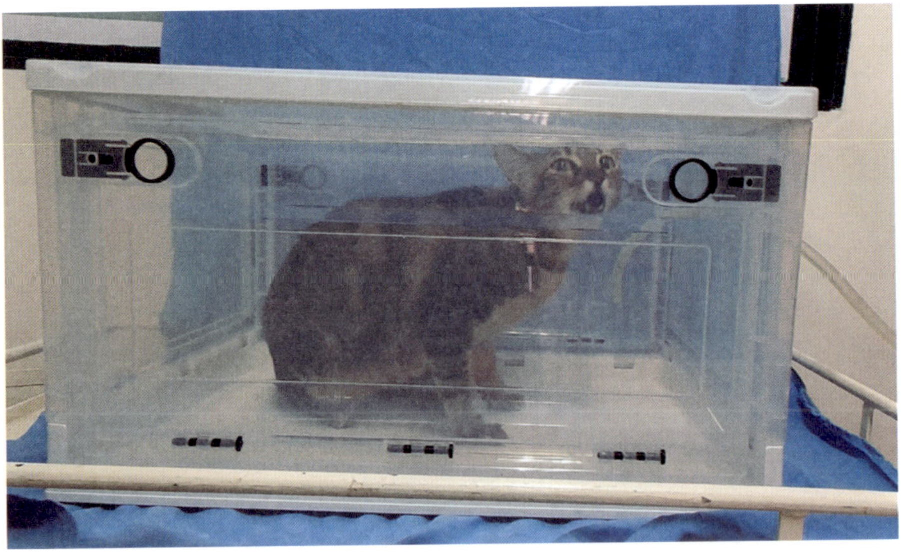

FIGURA 5. Gato recebendo oxigênio suplementar dentro de recipiente plástico para essa finalidade. Essa câmara deve ser transparente e com via de entrada de oxigênio e saída de CO_2.

Fonte: arquivo pessoal da autora.

A inserção percutânea de um cateter diretamente na traqueia pode ser uma abordagem inicial necessária, ao ser constatada uma obstrução nas vias craniais, mas que ainda não exige uma abordagem cirúrgica mais invasiva (traqueostomia). Pode-se utilizar um cateter venoso de grosso calibre (14 ou 16 G), conectado a um adaptador que permita a ligação com o tubo de O_2. Ele pode ser inserido através da membrana cricotireóidea ou entre os anéis traqueais até o lúmen da traqueia. A área deve ser preparada adequadamente (tricotomia e antissepsia) a fim de evitar contaminações.

É importante lembrar que essa é uma solução temporária para pacientes graves e, uma vez constatadas a gravidade da obstrução e a ineficácia da punção temporária, essa deve ser convertida em traqueostomia com inserção de tubo apropriado, sob anestesia.

Intubação traqueal

Em pacientes com sérias dificuldades respiratórias ou grave obstrução de via área cranial, a intubação traqueal pode ser necessária, a fim de assegurar uma via de oxigenação e auxiliar na ventilação. A menos que o gato já esteja em estado de consciência extremamente deprimido, haverá a necessidade de indução anestésica.

A intubação traqueal permite o máximo controle da suplementação de O_2, possibilita a ventilação com pressão positiva, requer baixas taxas de fluxo de O_2 e minimiza o estresse do paciente (anestesiado). As desvantagens residem na necessidade da anestesia geral e no constante e intensivo monitoramento.

O clínico deve estar familiarizado com as particularidades do paciente felino no procedimento de intubação, como a maior tendência a desenvolver edema de laringe e laringoespasmo, o que pode ser minimizado pela dessensibilização das aritenoides com lidocaína 2%. Prevendo-se dificuldades na intubação, sugere-se fazer uma pré-oxigenação, a fim de evitar hipoxemia secundária à hipoventilação.

MONITORAMENTO DO PACIENTE

Gatos com necessidade de suplementação de O_2, especialmente aqueles com doenças respiratórias ou cardiocirculatórias, devem ser constantemente monitorados quanto à melhora ou piora de sua condição. Os principais meios de monitoramento são a avaliação clínica, a oximetria e, se possível, a hemogasometria.

O monitoramento constante deve ser realizado com registro, no mínimo a cada 2 horas, de frequência cardíaca, frequência e padrões respiratórios e coloração de mucosas.

COMPLICAÇÕES

Assim como em qualquer terapia, a suplementação de O_2 não é totalmente isenta de complicações. Seus efeitos deletérios aumentam à medida que o tempo de administração se prolonga e são mais proeminentes quando a concentração de O_2 é maior. Considera-se que o O_2 começa a causar prejuízos a partir de seis horas de administração, mas os sinais aparecem bem depois disso. Além do comprometimento da ventilação, pode haver toxicidade causada pelos compostos reativos de O_2 no epitélio pulmonar. Em geral, esses danos ocorrem mais comumente quando a FiO_2 é mantida acima de 50% por mais de 24 horas, valor esse, porém, difícil de ser alcançado sem o auxílio da ventilação mecânica.

LITERATURA SUGERIDA

Boyle J. Oxygen therapy. In: Burkitt Creedon JM, Davis H, editors. Advanced monitoring and procedures for small animal emergency and critical care. Chichester: Wiley; 2012. p.261-73.

Crowe DTJ. Oxigênio e vias aéreas. In: Rabelo RC, editor. Emergências de pequenos animais condutas clínicas e cirúrgicas no paciente grave. São Paulo: Elsevier; 2012. p.1104-18.

Dohner J, Syring RS. Tracheal intubation. In: Creedon JMB, Davis H, editors. Advanced monitoring and procedures for small animal emergency and critical care. Chichester: Wiley; 2012. p.293-305.

Hackett TB. Pulse oximetry and end tidal carbon dioxide monitoring. Vet Clin North Am Small Anim Pract. 2002;32:1021 0.

Manning AM. Oxygen therapy and toxicity. Vet Clin North Am Small Anim Pract. 2002;32(5):1005-20.

Mazzaferro E. Oxygen therapy. In: Silverstein DC, Hopper K, editors. Small animal critical care medicine. 2. ed. St. Louis: Elsevier Saunders; 2015. p.77-80.

Steele AM. Oxygen therapy techniques. In: Battaglia AM, Steele AM, editors. Small animal emergency and critical care: a manual for the veterinary technician. 4. ed. St. Louis: Mosby; 2021. p.278-302.

Tseng LW, Waddell LS. Approach to the patient in respiratory distress. Clin Tech Small Anim Pract. 2000;15(2):53-62.

9

Coleta de sangue

Fernanda Vieira Amorim da Costa

O PULO DO GATO

Punção venosa refere-se à punção de uma veia usando uma agulha para a coleta de uma amostra de sangue.

As amostras de sangue são mais comumente coletadas das veias cefálica, safena medial e jugular.

Uma amostra de sangue de boa qualidade é crucial para obter resultados precisos.

INTRODUÇÃO

As indicações para a coleta de sangue na clínica de felinos são variadas. Uma amostra de sangue pode ser necessária para auxiliar no diagnóstico e no monitoramento contínuo do tratamento de pacientes com condições médicas, pacientes cirúrgicos e pacientes de emergência. Amostras de sangue também são indicadas em animais saudáveis, como parte de exames de saúde de rotina e para obter valores basais para comparação quando forem idosos.

A decisão sobre quais análises de sangue realizar é da competência do médico veterinário; no entanto, é essencial que estudantes e enfermeiros sejam adequadamente treinados para realizar punção venosa, para auxiliar na pronta avaliação, diagnóstico e monitoramento do tratamento de todos os pacientes. Uma variedade de análises pode ser realizada usando uma amostra de sangue, incluindo hematologia, esfregaço de sangue, bioquímica, análise de eletrólitos, análise de gases sanguíneos e vários ensaios laboratoriais.

A coleta de sangue venoso é contraindicada quando a segurança do gato ou das pessoas envolvidas é proibitiva. **Se as vias aéreas ou a circulação estiverem comprometidas por restrição ou doença subjacente ou se o paciente sofrer dor ou estresse indevidos, conforme determinado pelo veterinário, pode-se empregar sedação, ou a punção venosa deve ser abandonada.**

MÉTODOS DE COLETA

As amostras de sangue de gatos são comumente obtidas das veias jugular, cefálica ou safena medial. O gato tem veias pequenas, muitas vezes menores que as veias correspondentes dos cães, em razão de seu tamanho pequeno. Coletar sangue suficiente para um painel químico e hemograma completo pode ser um desafio, a ponto de servir como impedimento para diagnosticar adequadamente as doenças felinas. Se é difícil de fazer, muitas vezes não é feito.

Enrolar o gato em uma toalha grande ajudará a controlar todos os seus membros ao coletar uma amostra jugular ou, para amostragem de veia cefálica, o membro-alvo pode ser excluído da toalha.

Se o laboratório aceitar amostras menores, solicite tubos Microtainer®, para que um pequeno volume de sangue não seja excessivamente diluído. Independentemente de qual veia é usada para coletar a amostra de sangue, a maioria dos pacientes não precisa de mais de uma pessoa para segurá-los durante a coleta (Figura 1).

- **Jugular:** muitos gatos toleram muito bem a coleta na veia jugular. Esse local permite a coleta rápida, pois permite que uma amostra seja retirada rapidamente, sem exigir pressão negativa excessiva. Isso minimiza a incidência de hemólise e coágulos sanguíneos na amostra. No entanto, realizar esse procedimento na presença dos proprietários pode criar alguns problemas sérios de relacionamento com o cliente. Muitos clientes preferem que não se colete sangue nesse local, por considerar um procedimento invasivo e cruel. Se for realizada tricotomia, a falta de pelos ainda funciona como um lembrete desse momento estressante por 2 a 3 meses. Levar o gato para longe dos olhos do proprietário pode resolver o problema inicialmente, mas muitas pessoas não gostam de não acompanhar os procedimentos e, ainda, se algum gato no hospital gritar, o responsável assume que foi o gato dele e que está sendo maltratado. Além disso, **alguns gatos se ressentem de serem contidos com o pescoço estendido, podendo ser mais tolerantes à contenção para coleta da veia cefálica.**

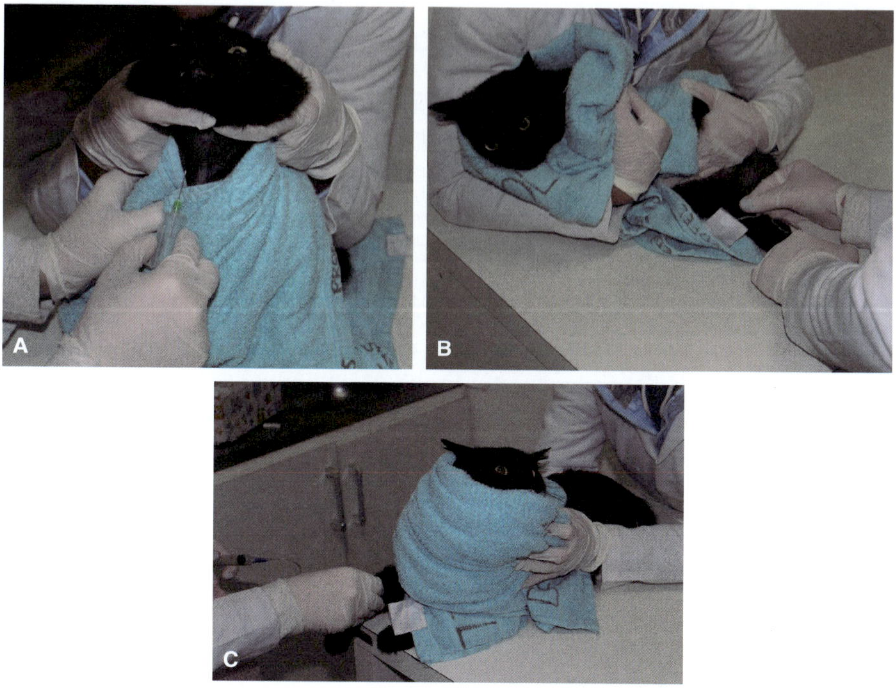

FIGURA 1. Simulações de contenção física com toalha para a coleta de sangue em cima da mesa e com o auxílio de uma pessoa. **A:** punção em veia jugular. **B:** punção em veia safena medial. **C:** punção em veia cefálica.

Fonte: arquivo pessoal da autora.

- **Safena medial:** na opinião desta autora, a melhor abordagem é usar a veia safena medial (Figura 1B). Geralmente é grande o suficiente para uma coleta de sangue razoavelmente satisfatória e fica no lado medial da perna. Se for necessária tricotomia, a região é muito menos visível que o sulco jugular. O uso de um cateter borboleta ajuda a evitar o colapso dessas veias e facilita a manutenção do acesso venoso durante a coleta do sangue. No entanto, a veia safena medial apresenta limitações em alguns gatos, principalmente quando são muito finas ou o gato é obeso. Nesses casos, a veia cefálica deve ser preferida.
- **Cefálica:** a veia cefálica é bastante utilizada em gatos, pois permite que o animal sofra a mínima contenção possível, ficando com os outros três membros apoiados na mesa, o que é mais confortável. Providencia um volume de sangue satisfatório e o posicionamento não é tão incômodo quanto quando a coleta é feita na jugular, pela hiperextensão do pescoço.

PREPARAÇÃO E TÉCNICA

Para punção venosa, na maioria das vezes uma abordagem "menos é mais" para a contenção será mais bem-sucedida. **O ambiente para a coleta de sangue felino deve ser tranquilo, silencioso e longe de cães, porque os gatos notoriamente sofrem alterações relacionadas ao estresse em seu leucograma.** Fornecer aos gatos uma toalha, cobertor ou travesseiro macio, quente e confortável, para que se deite durante a coleta também é útil, especialmente se o escore de condição corporal for 3/9 ou menos. Diminuir as luzes da sala ao redor e usar uma fonte de luz direcionada para a identificação das veias também pode ajudar a acalmar um gato estressado. Os proprietários, se presentes, devem ser encorajados a permanecer calmos, conversar e fazer carinho na cabeça do gato.

Preparando o local

- Para a coleta de sangue jugular e cefálica, o gato pode ser "contido" em posição sentada natural ou em posição de "esfinge", com o esterno junto à mesa. Para coleta na safena medial, o decúbito lateral é o preferido (Figura 2).
- A área é tricotomizada sobre a veia-alvo, o suficiente para permitir a identificação da veia e a direção em que ela corre.
  - Muitos gatos se assustam com o barulho da máquina de tosa. Os modelos operados por bateria costumam fazer menos ruído e alguns são projetados especificamente para serem silenciosos. Esses são menos robustos do que os modelos-padrão, mas são adequados para tricotomizar pequenas quantidades de pelo sobre a veia em gatos conscientes.
  - Deve-se ligar a máquina de tosa longe do gato, enquanto fala com ele, para mascarar o ruído inicial.
  - **Se o gato for muito reativo ou particularmente medroso, considere usar a veia cefálica ou safena medial, em vez da veia jugular, e utilize grande quantidade de álcool para baixar os pelos e permitir a visualização da veia, sem a necessidade de tricotomia.**
- A aplicação de um creme ou *spray* anestésico local na pele pode ajudar a reduzir a resistência do gato:
  - Para pacientes altamente sensíveis a picadas de agulha, um creme anestésico de lidocaína/prilocaína (EMLA) (Figura 3) deve ser aplicado generosamente na pele depilada, coberto com um curativo oclusivo para evitar que o gato ingira o creme, e deixado no local por 15 a 20 minutos antes da coleta de sangue ou cateterismo intravenoso. Em alguns gatos, pode ocorrer absorção sistêmica mínima de lidocaína, mas fica substancialmente

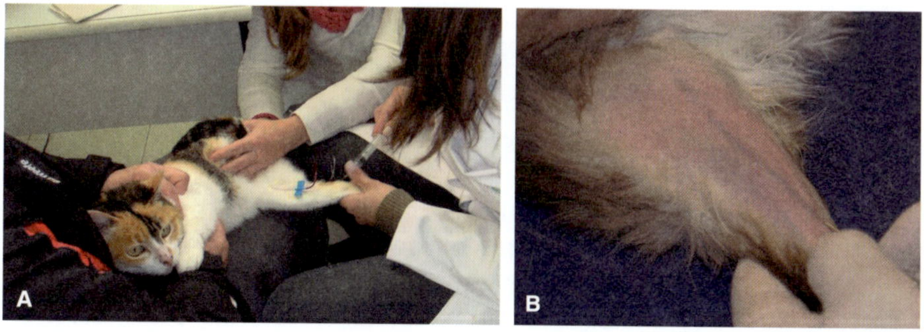

FIGURA 2. **A:** coleta de sangue da veia safena medial utilizando scalp 23 G e seringa de 5 mL, com o animal no colo do proprietário. **B:** detalhe da veia safena medial após tricotomia; por ser uma veia móvel, às vezes é necessário tracionar a pele para baixo com o dedo indicador, para fixá-la melhor antes da venopunção.

Fonte: arquivo pessoal da autora.

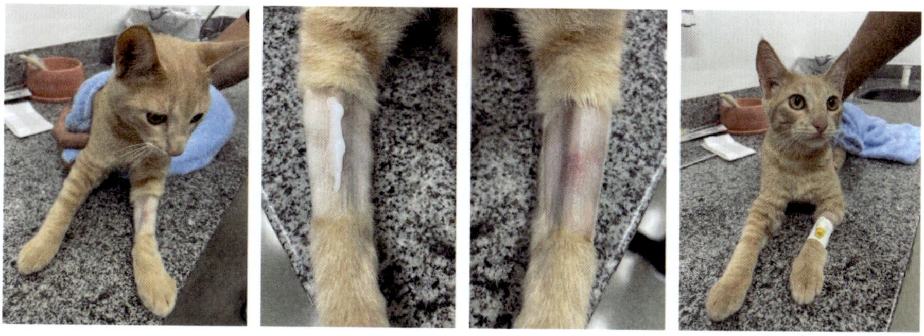

FIGURA 3. Uso da pomada de lidocaína/prilocaina antes da colocação de um cateter intravenoso. A pomada deve ser massageada no local e deve-se aguardar de 15 a 20 minutos para a flebotomia. Alguns gatos devem receber uma proteção no local, caso queiram lamber a pomada.

Fonte: imagens cedidas por Renato Leão Sá de Oliveira.

abaixo das concentrações tóxicas. Por razões óbvias, em um ambiente clínico isso nem sempre é prático.

- Preparar o local com um algodão embebido em álcool.
- Para uma amostra jugular, a pessoa que coletará o sangue realiza o garrote com uma mão, aplicando uma leve pressão no sulco jugular, próximo ao nível da entrada torácica. A pressão firme não é necessária e será ressentida pelo gato.
- Para uma amostra cefálica, a pessoa que segura o gato faz a oclusão da veia envolvendo o polegar ao redor do membro torácico, distalmente ao cotovelo e, em seguida, girando suavemente o pulso para posicionar a veia na face

cranial do membro torácico. A veia deve estar aparente central e dorsalmente sobre o antebraço.

- No membro pélvico, o garrote pode ser realizado com o apoio da mão do auxiliar que está contendo o gato (posicionada como em um "golpe de caratê"), para aplicar uma leve pressão na região do triângulo femoral ou ocluir a veia safena medial (Figura 2B).

Coletando a amostra

Usar uma agulha hipodérmica 23 ou 25 G, conectada a uma seringa vazia de tamanho apropriado. Cerca de 2,5 mL de sangue são adequados para a maioria dos painéis de diagnóstico.

1. Introduzir a agulha com o bisel para cima, seguindo a linha da veia, perto da superfície. Para evitar passar a agulha diretamente pela veia, pressionar a agulha suavemente contra a pele sobre a veia para reentrá-la levemente.
2. Avançar a agulha através da pele e na veia, mantendo-a quase paralela à superfície.
3. Aplicar pressão negativa suave na seringa e observar se há sangue no canhão da agulha.
4. Se não houver sangue, tentar redirecionar suavemente a agulha para entrar na veia, mas evitar grandes movimentos de varredura. Preferencialmente, deve-se retirar a agulha e começar novamente com uma agulha nova. Agulhas de calibre fino logo ficam cegas se forem usadas para penetrar na pele mais de uma vez.
5. Usar uma pressão negativa muito suave (p. ex., aproximadamente 0,3 mL de vácuo) para extrair sangue das veias cefálica e safena medial, pois elas são mais flexíveis que a veia jugular e tendem a colapsar mais facilmente. Essas veias se esvaziarão à medida que o sangue for retirado, de modo que, à medida que a veia se achatar, deve-se liberar a pressão negativa para permitir que ela se reabasteça e, em seguida, aplicar pressão negativa suave novamente.

CONCLUSÕES

A consideração cuidadosa das necessidades únicas, histórico e temperamento de cada paciente felino, além de paciência, carinho e prática, resultará na coleta bem-sucedida de sangue e urina em pacientes felinos. As habilidades de punção venosa permitirão que a equipe veterinária apresente os testes diagnósticos necessários para o tratamento desses pacientes.

LITERATURA SUGERIDA

Cannon M. QRG 1.7 Blood sampling: practical tips. In: Harvey A, Tasker S, editors. BSAVA Manual of Feline Practice – A Foundation Manual. Gloucester: BSAVA; 2013. p.29-31.

Crisi PE, De Santis F, Giordano MV, Cerasoli I, Colucci F, Di Tommaso M, Luciani A. Evaluation of eutectic lidocaine/prilocaine cream for jugular blood sampling in cats. J Feline Med Surg. 2021;23(2):185-9.

Ferriani R, Mangiagalli G, Meazzi S, Pantoli M, Barbè F, Pastore C, Rossi S. Haematological and biochemical reference intervals in healthy Ragdoll cats. J Feline Med Surg. 2022;24(6):e98-e108.

Lockhart J, Wilson K, Lanman C. The effects of operant training on blood collection for domestic cats. Appl Anim Behav Sci. 2013;143(2-4):128-34.

Lovelace K. Venipuncture and cystocentesis. Schmeltzer LE, Norsworthy GD, editors. Nursing the feline patient. Ames: John Wiley & Sons; 2012. p.66-8.

Norsworthy GD, Cook AK, Lanier CJ. Impact of preheparinization and sample volume on routine hematology findings in healthy cats. J Feline Med Surg. 2021;23(2):79-85.

10

Transfusão de sangue

Fernanda Vieira Amorim da Costa

O PULO DO GATO

A transfusão de sangue é definida como a transferência de sangue total ou componentes do sangue de um indivíduo doador para um receptor.

Existem três grupos sanguíneos bem conhecidos e clinicamente importantes em gatos: A, B e AB. Outro grupo potencialmente importante, chamado Mik, foi identificado. É provável que outros antígenos de sistemas de grupos sanguíneos não AB eritrocitários felinos sejam descobertos com a investigação contínua das compatibilidades sanguíneas felinas.

Os gatos têm anticorpos de ocorrência natural clinicamente significativos (aloanticorpos) contra antígenos de grupos sanguíneos estranhos, incluindo o raro antígeno Mik, independentemente do histórico de transfusão anterior.

INTRODUÇÃO

As transfusões de sangue felinas são realizadas com bastante frequência na rotina clínica, e elas podem salvar vidas. A baixa disponibilidade de doadores limita bastante a possibilidade de sua realização, mas, com o crescimento dos bancos de sangue que fornecem acesso ao sangue felino, o procedimento pode se tornar mais rotineiro. Muitos hemoderivados estão disponíveis ou podem ser preparados, embora a maioria dos hospitais veterinários tenha gatos doadores disponíveis para a doação de sangue.

Muitos produtos sanguíneos estão disponíveis e têm usos específicos. O **sangue total** fresco contém eritrócitos, plaquetas, fatores de coagulação e proteínas séricas. O armazenamento de sangue total resulta na perda de plaquetas em 2 a 4 horas e dos fatores de coagulação V e VIII em 24 horas após a coleta. Os

concentrados de hemácias mantêm a capacidade de transporte de oxigênio do sangue total em um volume menor (anemia sem hipovolemia). Esse produto pode ser usado quando a expansão de volume é indesejada, como em gatos anêmicos com doença cardíaca ou nefropatia, que não suportam sobrecarga circulatória. Deve-se ainda tomar cuidado com o sangue estocado há mais de 14 dias em hepatopatas e nefropatas, pois a concentração de amônia pode ser inaceitável para esses pacientes.

O **plasma fresco congelado** contém albumina e todos os fatores de coagulação e é usado em gatos com hemorragia por distúrbios de coagulação, como insuficiência hepática, coagulação intravascular disseminada ou intoxicação por raticidas anticoagulantes. O uso de produtos de plasma para tratar a hipoalbuminemia é benéfico apenas a curto prazo, porque a albumina transfundida se equilibra rapidamente com o espaço extravascular. A adição de coloides sintéticos pode prolongar os efeitos oncóticos de uma transfusão de plasma nesses gatos. O **plasma rico em plaquetas** é indicado para gatos que sangram por deficiência ou disfunção plaquetária.

Embora os produtos derivados do sangue estejam disponíveis em alguns bancos, a maioria dos gatos atendidos em consultório particular, na prática, recebe transfusões de sangue total. O sangue total é fácil de coletar e administrar, enquanto os componentes do sangue felino têm disponibilidade limitada e geralmente devem ser comprados de um fornecedor. A relativa escassez de hemocomponentes felinos deve-se, em parte, à dificuldade de separação das frações sanguíneas, pelo pequeno volume que pode ser coletado dos gatos.

A transfusão de sangue felino, embora seja um procedimento que salva vidas, também pode ser prejudicial para o doador e para o receptor, quando não há precauções. As complicações podem ser evitadas com a escolha cuidadosa do doador e do receptor, realização do teste de compatibilidade e monitoramento da transfusão de sangue.

INDICAÇÕES

- **Anemia grave com sinais clínicos associados**, especialmente se a anemia se desenvolveu de forma aguda, com pouco tempo para os mecanismos compensatórios ocorrerem. Não está estabelecido o valor de hematócrito (Ht) abaixo do qual um gato necessita de uma transfusão de sangue. Em vez disso, a decisão de transfundir é baseada na condição do paciente, principalmente se houver bradicardia e taquicardia, taquipneia, pulso fraco e fraqueza.
- **Preparação para perda de sangue antecipada** durante cirurgia eletiva, em que é muito provável que ocorra hemorragia.

- **Hemorragia:** a necessidade de uma transfusão deve ser considerada antes do desenvolvimento da anemia, pois a hipovolemia concomitante (decorrente da perda de plasma do compartimento intravascular) faz com que o Ht do gato não se reduza inicialmente. Uma transfusão de sangue total é mais apropriada do que fluidoterapia nestes casos.
- **Necessidade de fatores de coagulação:** alguns gatos (p. ex., com doença hepática grave, coagulopatias hereditárias ou intoxicados por raticidas) devem ser transfundidos antes de um procedimento invasivo, para fornecer fatores de coagulação contidos no plasma fresco. Pode-se considerar a possibilidade de separar os glóbulos vermelhos e o plasma para um paciente individual, mas esse recurso pode não estar disponível. Os fatores de coagulação degradam-se com relativa rapidez (alguns em horas), mesmo que o sangue ou o plasma sejam refrigerados.
- **Flebotomia repetida para coleta de sangue**, já que 74% dos gatos não anêmicos hospitalizados desenvolvem anemia durante o período de hospitalização.

É importante ter certeza de que uma transfusão de sangue é definitivamente o tratamento mais adequado, já que nem todo gato anêmico precisa de transfusão de sangue e todas as opções de tratamento devem ser consideradas.

As transfusões de sangue NÃO são uma boa fonte de:

- Plaquetas para pacientes trombocitopênicos.
- Proteína para pacientes hipoproteinêmicos (proteínas plasmáticas não permanecem no compartimento intravascular por muito tempo).

TIPOS SANGUÍNEOS FELINOS

Aloantígenos

Os tipos de sangue surgem em decorrência de marcadores antigênicos geneticamente determinados, presentes na superfície dos glóbulos vermelhos. Os antígenos do tipo sanguíneo são aloantígenos, pois existem em formas alternativas (alélicas) em gatos diferentes e podem induzir uma resposta imune, quando hemácias de um tipo sanguíneo são transferidas para um gato com tipo sanguíneo diferente.

Um sistema de grupo sanguíneo, o sistema AB, foi amplamente definido em gatos. Dentro do sistema de grupo sanguíneo AB, existem três fenótipos de tipo sanguíneo, ou seja, tipo A, tipo B e tipo AB:

- O tipo sanguíneo A é o mais comum em todo o mundo e, em algumas raças, acredita-se que 100% dos gatos sejam do tipo A (p. ex., Siamês, Oriental, Tonquinês).
- O tipo sanguíneo B é menos comum, mas ocorre em algumas raças de *pedigree*, especialmente British Shorthair, Devon Rex, Maine Coon, Abissínio e Somali.
- O tipo sanguíneo AB é raro (< 1%).

A prevalência do tipo sanguíneo varia geograficamente e nunca se deve presumir que uma determinada raça possuirá um determinado tipo de sangue. A tipagem sanguínea é essencial para evitar reações transfusionais potencialmente fatais.

A herança do tipo sanguíneo AB ocorre de forma simples e dominante por meio de dois alelos no mesmo *locus* gênico. **O tipo A é completamente dominante sobre o tipo B**. Os gatos que expressam o tipo sanguíneo A podem ser genotipicamente homozigotos (A/A) ou heterozigotos (A/B). Os gatos que expressam o grupo sanguíneo B são sempre homozigotos (B/B), pois o tipo B é recessivo para o tipo A. O tipo AB expressa os antígenos eritrocitários A e B, mas não possui aloanticorpos naturais contra nenhum dos dois tipos; ambos os antígenos são reconhecidos como antígenos "próprios".

Evidências recentes sugerem que também existem outros sistemas de grupos sanguíneos não AB em gatos, porque ocorreram reações transfusionais em gatos devidamente tipados e submetidos a testes de reação cruzada, que receberam transfusões de sangue compatíveis com AB. Foi então documentado um novo antígeno nos eritrócitos de gatos domésticos, que foi denominado Mik (Mik-positivo ou Mik-negativo). O modo de herança do antígeno Mik é desconhecido.

Aloanticorpos

Ao contrário dos cães, os gatos podem possuir aloanticorpos de ocorrência natural contra o aloantígeno "estranho" (não próprio) que lhes falta. Esses aloanticorpos reconhecerão os aloantígenos de outro gato. Os gatinhos desenvolvem esses anticorpos com 6 a 8 semanas de idade. **Os gatos do tipo B têm altos níveis de aloanticorpos anti-A fortes que ocorrem naturalmente**. A transfusão de menos de 1 mL de sangue tipo A em um gato tipo B pode resultar em anafilaxia sistêmica potencialmente fatal. **Os gatos do tipo A têm anticorpos fracos contra o sangue do tipo B**. Quando recebem sangue tipo B, eles podem desenvolver uma leve reação transfusional, mas que normalmente não é fatal; no entanto, os eritrócitos transfundidos terão uma vida útil significativamente menor (2 dias). Os gatos do tipo AB nunca têm aloanticorpos para os antígenos do tipo A ou do tipo B. Eles devem receber sangue AB, se disponível; caso contrário, o tipo A deve ser fornecido. **A reação entre os aloantígenos do tipo sanguíneo e quaisquer aloanticorpos existentes é observada durante a prova cruzada de sangue de doador e receptor.**

Os aloanticorpos são responsáveis por reações de transfusão de sangue potencialmente fatais que podem surgir mesmo quando os gatos passam pela primeira transfusão de sangue, pois já estão presentes na circulação do gato, prontos para destruir as hemácias de um fenótipo de tipo sanguíneo diferente. É importante observar que, por causa desses anticorpos preexistentes, não existe um tipo de sangue "doador universal" em gatos.

Esses aloanticorpos também são responsáveis pela isoeritrólise neonatal, uma causa de morte neonatal em filhotes tipo A ou AB quando nascem de uma fêmea tipo B. A gravidade de uma reação de transfusão de sangue depende da quantidade (ou seja, títulos ou concentrações mais altos são piores) e da natureza (p. ex., fortemente aglutinante) de quaisquer aloanticorpos presentes no receptor ou doador.

SELEÇÃO DO DOADOR

Os gatos doadores devem ter idade entre 1 e 8 anos, bom temperamento e tamanho corporal adequado (> 4 kg) para facilitar a flebotomia, sem histórico de transfusão prévia. A condição corporal mais magra é desejável para facilitar o acesso à veia jugular. Os doadores devem ser castrados, sem histórico de problemas de saúde ou necessidade de medicamentos. Eles devem passar por exames físicos periódicos, estar vermifugados e ter recebido as vacinas obrigatórias (panleucopenia, rinotraqueíte, calicivirose e raiva) e opcionais (leucemia viral felina e clamidiose), conforme indicado pela avaliação de risco. Também devem ser domiciliados, sem acesso à rua.

A cardiomiopatia oculta deve ser excluída com triagem ecocardiográfica antes de permitir que os gatos participem de um programa de doadores, uma vez que até 30% dos gatos com doença cardíaca não apresentam sopro. No entanto, se isso não for possível, devem-se excluir gatos com sopros, ritmos de galope ou arritmias, ou realizar testes séricos quantitativos de NT-pró-BNP. A pressão arterial sistólica deve estar normal (120-149 mmHg) no momento da doação.

Os exames laboratoriais devem ser realizados uma ou duas vezes por ano (hemograma completo, perfil bioquímico, urinálise e triagem para agentes infecciosos):

- Vírus da leucemia felina (antígeno negativo e PCR de DNA proviral negativo).
- Vírus da imunodeficiência felina (anticorpo negativo).

- *Mycoplasma haemofelis* (PCR negativo).
- *Bartonella henselae* (PCR negativo).
- Gatos doadores também devem ser rastreados para infecção por dirofilariose, leishmaniose, cytauxzoonose, babesiose, erlichiose e anaplasmose em áreas endêmicas.

Hematócrito mínimo de 30% e hemoglobina de 10 g/dL são aceitáveis, porém são preferíveis entre 35 e 40% e 11 g/dL, respectivamente, já que o maior objetivo é a correção de casos de anemia. A frequência de doação foi definida com um intervalo mínimo de 3 a 4 semanas, porém, se forem considerados o bem-estar do doador e todas as particularidades da coleta na espécie, assim como a necessidade de sedação, intervalos de 2 a 3 meses entre as coletas são mais indicados.

TIPAGEM SANGUÍNEA E TESTE DE COMPATIBILIDADE (PROVA DE REAÇÃO CRUZADA)

A tipagem sanguínea pode ser realizada enviando as amostras de sangue a um laboratório comercial ou usando um *kit* de teste na clínica. Diferentes cartões de tipagens baseados em aglutinação e *kits* de imunocromatografia rápida estão disponíveis para uso na rotina clínica (Figura 1). Estudos mostram que os *kits* de imunocromatografia têm uma *performance* um pouco melhor do que os cartões de aglutinação.

Idealmente, tanto a tipagem sanguínea quanto a prova de reação cruzada devem ser realizadas em gatos. A tipagem determina o tipo de antígeno que existe na membrana dos eritrócitos e a reação cruzada detecta níveis séricos de anticorpos contra os antígenos nas membranas dos eritrócitos.

Porém, a tipagem ainda não está presente de forma acessível à maioria das clínicas veterinárias no país. Portanto, o teste de compatibilidade deve ser considerado imprescindível para detectar algum risco de incompatibilidade entre o receptor e o doador.

O teste de reação cruzada consiste em duas provas, a maior e a menor. **A prova maior é a mais importante e deve ser sempre compatível, já que serve para identificar anticorpos no receptor contra as hemácias do doador**. Este teste é feito entre as hemácias do doador e o plasma do receptor. A prova menor consiste na reação entre as hemácias do receptor com o plasma do doador verificando-se, então, a existência de anticorpos no plasma do doador contra as hemácias do receptor. A visualização da aglutinação no tubo indica que a transfusão não será compatível. É relevante observar que uma prova cruzada importante é o único meio disponível para rastrear gatos quanto ao antígeno Mik, que pode causar reações transfusionais em gatos com tipo sanguíneo compatível.

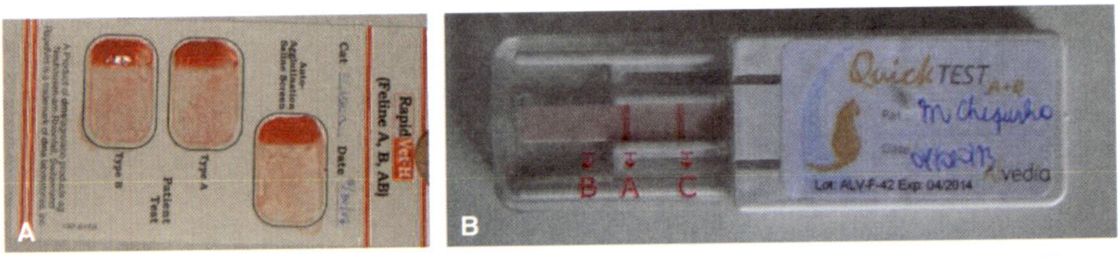

FIGURA 1. **A:** os cartões RapidVet-H® (DMS Laboratories) são *kits* clínicos que utilizam um anticorpo monoclonal murino como reagente anti-A no poço tipo A e uma lectina de *Triticum vulgaris* como reagente anti-B no poço tipo B. O poço superior (da direita) é uma triagem de autoaglutinação em salina, que não contém nenhum reagente anti-A ou anti-B – esse poço de controle é para garantir que o sangue do gato não aglutine espontaneamente, pois isso resultaria na leitura de um resultado falso do tipo AB. Qualquer autoaglutinação no poço de controle invalidaria o resultado do teste. Nesta imagem, o gato testado é do tipo sanguíneo AB, conforme indicado pela aglutinação no poço tipo A e no poço tipo B. **B:** o QuickTest® A+B (Alvedia®) usa anticorpos monoclonais em uma tira de papel de migração para determinar o tipo sanguíneo. O kit vem com todo o equipamento necessário para testar uma amostra de sangue total felino EDTA retirado do paciente, mas também é útil ter um cronômetro disponível. Este resultado indicou o tipo A.

Fonte: arquivo pessoal da autora.

COLETA DE SANGUE TOTAL DO DOADOR

Os gatos podem doar cerca de 15 a 20% de seu volume sanguíneo estimado; assim, o volume máximo a ser doado por um gato é de aproximadamente 11 a 15 mL/kg.

- Uma **amostra de sangue** pré-doação pode ser coletada de um cateter intravenoso ou veia periférica para teste de compatibilidade, tipo sanguíneo, Ht e hemoglobina. A coleta de sangue é realizada apenas se os parâmetros estiverem no intervalo de referência e se houver compatibilidade entre doador e receptor.
- **Sedação:** a maioria dos gatos precisa ser sedada antes da coleta de sangue, pois, mesmo sendo cooperativos, o estresse pode causar movimentação, ansiedade e afetar a composição celular e química do sangue. A escolha de um protocolo de contenção química de curta duração (30 minutos) evitará uma experiência desconfortável para o gato e intervenções repetidas e malsucedidas que podem produzir lesões à equipe veterinária. Frequentemente, são usadas combinações de cetamina/diazepam ou cetamina/midazolam, dexmedetomidina/butorfanol e tiletamina/zolazepam. Anestésicos gasosos (isoflurano, sevoflurano) também são aceitáveis. Acepromazina e xilazina devem ser evitadas, pelo risco de causar hipotensão. É necessário jejum prévio de 6 horas e um plano anestésico, incluindo monitoração e escolha cuidadosa dos

regimes de dosagem. O uso de cremes anestésicos locais (pomada de lidocaína/prilocaína) e feromônios pode fazer parte do manejo geral do paciente para ajudar a reduzir o estresse.

- **Seleção e preparo da veia:** deve-se alternar entre as veias jugulares esquerda e direita a cada coleta, e indicar a veia utilizada para cada coleta no livro de registro do doador. O uso de técnica asséptica é essencial. A área sobre a veia jugular deve ser tricotomizada e preparada cirurgicamente antes da coleta.
- **Coleta:** o sangue deve ser coletado na veia jugular usando um scalp borboleta de calibre 19 ou 21 G que foi preparado com uma pequena quantidade de anticoagulante CPDA-1 (citrato fosfato dextrose adenina), acoplado em uma torneira de três vias e uma seringa de 60 mL contendo 7 mL de anticoagulante (a proporção ideal é de aproximadamente 1 mL de CPDA-1 para cada 9 mL de sangue a serem coletados) ou a uma bolsa-satélite sem anticoagulante e estéril. Deve-se homogeneizar suavemente o sangue na seringa à medida que é recolhido. A entrada de ar na linha de coleta ao retirar a agulha não deve ser permitida, pois isso pode favorecer a entrada de bactérias no sangue. Prender a linha do scalp com uma pinça hemostática pode minimizar esse risco. A doação de sangue felina padrão de gatos com mais de 4 kg é de 45 a 50 mL. Um método fácil para manter a relação sangue/anticoagulante proporcional é coletar 44 mL de sangue em 6 mL de CPDA-1, para um volume total de 50 mL.
- **Fluidos de reposição e ferro:** após a coleta, o gato doador deve receber fluidos cristaloides intravenosos, como solução de Ringer com lactato de sódio ou soro fisiológico 0,9%, durante 30 minutos. O volume deve ser aproximadamente 2 a 3 vezes a quantidade de sangue doado. Alguns autores questionam a hemodiluição resultante e sugerem a aplicação de 90 mL de solução salina a 0,9% por via subcutânea, imediatamente antes da doação e 60 mL da mesma solução por via intravenosa ou subcutânea em 20 minutos, iniciada durante a segunda metade da doação. Ringer com lactato de sódio ou fluido contendo glicose não devem ser administrados até que a coleta de sangue seja concluída, pois eles afetarão negativamente o sangue transfundido; no entanto, soro fisiológico 0,9% pode ser administrado concomitantemente. A doação sanguínea frequente pode ocasionar deficiência de ferro e, por isso, recomenda-se suplementação de ferro na dieta e o nível de suplementação deve ser, sempre que possível, baseado em análise laboratorial da deficiência de ferro (sabe-se que o sangue contém 0,5 mg/mL de ferro). A dose normalmente utilizada para suplementação de ferro é de 10 mg/kg de sulfato ferroso 2 vezes/semana ou 5 mg/gato de fumarato ferroso por dia.
- **Armazenamento:** o sangue coletado por esse sistema deve ser utilizado em, no máximo, 24 horas, e alguns autores recomendam seu uso imediatamente

após a coleta. O sistema fechado, pelo qual o sangue é obtido de maneira completamente estéril, possibilita estoque e processamento de seus componentes, já que o risco de contaminação é quase inexistente, quando a coleta é feita de maneira adequada. O estoque da bolsa de sangue total e do concentrado de hemácias deve ser feito sob refrigeração a temperatura entre 1 e 6°C em um refrigerador com alarme, que permita a identificação e o aviso de temperatura não adequada. O período de estocagem para o sangue coletado com CPDA-1 é de no máximo 28 dias.

TRANSFUSÃO SANGUÍNEA

- **Via:** a via de administração intravenosa (cefálica, safena medial ou jugular, nesta ordem) é preferida, embora a via intraóssea seja uma alternativa aceitável, se o acesso venoso não for possível. Cateteres pequenos não causam hemólise durante a transfusão, mas diminuem a taxa de administração. Um filtro de microtrombos deve ser colocado na linha entre o sangue e o gato, dependendo do tipo de equipo utilizado. O sangue não deve estar frio, devendo ser deixado pelo menos 30 minutos em temperatura ambiente antes da transfusão.
- **Volume de sangue total para transfusão:** o volume a ser transfundido visa aumentar o Ht em 15 a 20% e pode ser calculado da seguinte maneira: **10 mL/kg de concentrado de hemácias ou 20 mL/kg de sangue total para aumentar em 10% o Ht do receptor**. O Ht do receptor não precisa retornar ao intervalo de referência; na maioria dos casos, de 20 a 25% é bastante aceitável. Se o receptor for transfundido em mais de 25%, a medula óssea pode não receber estímulo adequado para responder à anemia. Em geral, não devem ser transfundidos mais de 20 mL/kg/dia, a menos que o gato tenha hemólise contínua grave ou perda de sangue.
- **Taxa de administração:** em gatos estáveis, a administração do sangue total deve ser realizada a uma velocidade de 0,25 mL/kg/hora nos primeiros 30 minutos, para observar reações transfusionais agudas. Se nenhuma reação for observada após alguns minutos, pode-se fornecer o restante do sangue a 10-20 mL/kg/hora. Gatos com doença cardiovascular devem ser transfundidos em uma taxa mais lenta (4 mL/kg/hora). A transfusão deve ser concluída em menos de 4 horas para minimizar a contaminação bacteriana e a perda funcional dos elementos sanguíneos. Se o gato receptor tiver sofrido uma perda maciça de sangue, deve receber sangue o mais rápido possível (até 60 mL/kg/hora), sendo monitorado com eletrocardiograma, pois podem ocorrer arritmias. Nenhum medicamento ou fluido (exceto soro fisiológico 0,9%) deve ser adicionado aos produtos sanguíneos ou administrado através do cateter durante a transfusão, para evitar hemólise ou hemaglutinação.

- Durante e após a transfusão, os pacientes devem ser cuidadosamente monitorados (Figura 2), observando-se os sinais vitais (temperatura, frequências cardíaca e respiratória). Além disso, o animal não deverá ser alimentado para evitar êmese, uma vez que a transfusão pode causar náuseas. Se houver qualquer sintoma de reação transfusional, a transfusão deve ser interrompida e o paciente, avaliado e tratado de acordo com o tipo de reação.
- O pré-tratamento com anti-histamínicos ou corticosteroides não é necessário, já que não existe nenhuma comprovação de que seu uso diminua o risco de reações transfusionais em gatos ou em outras espécies.

A meia-vida das hemácias compatíveis transfundidas é de 29 a 39 dias em gatos; assim, a transfusão em anemias crônicas é questionável, já que a transfusão é indicada apenas para casos emergenciais até que um tratamento definitivo seja estabelecido.

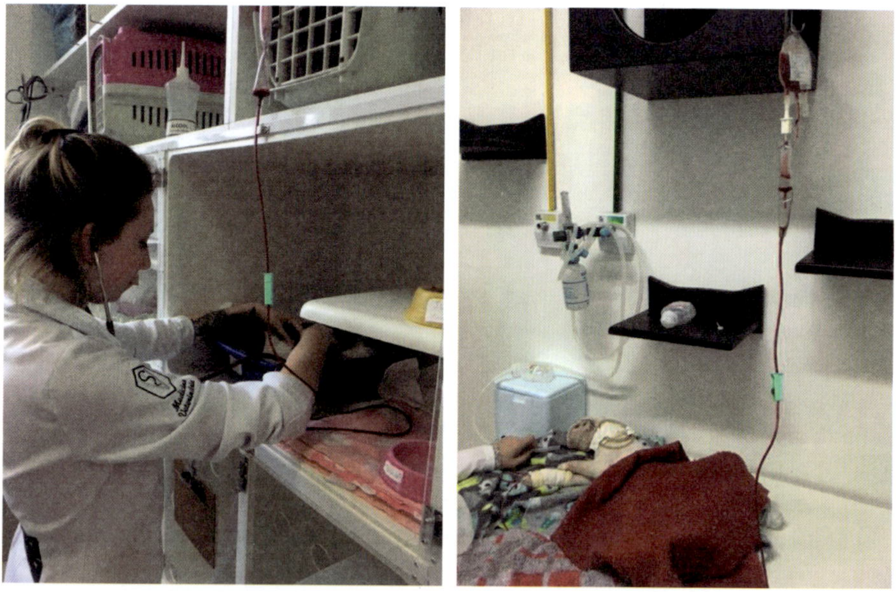

FIGURA 2. Pacientes recebendo transfusão de sangue e monitoração durante a transfusão de sangue.

Fonte: arquivo pessoal da autora.

POSSÍVEIS COMPLICAÇÕES

- **Sobrecarga de volume:** exceto na situação de perda aguda de sangue, o gato receptor terá deficiência de eritrócitos, mas não de plasma (ou seja, terá volume sanguíneo normal). Por causa disso, a transfusão de sangue total pode facilmente levar à sobrecarga circulatória do gato receptor. Deve-se ter muito cuidado com a monitoração da sobrecarga, com atenção a crepitações pulmonares (edema pulmonar), frequência respiratória (taquipneia) e, se necessário, radiografias torácicas.
- **Reação transfusional:** a transfusão de sangue incompatível pode resultar em morte súbita do gato receptor por hemólise aguda. As reações transfusionais imediatas são mais frequentes em animais do tipo B que recebem sangue dos tipos A ou AB, e as que mais ameaçam a vida. Os sinais iniciais de anafilaxia incluem hemoglobinemia, hemoglobinúria, vocalização, bradicardia ou taquicardia, palidez, pulsos fracos, decúbito lateral, vômitos, pupilas dilatadas, salivação, opistótono, colapso e morte. Se houver suspeita de reação transfusional, a transfusão deve ser interrompida imediatamente e a administração de solução salina normal deve ser iniciada ou continuada. O tratamento exige a administração de glicocorticoides, adrenérgicos e anti-histamínicos. Outro tipo de reação hemolítica e imunológica são as reações transfusionais tardias, que ocorrem mais comumente em receptores do tipo A que recebem sangue dos tipos B ou AB, e o principal sinal é hemólise com queda rápida do Ht em 3 a 10 dias após a transfusão. As manifestações clínicas de febre, urticária e/ou angioedema são raras em felinos e facilmente tratadas com anti-histamínicos e glicocorticoides.

XENOTRANSFUSÃO

A xenotransfusão é definida como a transferência de sangue de uma espécie para outra. A administração bem-sucedida de sangue total de cães para gatos foi documentada e pode ser realizada se absolutamente necessário, mas apenas como uma transfusão única. Em algumas circunstâncias, o sangue canino pode estar mais prontamente disponível do que o sangue felino, e em volumes maiores, levando ao seu uso ocasional.

Indicações potenciais para xenotransfusão incluem reação transfusional anterior a produtos sanguíneos felinos, tempo insuficiente para tipificar o sangue do receptor, indisponibilidade de produtos sanguíneos felinos adequados em quantidades suficientes ou restrições financeiras. **A xenotransfusão é usada principalmente para estabilização a curto prazo de um gato anêmico, permitindo tempo para investigações ou para obter sangue felino compatível, ou tempo**

para eritropoiese endógena para corrigir a anemia com ou sem tratamento adequado. Normalmente, de 30 a 50 mL de sangue total são administrados usando as mesmas taxas de administração do sangue felino, com o volume mínimo necessário para estabilizar o paciente.

Anticorpos para hemácias caninas de doadores são detectados de 4 a 7 dias após a transfusão de sangue canino para gatos, resultando na destruição das hemácias doadoras e em uma reação hemolítica tardia e, portanto, em uma vida útil mais curta das hemácias caninas doadas, em comparação à vida útil de hemácias felinas tipadas (30 dias). Qualquer transfusão repetida subsequente de sangue canino para o gato resultará em uma reação transfusional grave, anafilaxia e, provavelmente, morte.

As complicações de curto prazo relatadas após a xenotransfusão são semelhantes às das transfusões de gato para gato (alotransfusões), com menores reações transfusionais não hemolíticas febris observadas em 12% dos casos. Porém, já foi observada uma reação transfusional aguda grave anafilática imediatamente após a administração de sangue total canino a um gato sem experiência de transfusão. A hemólise tardia, muitas vezes manifestada com icterícia, ocorre em 64% dos gatos em uma média de 2 dias (intervalo de 1 a 6) após a transfusão, o que significa que os benefícios da xenotransfusão são de curta duração, em comparação à alotransfusão. Os resultados de comparação cruzada pré-xenotransfusão não parecem prever o desenvolvimento de reações transfusionais.

LITERATURA SUGERIDA

Balakrishnan A, Drobatz KJ, Reineke EL. Development of anemia, phlebotomy practices, and blood transfusion requirements in 45 critically ill cats (2009–2011). J Vet Emerg Crit Care. 2016;26:406-11.

Bovens C, Gruffydd-Jones T. Xenotransfusion with canine blood in the feline species: review of the literature. J Feline Med Surg. 2013;15:62-7.

Grace SF. Blood transfusion. In: Norsworthy GD, editor. The feline patient. 5. ed. Ames: Wiley Blackwell; 2018. p.892-4.

Seth M, Jackson KV, Giger U. Comparison of five blood- typing methods for the feline AB blood group system. Am J Vet Res. 2011;72:203-9.

Hourani L, Weingart C, Kohn B. Evaluation of a novel feline AB blood typing device. J Feline Med Surg. 2014;16:826-31.

Le Gal A, Thomas EK, Humm KR. Xenotransfusion of canine blood to cats: a review of 49 cases and their outcome. J Small Anim Pract. 2020;61:156-62.

Rudd S. QRG 20.2 Blood transfusion. In Harvey A, Tasker S, editors. BSAVA Feline Practice – A Foundation Manual. Gloucester: BSAVA; 2013. p.456-60.

Spada E, Proverbio D, Baggiani L, Bagnagatti De Giorgi G, Perego R, Ferro E. Evaluation of an immunochromatographic test for feline AB system blood typing. J Vet Emerg Crit Care (San Antonio). 2016;26:137-41.

Taylor S, Spada E, Callan MB, Korman R, Leister E, Steagall P, et al. 2021 ISFM Consensus Guidelines on the Collection and Administration of Blood and Blood Products in Cats. J Feline Med Surg. 2021;23(5):410-32.

11

Coleta de medula óssea

Fernanda Vieira Amorim da Costa

O PULO DO GATO

A aspiração de medula óssea é um procedimento diagnóstico que envolve a coleta de células da medula óssea para avaliação citológica.

O procedimento normalmente é realizado no úmero e na fossa trocantérica do fêmur em gatos.

O exame da medula óssea fornece informações sobre a provável patogênese das citopenias e outras anormalidades no sangue.

O conhecimento da morfologia celular e uma abordagem sistemática são a base para a interpretação completa e precisa dos achados da medula óssea.

INTRODUÇÃO

O tecido da medula óssea fornece microambientes complexos para o suporte estrutural e nutricional essencial para diferenciação ordenada, proliferação, maturação e liberação de células sanguíneas em desenvolvimento. O tecido é preenchido por uma rede de sinusoides, revestida por uma única camada de células endoteliais. As células hematopoiéticas e as estruturas de suporte, que consistem em tecido adiposo, células reticulares e matriz extracelular, estão localizadas fora da vasculatura.

A avaliação da medula óssea é uma valiosa ferramenta de diagnóstico para o médico veterinário que atua com medicina felina. Informações podem ser obtidas não apenas em relação a distúrbios hematológicos primários, mas também sobre uma variedade de doenças infecciosas e neoplásicas. O exame da medula óssea pode auxiliar na determinação do diagnóstico e do prognóstico de uma doença, bem como no monitoramento da intervenção terapêutica.

Dois tipos de amostra de medula óssea são coletados para fins diagnósticos: aspirado celular e biópsia de medula óssea. Os esfregaços de aspirado de medula óssea fornecem melhor avaliação morfológica das células hematopoiéticas e a determinação das proporções celulares, ou seja, a proporção mieloide para eritroide (M:E) e as porcentagens de linfócitos, plasmócitos, macrófagos e mastócitos. Em contraste, a avaliação histopatológica de biópsias é o melhor meio para avaliar alterações estruturais e estromais, além da celularidade da medula, fornecendo diagnósticos de mielofibrose, inflamação, osteólise e mielonecrose, ou confirmação de hipoplasia ou aplasia generalizada da medula óssea. Estes podem ser diagnósticos difíceis quando a qualidade da amostra de um aspirado de medula óssea é questionável. Idealmente, ambos devem ser coletados, mas, às vezes, a presença de doença na medula óssea dificulta a coleta de amostras e apenas um ou outro pode ser obtido. O aspirado de medula óssea é realizado com mais frequência do que a biópsia na clínica de pequenos animais, porque o procedimento é mais rápido, mais fácil de executar, requer equipamento mínimo, é mais barato e tem pouca ou nenhuma complicação significativa. Além disso, a qualidade da amostra pode ser avaliada imediatamente; assim, o paciente pode ser submetido à biópsia, se necessário. A principal desvantagem das aspirações é que a celularidade da medula pode não ser representada com precisão, particularmente com amostras hemodiluídas ou pouco celulares.

INDICAÇÕES E CONTRAINDICAÇÕES

As indicações para realizar um aspirado de medula óssea estão descritas no Quadro 1.

As contraindicações podem incluir riscos anestésicos e infecção dos tecidos moles adjacentes. A hemorragia após o procedimento em pacientes com distúrbios hemorrágicos e em pacientes com hiperglobulinemias monoclonais é rara e não representa risco à vida. Além disso, é raro ocorrer infecção, mesmo em pacientes neutropênicos, se for utilizada técnica asséptica apropriada.

ASPIRAÇÃO DE MEDULA ÓSSEA E PREPARAÇÃO DA AMOSTRA DE MEDULA ÓSSEA

Na citologia da medula óssea, o mais importante não é a coleta da amostra, mas sim a preparação das lâminas; um aspirado perfeito pode se tornar não diagnóstico por uma preparação de lâmina abaixo do ideal.

Os locais de aspiração de medula óssea preferidos incluem a extremidade proximal do úmero (em animais com mais de 6 meses – após o fechamento da placa epifisária de crescimento) ou fêmur em gatos.

QUADRO 1

Indicações para coleta de aspirado de medula óssea

1. Neutropenia persistente sem evidência de regeneração
2. Trombocitopenia inexplicável
3. Anemia não regenerativa ou pouco regenerativa
4. Bicitopenia/pancitopenia
5. Trombocitose persistente
6. Leucocitose persistente (especialmente linfocitose com linfócitos atípicos circulantes)
7. Morfologia anormal das células sanguíneas ou células anormais em circulação (suspeita de neoplasia hematopoiética)
8. Presença inexplicável de células imaturas no sangue (p. ex., leucoeritroblastose)
9. Estadiamento de linfoma ou mastocitomas
10. Avaliação dos estoques corporais de ferro
11. Suspeita de osteomielite ou doença infiltrativa da medula óssea
12. Hipercalcemia inexplicável (potencialmente associada a neoplasia linfoide, mieloma múltiplo ou neoplasia metastática nos ossos)
13. Hiperproteinemia inexplicável (em caso de suspeita de mieloma múltiplo, linfoma, leishmaniose ou infecção fúngica)
14. Hiperglobulinemia monoclonal (ou raramente biclonal) (p. ex., neoplasia de células plasmáticas ou LLC* de células B)
15. Avaliação diagnóstica em pacientes com febre de origem desconhecida ou perda de peso inexplicável

* Leucemia linfocítica crônica

Material necessário:

- Materiais para sedação ou anestesia e equipamentos de monitoramento para o paciente.
- Infusão de anestésico no local da aspiração pode ser necessária.
- Máquina de tricotomia e antisséptico.
- Luvas estéreis e campo cirúrgico.
- Placa de Petri.
- Tubos capilares descartáveis.
- Solução de EDTA a 2-3%.
- Agulha de Rosenthal ou Illinois (calibre 18 G, 1–1,5 pol.) (usada apenas para aspiração).
- Agulha Jamshidi (calibre 11 ou 13 G) (usada para biópsia).
- Lidocaína (2%).
- Lâminas de microscópio (de preferência com a ponta fosca).
- Lâminas de bisturi.
- Seringas estéreis (10 mL).

Coleta de aspirado de medula óssea no úmero (Figura 1):

1. Anestesiar e posicionar o paciente em decúbito lateral.
2. O local de inserção da agulha é uma pequena área plana na face craniolateral do úmero, distal ao tubérculo maior. Realizar tricotomia de uma área generosa ao redor da articulação do ombro, de aproximadamente 3 × 3 cm, sobre esse ponto de referência e preparar a pele de forma estéril. Cortar um orifício em um campo cirúrgico estéril e colocá-lo sobre o membro, com o orifício posicionado sobre o ponto de referência identificado.
3. Se estiver usando um anestésico local, fazer a infusão de 1-2 mL (lidocaína) no tecido subcutâneo e no periósteo. Cuidado especial deve ser tomado para infiltrar o periósteo na área de coleta e aguardar o tempo apropriado para que o anestésico faça efeito.
4. Aspirar de forma estéril 1-2 mL de EDTA para uma seringa de 10 mL. Remover o estilete da agulha de aspiração, conectar a seringa contendo EDTA à agulha de aspiração, passar uma pequena quantidade de EDTA pela agulha para cobrir o interior da agulha e reinserir o estilete.
5. Usando a mão não dominante, girar para fora (abduzir) o membro torácico, de modo que o aspecto cranial do membro fique voltado para cima e paralelo à mesa.
6. Fazer uma pequena incisão com uma lâmina de bisturi no local de aspiração.

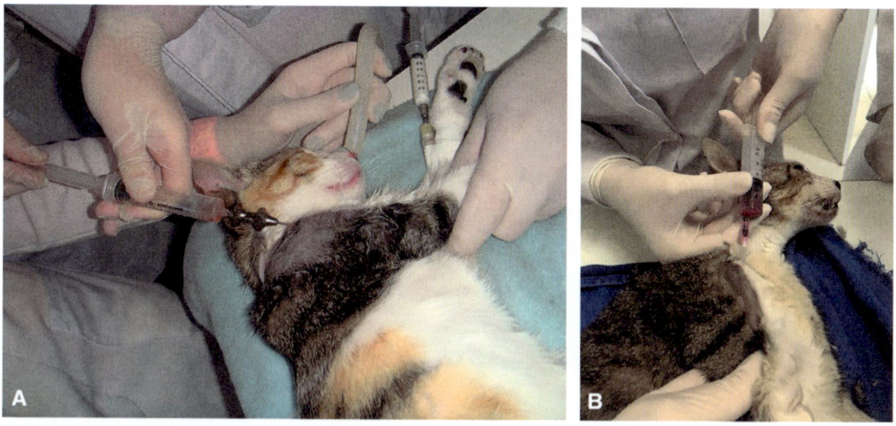

FIGURA 1. Coleta de aspirado de medula óssea no úmero proximal. **A:** utilizando agulha Rosenthal. **B:** coleta em um cadáver com agulha 40 × 12. Neste caso, é importante utilizar um mandril para perfurar adequadamente as trabéculas ósseas e não entortar o bisel.

Fonte: arquivo pessoal da autora (A); imagem cedida por Stella de Faria Valle (B).

7. A base da agulha deve estar firmemente assentada na palma da mão e a ponta da agulha deve estar estabilizada entre o polegar e o dedo indicador.
8. Usando a mão dominante, inserir a agulha de medula óssea (com estilete) através da incisão na área plana previamente identificada, perpendicular ao eixo longo do úmero.
9. Avançar a agulha aplicando pressão moderada para a frente, enquanto gira lentamente a agulha nos sentidos horário e anti-horário. Avançar lentamente a agulha até que esteja bem encaixada no osso. Todas as tentativas devem ser feitas para torcer com o pulso sem mover o cotovelo.
10. Uma vez que a agulha esteja firmemente inserida no osso, remover o estilete, conectar a seringa de 10 mL contendo o EDTA e aspirar várias vezes, ou até que uma pequena quantidade de sangue encha a seringa. A medula é aspirada pela aplicação de curtos surtos de pressão negativa, com uma ação de bombeamento do êmbolo da seringa. Esse tipo de ação, em vez de uma pressão lenta, é necessário para ajudar a desalojar as partículas da medula.
11. Parar de aspirar assim que 1-2 mL de material for recuperado. A coleta de muita amostra da medula óssea pode causar hemodiluição. Se nenhum conteúdo for coletado, recolocar o estilete, avançar ou reposicionar a agulha e reaspirar. O material da medula óssea é facilmente aspirado, a menos que haja doença grave e a medula esteja esclerótica. Se nenhuma amostra de medula óssea for obtida em três tentativas em um único local, a agulha de medula óssea deve ser removida e a coleta, realizada de um local diferente (local oposto ou diferente).
12. Se nenhuma amostra de medula óssea for obtida em tentativas de aspiração em três locais diferentes, esfregaços diretos e de sedimentos devem ser feitos de qualquer material aspirado e biópsias de medula óssea devem ser coletadas.
13. Assim que a amostra for coletada, retirar a seringa e imediatamente expulsar seu conteúdo na placa de Petri. Um aspirado bem-sucedido terá sangue com muitas gotículas lipídicas (brilhantes, refratárias ou reluzentes) e espículas ósseas (manchas opacas ou granulares) (Figura 2). Reaspirar se não forem identificadas espículas.
14. Se forem identificadas espículas, inclinar a placa de Petri para permitir que o sangue escorra para um lado e as espículas irão aderir ao fundo da placa. Usar um tubo de micro-hematócrito para coletar de 3 a 6 espículas e bater ou soprar as espículas em uma lâmina de microscópio. Pelo menos 5-6 esfregaços são recomendados se houver partículas suficientes de medula óssea disponíveis.
15. Colocar uma segunda lâmina de microscópio em cima da lâmina que contém as espículas e, com o mínimo de pressão, espalhar as espículas na lâmina. Secar rapidamente a lâmina ao ar, ou usando um dispositivo de secagem de lâminas.

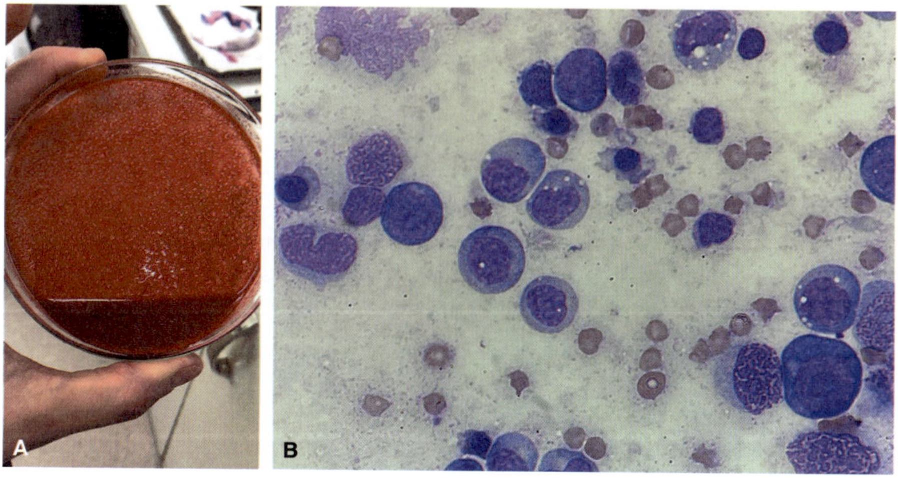

FIGURA 2. **A:** placa com amostra de aspirado de medula óssea, com gordura e as espículas. Neste caso, era uma medula hipercelular. **B:** provável leucemia mieloide aguda com diferenciação monocítica. Paciente positivo para o vírus da leucemia viral felina na PCR de medula óssea e negativo no teste rápido de antígeno. Coloração Wright-Giemsa, aumento de 100x em imersão.

Fonte: imagem cedida por Stephanie Nunes de Almeida (A); imagem cedida por Stella de Faria Valle (B).

16. Repetir o mesmo processo para criar vários *slides*. As lâminas devem ser rotuladas e enviadas (sem coloração) para avaliação citológica. Guardar 2 ou 3 lâminas não coradas para possíveis outros usos (p. ex., teste do vírus da leucemia felina por anticorpo imunofluorescente, coloração fúngica).

Coleta de biópsia de medula óssea:

1. Após a coleta do aspirado de medula óssea, devem ser coletadas biópsias de medula óssea. Esses locais são preparados como para o aspirado de medula óssea, conforme descrito anteriormente.
2. A agulha é introduzida na medula (sem o estilete) e uma amostra de tecido é obtida girando a agulha em um movimento de vaivém.
3. A agulha é retirada sem recolocar o estilete.
4. A biópsia deve ser retirada da agulha usando uma outra agulha de calibre 25 G, empurrando de forma retrógrada pela maior parte da agulha coletora (não pela pequena abertura na ponta da agulha). Isso ajuda a evitar a distorção celular.
5. O tecido coletado pode ser encostado em uma lâmina para exame citológico e deve ser imediatamente colocado em um mínimo de 2 mL de 10% de formalina tamponada neutra e encaminhado para avaliação histológica. As

biópsias fixadas em formalina devem ser embaladas separadamente da amostra citológica e dos esfregaços citológicos, para evitar exposição a vapores de formalina, que podem resultar em má coloração citológica.

POSSÍVEIS COMPLICAÇÕES

- Fratura óssea.
- Lesão do nervo ciático.

LITERATURA SUGERIDA

Grindem CB, Neel JA, Juopperi TA. Cytology of bone marrow. Vet Clin North Am Small Anim Pract. 2002;32(6):1313-74, vi.

Rudloff E. Bone marrow sampling. Clinician's Brief. May 2013.

Stacy NI, Harvey JW. Bone marrow aspirate evaluation. Vet Clin North Am Small Anim Pract. 2017;47(1):31-52.

Tásker S. QRG 5.4.3 Obtaining bone marrow samples. In Harvey A, Tasker S, editors. BSAVA Manual of Feline Practice: A Foundation Manual. Gloucester: BSAVA; 2013. p.183-6.

Tomason JM. Bone marrow aspiration. In: Norsworthy GD, editor. The feline patient. 5. ed. Ames: Wiley Blackwell; 2018. p.895-7.

12

Cistocentese

Fernanda Vieira Amorim da Costa

O PULO DO GATO

A cistocentese diagnóstica é escolhida quando se deseja uma amostra de urina estéril, livre de contaminantes do trato urinário inferior ou da pele.

Também é utilizada para a descompressão temporária da bexiga antes da desobstrução uretral.

Pode ser realizada com o auxílio da ultrassonografia ou às cegas. A técnica às cegas possui limitações como a dificuldade em puncionar a bexiga de pacientes obesos e com baixo volume de urina.

INTRODUÇÃO

A cistocentese refere-se à punção de uma cavidade oca do corpo, como a bexiga urinária (cisto-), com o objetivo de extrair fluido (-centese), como a urina. A cistocentese visa à obtenção de urina diretamente da bexiga por meio da inserção de uma agulha na sua parede. É um procedimento comum na clínica de felinos e é considerada o método ideal para obtenção de urina para urinálise e cultura e teste de suscetibilidade a antimicrobianos. A cistocentese ajuda a prevenir a contaminação (p. ex., com bactérias, hemácias, glóbulos brancos ou detritos originários do trato urinário inferior e região perineal) que pode ocorrer com amostras de urina colhidas por micção natural ou através da cateterização da uretra.

O diagnóstico de cistite bacteriana é simplificado por meio da cistocentese, pois esta providencia amostras estéreis de urina para o diagnóstico, e contagens bacterianas quantitativas devem ser analisadas ao avaliar amostras colhidas de outra maneira. A hematúria pode ser observada em amostras de cistocentese, embora seja frequentemente iatrogênica e autolimitante.

Quando está cheia, a bexiga urinária pode ser facilmente palpada na maioria dos pacientes; no entanto, a palpação pode não ser viável em alguns casos, como pacientes obesos, com baixo volume de urina ou com anormalidades anatômicas (p. ex., bexiga pélvica).

INDICAÇÕES

A indicação para a realização da cistocentese é a necessidade da coleta de amostras de urina. A maioria das amostras de cistocentese é usada para urinálise, urocultura e teste de sensibilidade a antimicrobianos. Outros testes diagnósticos podem incluir razão proteína:creatinina, concentração de cortisol e de catecolaminas, PCR para diagnóstico de leptospirose e concentração de eletrólitos na urina.

A cistocentese também pode ser usada para alívio terapêutico e restabelecimento da taxa de filtração glomerular em pacientes com obstrução urinária secundária a urólitos, tampões uretrais e/ou neoplasia. A cistocentese descompressiva pode aliviar o desconforto do paciente antes da resolução da obstrução urinária, diminuindo a pressão intraluminal da bexiga e facilitando a retropulsão dos tampões/urólitos uretrais, potencialmente facilitando a cateterização.

A cistocentese descompressiva deve ser realizada com materiais adicionais para a coleta de grande volume de urina, e uma torneira de três vias para permitir a inserção de uma única agulha em vez de múltiplas inserções. Embora a cistocentese descompressiva tenha sido desencorajada anteriormente, estudos sugeriram que há risco mínimo de ruptura da bexiga e uroperitônio.

CONTRAINDICAÇÕES E COMPLICAÇÕES

Existem algumas condições nas quais a cistocentese deve ser totalmente evitada:

- Em pacientes com piodermite, para evitar possível introdução de bactérias na cavidade abdominal.
- Em pacientes instáveis, pois colocá-los em decúbito dorsal ou lateral pode levar à descompensação do estado hemodinâmico.
- Em pacientes que podem ter neoplasia na bexiga, pois a cistocentese nesses pacientes pode aumentar o risco de disseminação de células neoplásicas na cavidade abdominal.
- Em pacientes com risco de sangramento, quando se recomenda avaliar a coagulação antes de realizar o procedimento.

A cistocentese cega é contraindicada em pacientes com distúrbios reprodutivos (p. ex., piometra). Volume vesical inadequado ou gordura corporal excessiva também dificultam o procedimento sem auxílio de ultrassonografia, pois a bexiga não pode ser palpada ou imobilizada manualmente. A cistocentese pode ser difícil de ser realizada em pacientes com efusão abdominal e, nesses casos, deve ser realizada com orientação ultrassonográfica.

Como complicações, pode-se citar a ocorrência de laceração ou perfuração de vasos sanguíneos intra-abdominais (p. ex., aorta) que podem causar hemorragia com risco à vida. Em pacientes que desenvolvem hemoabdome ou uroabdome após cistocentese que não podem ser estabilizados com tratamento conservador, a cirurgia exploratória abdominal pode ser necessária. Outras possíveis complicações incluem hematoma da parede da bexiga, ruptura da parede da bexiga levando a uroabdome, coágulos sanguíneos intravesiculares, peritonite focal, peritonite séptica em pacientes com cistite bacteriana, abscesso da parede abdominal, hematoma da parede da aorta ou da bexiga e descolamento de sua mucosa.

Após a cistocentese, uma pequena quantidade de gás pode ser introduzida na bexiga urinária iatrogenicamente, normalmente sem consequências clínicas. A evidência dessa ocorrência pode ser vista na ultrassonografia, após a conclusão do procedimento, e aparece como linhas hiperecoicas paralelas, orientadas horizontalmente, reverberando do gás introduzido.

A bexiga deve sempre ser manuseada fisicamente de maneira gentil, especialmente em casos de suspeita de obstrução uretral, em que a bexiga pode estar grande, túrgida e dolorida. Embora raro, se a bexiga for manuseada de forma muito agressiva, o nervo vago pode ser estimulado, provocando uma resposta vagal que pode se manifestar como fraqueza ou colapso. O colapso vasovagal foi relatado em gatos após cistocentese: dois pacientes desenvolveram bradicardia, hipersalivação, micção, fraqueza, vômito e defecação após uma cistocentese cega. Ambos os gatos se recuperaram sem intercorrências com cuidados de suporte, que incluíram principalmente oxigenoterapia.

Em casos extremos, como na obstrução uretral, em que a bexiga está muito cheia e muito firme, uma combinação de manipulação da bexiga e vazamento de urina para o abdome a partir do local da punção da agulha pode resultar em dor, a ponto de provocar choque, cujos sintomas podem incluir colapso, fraqueza extrema, vocalização, cor pálida da membrana mucosa ou vômitos.

TÉCNICA

Como os gatos se estressam facilmente, a urina deve ser coletada em uma sala silenciosa, em um local confortável, longe de cães latindo e de outros ruídos altos (como lavanderia ou saguão). Os proprietários, se presentes, devem ser encorajados a manter a calma. O estágio da vida, a condição corporal e o temperamento ajudarão a determinar a preparação e a técnica do paciente. Para gatos idosos ou geriátricos nos quais a artrite ou outras condições dolorosas podem ser consideradas, a medicação para dor deve ser administrada com antecedência. Para gatos que parecem apreensivos, o feromônio facial sintético felino pode ser usado antes da contenção, para aliviar a ansiedade.

A cistocentese geralmente é realizada com orientação ultrassonográfica, embora isso não seja necessário, ou seja, pode ser realizada às cegas. O uso da ultrassonografia pode auxiliar na visualização direta da agulha no lúmen da bexiga urinária, evitando lesões iatrogênicas das estruturas vizinhas (Figura 1). O tamanho relativo da bexiga, a ecogenicidade de seu conteúdo e quaisquer anormalidades estruturais óbvias também podem ser observados.

Uma vantagem primária da cistocentese cega é que ela não requer equipamento especial. O procedimento geralmente é realizado em pacientes acordados, mas a sedação deve ser considerada em pacientes reativos ou não cooperativos.

Materiais necessários

- Máquina de tosa (se necessário).
- Solução antisséptica (clorexidina diluída ou preparação à base de iodo).
- Agulha 25 × 0,7 mm 22 G; 25 G para filhotes.
- Seringa de 10 mL.
- Tubos de coleta (tubo de vidro de tampa vermelha ou qualquer tubo vazio sem conservantes) – um tubo estéril sem aditivo geralmente é recomendado para cultura.
- Aparelho de ultrassonografia (somente para cistocentese guiada por ultrassonografia).
- Agente sedativo, se necessário.
- Suprimentos adicionais se for remover um grande volume de urina: scalp (cateter borboleta) 23 ou 21 G; extensor de linha de infusão, torneira de três vias, seringa de 20 mL, calha em V (opcional).

Preparação e posicionamento do paciente

Dependendo da preferência do clínico e do temperamento do paciente, um membro da equipe pode segurá-lo. Os pacientes podem ser posicionados em decúbito dorsal ou lateral. Uma calha em V pode ajudar a manter o conforto do paciente em decúbito dorsal. A cistocentese em estação, que envolve a punção através da parede abdominal lateral, foi descrita como segura e eficaz e pode ser menos estressante para os gatos. Embora não haja dados baseados em evidências,

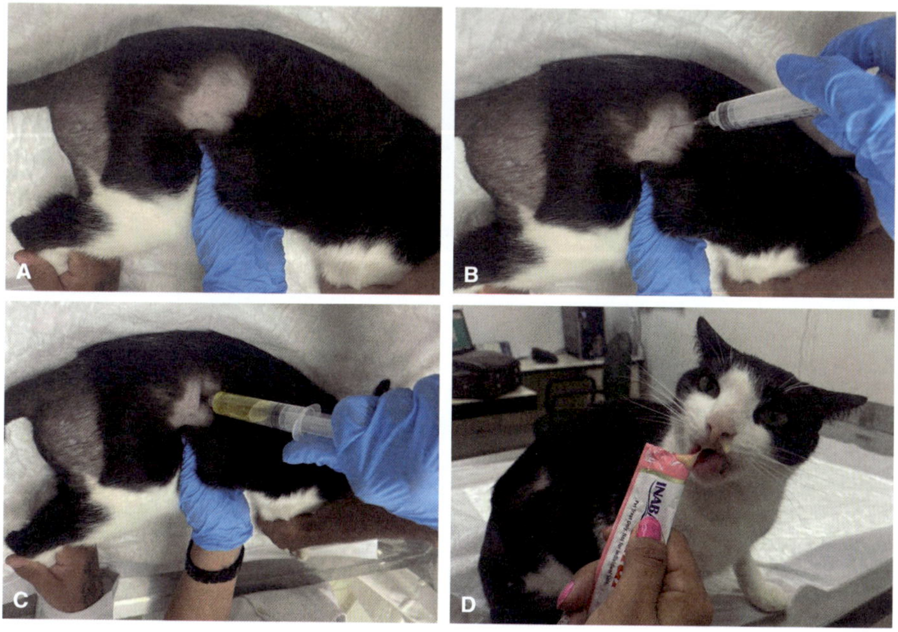

FIGURA 1. Cistocentese cega sendo realizada em um gato em decúbito lateral. **A:** a bexiga é palpada com a mão não dominante e isolada dorsalmente de outros órgãos, contra a parede abdominal e a coluna vertebral. Por ser oca e cheia de líquido, deve parecer um balão cheio de água. A bexiga de tamanho médio terá aproximadamente o tamanho de um limão grande, mas pode variar do tamanho de uma noz a uma laranja grande. **B:** após bater levemente na bexiga com um dedo para confirmar que ela parece saltitante, como se estivesse batendo em um balão de água, segura-se a seringa e a agulha com a mão dominante e perfura-se através da pele e diretamente na bexiga isolada dorsalmente, idealmente em um ângulo de 45 graus. Uma vez que a agulha tenha sido inserida na bexiga, a seringa deve ser aspirada para coletar a urina. **C:** quando a seringa estiver cheia, deve-se parar a aspiração e retirar a seringa e a agulha bem devagar. Aspirar quando a agulha é retirada pode resultar em vazamento de urina, hemorragia ou contaminação da amostra. Assim, quando a seringa estiver cheia, para-se a aspiração e, então, após parar a aspiração, retiram-se a seringa e a agulha. **D:** indica-se recompensar o gato após o procedimento para favorecer sua cooperação quando houver a necessidade de realizar este ou outros tipos de procedimentos.

Fonte: arquivo pessoal da autora.

recomenda-se preparar a região com tricotomia e antissepsia sempre que possível, para minimizar o risco de peritonite bacteriana iatrogênica.

Passo a passo da cistocentese guiada por ultrassonografia

1. Colocar o paciente em decúbito dorsal ou lateral. Palpar suavemente o abdome caudal para isolar a bexiga urinária e mantê-la fixa.
2. Usando um transdutor de ultrassonografia, visualizar a bexiga urinária. Inserir a agulha conectada a uma seringa de aproximadamente 5 a 10 mm cranial à sonda de ultrassonografia. Introduzir a agulha em um ângulo de 45 graus em relação ao transdutor e atravessar a parede do abdome em uma orientação craniocaudal.
3. Visualizar a agulha (aparece como uma linha hiperecoica com sombreamento distal), e então avançá-la para o lúmen da bexiga urinária, terminando perto da junção da bexiga e da uretra (trígono vesical). Deve-se evitar encostar a ponta da agulha no transdutor durante a cistocentese, pois arranhar sua superfície diminui sua vida útil e pode afetar a qualidade da imagem.
4. Aplicar pressão negativa na seringa para obter a amostra e então liberar a pressão negativa e retirar lentamente a agulha.
5. Uma varredura repetida da área da bexiga urinária, especialmente ao longo do trajeto da agulha e logo cranial ao ápice da bexiga, pode ser realizada para avaliar a evidência de vazamento de urina.

Passo a passo da cistocentese cega (Figura 1)

1. Com o paciente em decúbito lateral ou dorsal e um membro da equipe segurando o paciente, palpar suavemente o abdome caudal e isolar a bexiga urinária.
2. Usando uma leve pressão digital, segurar a bexiga urinária com uma mão. Se o paciente estiver em decúbito dorsal, inserir a agulha com a seringa acoplada em uma orientação craniocaudal e um ângulo de 45 graus em relação à parede corporal. Se o paciente estiver em decúbito lateral, inserir a agulha em uma orientação craniocaudal enquanto se aproxima da bexiga urinária pela sua face lateral.
3. Aplicar pressão negativa na seringa para obter a amostra e então liberar a pressão negativa e retirar a agulha lentamente.

CONSIDERAÇÕES IMPORTANTES

- Deve-se evitar mover ou reposicionar a agulha na cavidade abdominal. Se a urina não for obtida após a primeira aspiração, ou se for observado sangue no canhão da agulha, deve-se puxar a agulha diretamente para fora sem reposicioná-la, para evitar laceração de quaisquer estruturas importantes, vazamento de urina, hemorragia ou contaminação da amostra. A agulha também deve ser removida rapidamente se o paciente não cooperar. Usar uma nova agulha para cada tentativa de cistocentese, mas somente se uma segunda tentativa for seguramente indicada. Se for obtido sangue óbvio durante a cistocentese, indica-se interromper a aspiração e as tentativas.
- Deve-se excluir hemorragia significativa avaliando frequência cardíaca, pressão arterial, frequência respiratória e cor das membranas mucosas do paciente. Isso deve ser feito imediatamente e pelo menos a cada 15 minutos durante a primeira hora. O hematócrito e a proteína total devem ser avaliados em pacientes com suspeita de hemorragia significativa. Avaliar a cavidade abdominal imediatamente e novamente 15 minutos depois, usando a ultrassonografia para procurar por líquido abdominal livre. Considerar a amostragem do líquido abdominal se houver uma quantidade leve a moderada de líquido para descartar uroabdome ou hemoabdome.
- Se a bexiga urinária for muito pequena para obter uma amostra, aguardar de 30 a 120 minutos e, em seguida, reavaliar o tamanho da bexiga urinária. A administração de fluidos (IV ou SC) pode ajudar a aumentar o volume de urina, mas certos resultados (p. ex., densidade urinária) podem ser distorcidos.

LITERATURA SUGERIDA

Hall J, Hall K, Powell LL, Lulich J. Outcome of male cats managed for urethral obstruction with decompressive cystocentesis and urinary catheterization: 47 cats (2009-2012). J Vet Emerg Crit Care (San Antonio). 2015;25(2):256-62.

Ikegami H, Azakawa N. A study of lateral cystocentesis in standing position to dogs and cats. J Anim Clin Med. 2014;23(1):21-4.

Krawec P, Odunayo A. Cystocentesis. Clin Brief. 2020:61-8.

Kruger JM, Osborne CA, Ulrich LK. Cystocentesis. Diagnostic and therapeutic considerations. Vet Clin North Am Small Anim Pract. 1996;26(2):353-61.

Lovelace K. Venipuncture and cystocentesis. In: Schmeltzer LE, Norsworthy GD, editors. Nursing the feline patient. Ames: John Wiley & Sons; 2012. p.66-8.

Nyland TG, Wallack ST, Wisner ER. Needle-tract implantation following us-guided fine-needle aspiration biopsy of transitional cell carcinoma of the bladder, urethra, and prostate. Vet Radiol Ultrasound. 2002;43(1):50-3.

Scherck M. QRG 4.11.4 Cystocentesis. In: Harvey A, Tasker S, editors. BSAVA Manual of Feline Practice – A Foundation Manual. Gloucester: BSAVA; 2013. p.159-60.

13

Abdominocentese

Christine Souza Martins

O PULO DO GATO

A abdominocentese é uma técnica simples de coleta de fluido acumulado na cavidade peritoneal.

Um exame físico detalhado, incluindo palpação abdominal, pode dar uma boa noção da presença de líquido ou de outros aumentos de volume, que podem complicar a punção.

Gatos com grandes aumentos de volume abdominal podem estar com dificuldades respiratórias e, portanto, cuidados na contenção serão necessários.

As amostras do líquido coletado devem ser submetidas à avaliação laboratorial.

INTRODUÇÃO

O procedimento de abdominocentese consiste na punção da cavidade abdominal com o objetivo de drenar líquidos patologicamente acumulados.

INDICAÇÕES

A abdominocentese é indicada sempre que houver a suspeita, considerada no exame físico, ou a certeza (evidente distensão abdominal ou líquido visualizado no exame ultrassonográfico) da presença de líquido na cavidade peritoneal (Figura 1).

A suspeita da presença de líquido em excesso pode ser determinada durante a anamnese, com relato de trauma abdominal. No caso dos gatos, os traumas abdominais ocorrem por uma variedade de situações típicas da espécie, como quedas de grandes alturas, atropelamentos, ataques de cães, entre outras. A suspeita

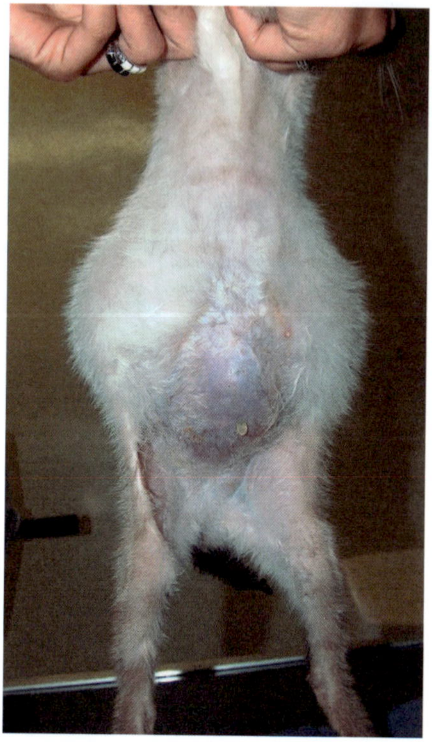

FIGURA 1. Evidente distensão abdominal com presença de líquido em gato jovem com diagnóstico de peritonite infecciosa felina efusiva. suspeita clínica determinada após a avaliação laboratorial do fluido coletado por abdominocentese.

Fonte: arquivo pessoal da autora.

também pode ser iniciada pela perda de detalhamento nas radiografias abdominais. Outros sinais clínicos podem estar associados à causa de base e podem ser variados, incluindo dispneia, febre, edemas periféricos, anorexia, dor abdominal etc.

No exame físico, a palpação abdominal superficial e profunda já pode indicar a presença de líquido, especialmente em grandes quantidades.

A melhor maneira de confirmar essa suspeita, especialmente quando o volume acumulado é pequeno, é a realização de um exame ultrassonográfico, mesmo que na modalidade emergencial, o que pode ser realizado pelo próprio clínico no contexto ambulatorial (AFAST).

A coleta do líquido mais comumente tem objetivos diagnósticos, isto é, a obtenção de amostras para avaliação laboratorial. Eventualmente, a drenagem do líquido também pode ter objetivos terapêuticos, de aliviar o desconforto do acúmulo de grandes volumes e diminuir a pressão intra-abdominal, que pode estar dificultando o fluxo sanguíneo visceral e fazendo compressão no diafragma e estômago, causando dificuldades respiratórias e anorexia. Mas devemos estar cientes de que o alívio é apenas temporário e que o diagnóstico da causa de base é o objetivo primordial.

TÉCNICA

Preparação do paciente

Se o gato estiver tranquilo, um mínimo de contenção em decúbito lateral é necessária. No entanto, analgesia ou sedação leve podem ser indispensáveis. Para gatos muito medrosos e reativos, recomenda-se anestesia geral para viabilizar o procedimento. Antes de decidir sobre a contenção química, deve-se levar em consideração a possibilidade de que o acúmulo de líquido pode estar relacionado com doença cardíaca ou hepática graves e, por isso, devem ser feitos ajustes no manejo e na escolha dos fármacos.

São essenciais um bom exame físico, que inclui palpação superficial e profunda do abdome, uma auscultação cuidadosa, e a atenção necessária para avaliar essas suspeitas clínicas e ter uma boa noção do estado hemodinâmico do gato.

Procedimento

Para otimizar o procedimento, deve-se separar todo o material necessário com antecedência (Quadro 1).

- Antes da punção, é necessário realizar uma boa palpação do abdome em busca de aumentos de volume sólidos ou para verificar se a bexiga está repleta, o que pode atrapalhar o acesso.
- Com o gato em decúbito lateral, uma área de no mínimo 10 cm ao redor da cicatriz umbilical deve ser preparada. Inicia-se com tricotomia e prossegue-se para antissepsia com clorexidina degermante a 4%.
- Se a quantidade de líquido é considerada muito pequena, é recomendável recorrer ao auxílio da ultrassonografia. Esse exame também é útil se houver massas palpáveis.
- A agulha é inserida perpendicular à parede abdominal, cerca de 1,0 a 2,0 cm caudal à cicatriz umbilical, e aproximadamente 1,0 cm ventral à linha alba. Mantendo essa distância da cicatriz umbilical, outros locais também podem ser puncionados, marcando quatro quadrantes ao redor (Figura 2).
- Devem-se evitar movimentos angulares da agulha quando já estiver dentro do abdome.

QUADRO 1

Material necessário para a realização da abdominocentese

- Material para tricotomia (máquina de tosa).
- Lidocaína (2%).
- Solução para antissepsia do local (clorexidina, álcool).
- Agulha (25 x 7 ou 25 x 8) acoplada a seringa ou extensor de cateter ou scalp n. 21 ou 23.
- Luvas estéreis.
- Seringas de 5-20 mL.
- Tubos de coleta de amostras: um tubo com EDTA (tampa roxa), um para análise bioquímica (tampa vermelha), um tubo estéril para análise microbiológica.

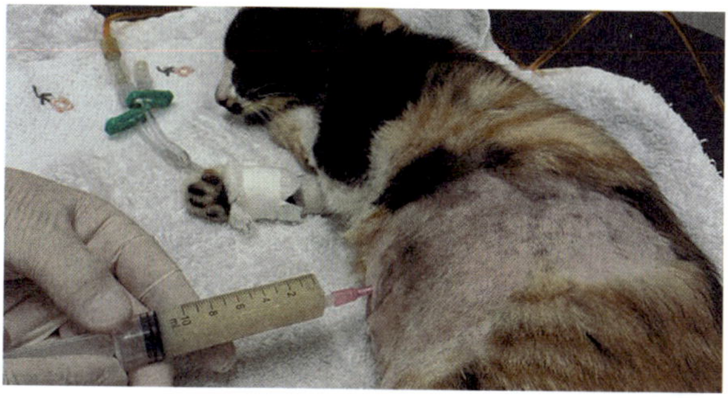

FIGURA 2. Abdominocentese sendo realizada em gata com distensão abdominal. Foi coletado líquido turvo e denso, com aspecto semelhante a pus, mas depois da análise diagnosticado como gordura adominal liquefeita consequência de uma grave pancreatite necrotizante aguda, comprovada na laparotomia.

Fonte: arquivo pessoal da autora.

- Pode-se utilizar um cateter para fazer a punção, mas, por seu material flexível, ele pode se dobrar e não permitir a drenagem.
- O fluido é aspirado e as primeiras amostras são colocadas em tubos (com e sem anticoagulante) para serem encaminhadas para análise laboratorial e cultura bacteriana.
- Se nenhuma quantidade de fluido é resgatada na primeira tentativa, recomenda-se o auxílio da imagem ultrassonográfica ou a alteração do local de entrada da agulha. Quantidades menores que 5,0 mL/kg podem não ser passíveis de drenagem.
- Uma alternativa para a coleta de pequenas quantidades de fluido é a utilização de um cateter de diálise peritoneal, que possui várias fenestras, ou um cateter venoso de grosso calibre, que pode ser adaptado de maneira semelhante.

RISCOS E CONTRAINDICAÇÕES

As principais contraindicações associadas ao procedimento são coagulopatia e presença de aumento do volume de órgãos, especialmente o baço (esplenomegalia).

Os riscos envolvidos no procedimento são a perfuração de uma víscera, a contaminação bacteriana da cavidade peritoneal e hemorragias locais. Essas complicações podem ser evitadas mantendo os alguns cuidados básicos:

- Boa limpeza e antissepsia do local e ao redor.
- Considerar a necessidade do auxílio da ultrassonografia se forem detectados aumentos de volume sólidos ou gasosos à palpação.
- Evitar locais próximos de cicatrizes de cirurgias abdominais prévias, pois pode haver aderências viscerais.
- O decúbito lateral esquerdo é melhor para evitar a área do baço.

Na eventualidade de a punção alcançar o baço, somente se esperam problemas na presença de coagulopatias. Há ainda o risco de descompressão visceral após a drenagem, mas isso só vai ser um problema quando o acúmulo de líquido é muito grande e a drenagem é feita muito rapidamente.

LITERATURA SUGERIDA

Hijfte MF. Abdominal effusion. In: Harvey A, Tasker S, editors. BSAVA Manual of feline practice. Gloucester: BSAVA; 2013. p.161-6.

Jandrey KE. Abdominocentesis and diagnostic peritoneal lavage. In: Silverstein DC, Hopper K, editors. Small animal critical care medicine. 2. ed. St. Louis: Elsevier Saunders; 2015. p.1036-9.

Valenciano AC, Rizzi TE. Abdominal, thoracic, and pericardial effusions. In: Valenciano AC, Cowell RL, editors. Cowell and Tyler's Diagnostic Cytology and Hematology of the Dog and Cat. St. Louis: Elsevier; 2020. p.229-46.

14

Toracocentese

Christine Souza Martins

O PULO DO GATO

A toracocentese é um procedimento diagnóstico e ao mesmo tempo terapêutico, por aliviar a dificuldade respiratória de um gato com desordens pleurais.

O procedimento é considerado seguro, desde que executado por um profissional treinado.

A drenagem de líquido do espaço pleural pode ser feita sem o auxílio de imagem ultrassonográfica, exceto se o líquido estiver compartimentalizado.

Adiar ou não fazer a toracocentese por ter dúvidas se ela é mesmo necessária causa mais mortes do que a constatação posterior de que era desnecessária.

INTRODUÇÃO

A toracocentese é um procedimento essencial diante de um gato com suspeita de afecções do espaço pleural (efusão ou pneumotórax), visto que tem valor diagnóstico e terapêutico. Considerando a frequência com que nos deparamos com efusões pleurais nos pacientes felinos, o domínio dessa técnica deve fazer parte do conjunto de habilidades de um bom clínico de felinos.

INDICAÇÕES

A toracocentese é indicada sempre que houver a suspeita de desordens no espaço pleural (efusão pleural ou pneumotórax). Na maioria das vezes, essa suspeita já é cogitada desde a anamnese ou na observação cuidadosa do padrão respiratório do gato.

O objetivo principal é a estabilização rápida de um gato com sérias dificuldades respiratórias em decorrência do acúmulo de líquido ou ar no espaço pleural. Certamente, um benefício secundário e bastante importante é a obtenção de amostras do líquido acumulado para análise, de modo a possibilitar a determinação da etiologia primária da efusão. O líquido obtido não deve ser desperdiçado e, diante da incerteza da etiologia, deve ser enviado para diversas análises laboratoriais.

TÉCNICA

O domínio da técnica de execução da toracocentese é essencial para obter os benefícios associados a ela. Apesar da possibilidade de complicações, o emprego de delicadeza e precisão em um paciente que pode estar instável se torna primordial e salva vidas.

Pode ser necessário realizar a sedação ou até mesmo anestesia em um paciente que esteja muito dispneico e reativo.

Uma vez constatada ou na suspeita da presença de efusões pleurais ou pneumotórax, o gato deve receber oxigênio suplementar antes do início do procedimento (ver capítulo 8 – Oxigenoterapia). Materiais necessários para intubação traqueal devem estar disponíveis para uma eventualidade de descompensação respiratória durante a toracocentese.

O ideal é que a toracocentese seja feita por 2 ou 3 pessoas, sendo uma responsável pela contenção e posicionamento do gato, e as outras pela inserção e estabilização da agulha, além da aspiração do conteúdo e manipulação da torneira de três vias (Figura 1).

O ambiente deve ser silencioso, para não aumentar o estresse do paciente. Todo o material necessário (e eventuais substitutos) devem ser separados previamente, a fim de evitar que alguém tenha que se ausentar com pressa para buscar alguma coisa que tenha faltado (Quadro 1).

O procedimento se desenvolve da seguinte maneira:

1. É feita a tricotomia ampla no lado do tórax escolhido para o procedimento ou até dos dois lados, se necessário.
2. Deve-se realizar a antissepsia cuidadosa, com especial atenção aos pelos ao redor.
3. O gato é mantido em decúbito esternal ou delicadamente contido nos braços de um auxiliar. Caso o gato se incomode com o posicionamento, há a opção

de deixá-lo com mínima contenção sobre um apoio de toalhas, por exemplo, ou até sentado (Figura 1).

4. Localiza-se o 7º ou 8º espaço intercostal. Pode-se fazer uma pequena marca de caneta para não precisar contar novamente os espaços caso a primeira inserção não seja bem-sucedida.
5. Para a drenagem de efusão, o ponto de entrada ideal é no terço ventral e, para drenagem de ar, o ponto ideal é no terço dorsal do tórax.

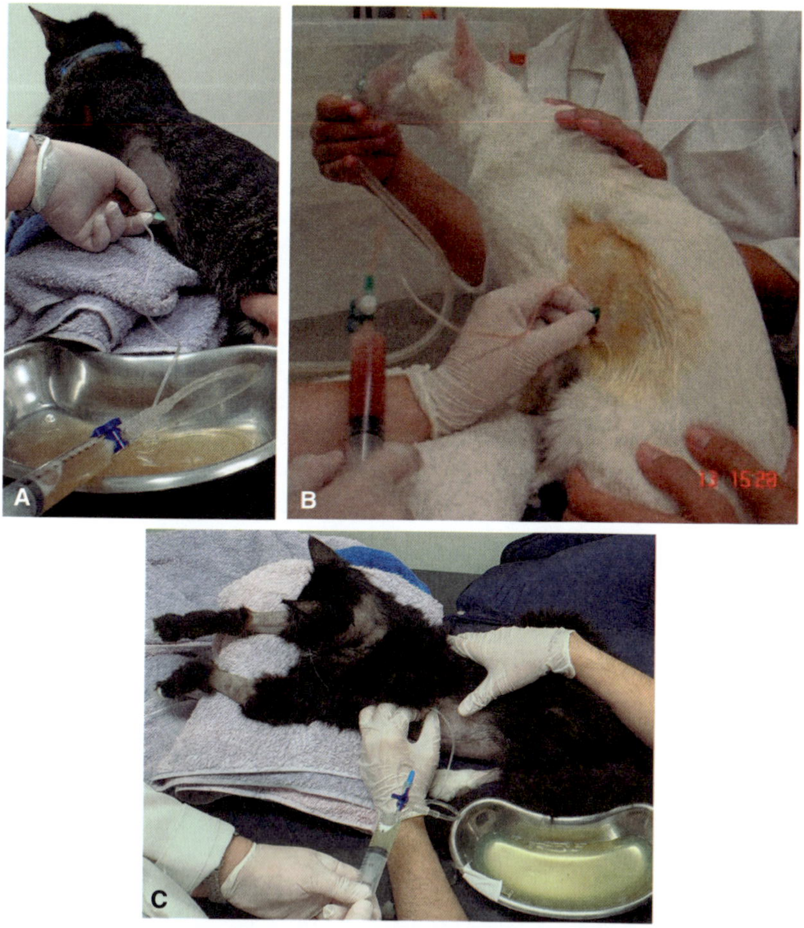

FIGURA 1. Gatos confortavelmente posicionados com a parte cranial elevada **(A, C)** ou sentado **(B)**, com mínima contenção, para o procedimento da toracocentese com a participação de duas pessoas. O gato na foto A foi sedado para o procedimento.

Fonte: arquivo pessoal da autora.

QUADRO 1

Material necessário para a realização da toracocentese

- Material para tricotomia (máquina de tosa)
- Lidocaína (2%)
- Solução para antissepsia do local (clorexidina, álcool)
- Scalp n. 21 ou 23 ou agulha calibre 25G com extensor de cateter
- Torneira de três vias
- Luvas estéreis
- Seringas de 10-20 mL
- Tubos de coleta de amostras: um tubo com EDTA (tampa roxa), um para análise bioquímica (tampa vermelha), um tubo estéril para análise microbiológica

6. Uma vez localizado o ponto ideal, pode ser feita uma pequena infiltração de anestesia local com lidocaína 2%, visando principalmente à musculatura intercostal. Deve-se esperar cerca de cinco minutos para o anestésico fazer seu máximo efeito. Alguns gatos se incomodam mais com a injeção do anestésico do que com o procedimento em si.
7. A agulha é inserida delicadamente, com o bisel voltado para baixo, em ângulo de cerca de 45 graus com a parede torácica, atravessando pele e musculatura intercostal, de preferência mais próximo do aspecto cranial da costela, para evitar lesões nos vasos e nervos que se localizam na região caudal da costela.
8. Assim que a agulha acessa o espaço pleural, ela é direcionada ventralmente, ficando praticamente paralela à parede torácica.
9. A torneira de três vias deve ser aberta e deve-se realizar a tentativa de sucção com a seringa acoplada.
10. Se houver sucesso na sucção do líquido, esse primeiro volume deve ser reservado para as avaliações laboratoriais.
11. Se na primeira tentativa não houver a recuperação de nenhuma quantidade de fluido, a agulha deve ser redirecionada delicadamente dentro do tórax antes de se decidir inseri-la novamente em outro ponto.
12. Se o fluido drenado tiver aparência de sangue puro, há de se considerar se a efusão é mesmo hemorrágica (não coagula) ou se ocorreu uma hemorragia iatrogênica a partir dos vasos intercostais (vai apresentar coagulação). Deve-se então retirar a agulha e avaliar a coagulação. Caso haja a constatação de que se trata mesmo de hemotórax (por trauma ou coagulopatia), a toracocentese só deve prosseguir se a dispneia continuar mesmo com suplementação de oxigênio. Do contrário, deve-se manter o animal estável e observar a possibilidade de ele necessitar de uma intervenção mais invasiva (toracotomia).
13. A drenagem deve ser continuada até a pressão negativa ser restabelecida, contando quantas seringas foram drenadas, para futuras referências.

14. Pode-se conectar a terceira via da torneira em um circuito que facilite o esvaziamento da seringa sem precisar desconectá-la.
15. Não se deve aplicar vácuo maior que 2,0 mL na seringa durante a drenagem, a fim de evitar trauma ao pulmão (que pode ser sugado na ponta da agulha).
16. A torneira de três vias é então fechada e a agulha, retirada do espaço pleural.
17. Deve-se certificar se haverá necessidade de drenar o outro lado do tórax. Para isso, pode-se fazer uma ultrassonografia rápida ou, se o paciente estiver estável, uma radiografia pós-drenagem. Coleções fluidas compartimentalizadas ou muito viscosas podem necessitar de drenagem bilateral ou guiada por ultrassonografia.

A técnica de utilizar o scalp para a toracocentese é mais fácil de ser executada, porém a agulha pode ser curta se o gato for obeso, fazendo-se necessário o uso de uma agulha hipodérmica acoplada a um extensor.

RISCOS E CONTRAINDICAÇÕES

Os principais riscos da toracocentese são a ocorrência do pneumotórax iatrogênico (por laceração pulmonar ou introdução de ar pelas vias de drenagem) e de hemorragia (por laceração de artérias intercostais ou da vasculatura pulmonar). Ambas podem ser evitadas com o uso de técnica apropriada e contenção adequada do paciente.

Há também o risco de contaminação, que pode ser evitada com o uso de técnicas limpas e preparação adequada do local da toracocentese. Gatos muito peludos podem precisar de maior isolamento da área de inserção, com o auxílio de panos de campo cirúrgico para evitar que pelos invadam a área já preparada.

Há risco de exacerbação da dispneia por causa da contenção. Se o paciente estiver muito reativo, haverá necessidade absoluta de sedação.

Nos casos de efusões crônicas, pode haver o risco de edema associado à rápida reexpansão pulmonar, quando forem drenadas grandes quantidades de líquido ou ar. Nesses casos, também há o risco de hipotensão.

Contraindicações relativas para a realização da toracocentese são doenças pleurais que não vão se beneficiar do procedimento, como pneumomediastino, hérnia diafragmática sem acúmulo de líquido e massa pleural. Outra contraindicação importante seria a constatação de uma coagulopatia grave.

MONITORAÇÃO PÓS-PROCEDIMENTO

O monitoramento da melhora ou piora do padrão respiratório pode ser uma boa indicação precoce da necessidade de continuar fazendo a drenagem ou a possibilidade de um pneumotórax iatrogênico. Recomenda-se também a ausculta-ção frequente do tórax. Considera-se importante a realização de radiografia pós-procedimento, para monitoramento e investigação da causa da efusão pleural.

Uma vez estabelecida a etiologia da efusão, outras possibilidades terapêuticas podem ser necessárias, como a colocação de um tubo de drenagem por toracotomia nos casos de piotórax, ou abordagem cirúrgica mais invasiva, caso se forme um pneumotórax de tensão.

LITERATURA SUGERIDA

Hibbert A. Thoracocentesis. In: Harvey A, Tasker S, editors. BSAVA Manual of feline practice. Gloucester: BSAVA; 2013. p.114-5.

Lombardi R, Savino E, Waddell LS. Pleural space drainage. In: Burkitt Creedon JM, Davis H, editors. Advanced monitoring and procedures for small animal emergency and critical care. Ames: Wiley-Blackwell; 2012. p.378-92.

Sigrist NE. Thoracocentesis. In: Silverstein DC, Hopper K, editors. Small animal critical care medicine. 2. ed. St. Louis: Elsevier Saunders; 2015. p.1029-31.

Tong CW, Gonzalez AL. Respiratory emergencies. Vet Clin North Am Small Anim Pract. 2020;50(6):1237-59.

Tseng LW, Waddell LS. Approach to the patient in respiratory distress. Clin Tech Small Anim Pract. 2000;15(2):53-62.

15

Desobstrução uretral

Heloisa Justen Moreira de Souza
Sarah Machado Castro
Kátia Barão Corgozinho

O PULO DO GATO

A obstrução uretral leva à restrição do fluxo urinário, o que pode resultar em crise urêmica, alterações na estrutura do rim e ureter e perda da função renal.

Constitui principalmente um problema de gatos machos; as fêmeas raramente são afetadas, pois têm uma uretra mais curta e mais larga.

Pode ser causada por cistite idiopática felina, espasmos uretrais, tampões uretrais, cálculos, neoplasia ou estenoses.

INTRODUÇÃO

A obstrução uretral em gatos é uma emergência urológica grave e que pode ser fatal caso o fluxo urinário não seja restaurado entre 24 e 48 horas. As causas mais comuns são os urólitos, tampões uretrais (mucoproteínas e/ou cristais, coágulos, restos teciduais, corpo estranho), assim como disfunção uretral (espasmos uretrais), vesical (atonia do detrusor) neoplasias e estenoses (Figura 1). Tal interrupção leva a um efeito prejudicial sobre a função renal, fazendo com que as condutas terapêuticas sejam de caráter emergencial.

A maior prevalência da obstrução uretral em gatos machos é justificada pelo maior comprimento da uretra, assim como menor elasticidade e menor diâmetro, quando comparada com a uretra da fêmea. A eliminação normal da urina requer o relaxamento dos esfíncteres uretrais externo e interno, além da contração do músculo detrusor. As metas da terapia em gatos com obstrução urinária são a restauração do fluxo uretral normal e a correção das anormalidades bioquímicas e clínicas que se desenvolvem.

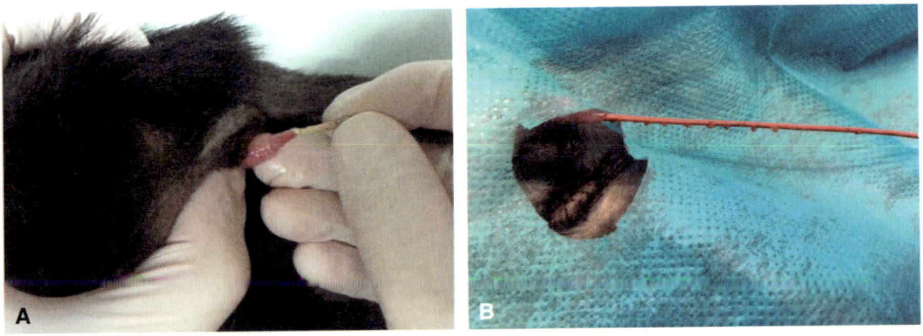

FIGURA 1. Obstrução uretral intramural em gato macho. **A:** notar o tampão uretral expelido da uretra peniana. **B:** observar a remoção da sonda uretral com inúmeros urólitos em sua superfície externa.

Fonte: arquivo pessoal da autora.

HISTÓRICO E SINAIS CLÍNICOS

O histórico e os sinais clínicos de gatos obstruídos dependem da duração e do grau da obstrução. De um modo geral, os proprietários de felinos que apresentam obstrução uretral parcial relatam que o gato inicialmente demonstra várias tentativas para urinar (disúria), com emissão de pouca urina (em gotas) e de coloração avermelhada (hematúria). Eles podem demonstrar vocalização pela dor causada pela retenção urinária (estrangúria) e ir à bandeja sanitária várias vezes ao dia, eliminando pouca quantidade de urina (polaciúria). A periúria ocorre eventualmente, quando o paciente acaba urinando fora da bandeja sanitária.

No exame clínico, pode-se observar o pênis hiperêmico e edemaciado. À palpação observa-se uma vesícula urinária distendida, o que gera desconforto ao animal. Na obstrução parcial, nota-se fluxo urinário fino ou em gotejamento após a compressão da bexiga. Quando a uropatia obstrutiva é total, o gato não permite o exame clínico, demonstrando dor grave e ausência de fluxo urinário (iscúria). Deve-se tomar cuidado com a pressão exercida sobre a bexiga, em virtude da fragilidade da musculatura pela obstrução prolongada, podendo ocorrer sua ruptura. A avaliação da resposta ao estímulo do pinçamento da cauda e a inspeção da tonicidade do esfíncter anal são importantes para a detecção de déficits neurológicos concomitantes.

A urina retida na bexiga ocasiona uma pressão retrógrada aos ureteres e aos rins. Assim, ocorre alteração na filtração e no fluxo sanguíneo e na função tubular renal. Caso os animais permaneçam obstruídos por 24 a 36 horas, aparecerão sinais clínicos de azotemia pós-renal, como vômito, anorexia, depressão, desidratação, hipotermia e até colapso. Fraqueza generalizada, arritmia cardíaca e/ou bradicardia indicam uma obstrução de longa duração em razão da hipercalemia. Pode ocorrer morte de 3 a 6 dias após o início da obstrução.

DIAGNÓSTICO

As radiografias simples podem comprovar a existência de cálculos radiopacos na uretra, assim como na vesícula urinária ou nos rins. O estudo radiológico contrastado é efetivo na identificação de cálculos radiolucentes, ruptura uretral ou vesical, estenose uretral, divertículo uracal, neoplasias e processos inflamatórios. A técnica radiológica contrastada empregada em felinos é o uretrocistograma retrógrado de contraste positivo, que pode ser utilizado para determinar os possíveis sítios de obstrução uretral. A avaliação ultrassonográfica dos gatos obstruídos tem a vantagem de verificar a integridade dos tratos urinários superior e inferior, além de averiguar a presença de tampões e urólitos na vesícula urinária que possam migrar para a uretra e, dessa forma, perpetuar a obstrução intramural, assim como observar a presença de neoplasias e anomalias anatômicas. Contudo, o trajeto da uretra não é totalmente visualizado, em razão da presença dos ossos púbicos.

Os exames laboratoriais são fundamentais para a escolha da conduta terapêutica adequada dos gatos obstruídos. A cultura de urina deve ser realizada quando a urinálise for indicativa de piúria e/ou bacteriúria, além da hematúria. Preferencialmente, a urina deve ser coletada por cistocentese. A avaliação da filtração renal, pela mensuração dos níveis séricos de ureia e creatinina, é indicada nos gatos obstruídos, assim como o perfil eletrolítico, principalmente de potássio, fósforo e cálcio ionizado. Todo gato bradicárdico deve ser considerado hipercalêmico. Alterações de eletrocardiograma decorrentes de hipercalemia incluem bradicardia, redução da amplitude ou ausência das ondas P, complexo QRS mais largo, ondas T mais altas, intervalo QT mais curto e depressão do segmento ST.

A retenção de urina, além de causar hipercalemia, leva à hiperfosfatemia, a qual induz hipocalcemia pela ligação do fósforo ao cálcio ionizado. A hipocalcemia acentua as alterações cardíacas causadas pela hipercalemia. A acidose metabólica deve ser investigada por meio da hemogasometria. A depuração renal prejudicada de íons de hidrogênio, juntamente com a menor produção renal de amônia, resulta em acidose metabólica. Geralmente os gatos estão normotensos, porém hipertensão ou hipotensão podem estar presentes. A avaliação do lactato sérico é importante para investigar hipoperfusão tecidual periférica.

TRATAMENTO

O tratamento da obstrução uretral consiste principalmente em estabilizar o paciente, encontrar a causa da obstrução e realizar a desobstrução. Em geral, gatos obstruídos há muito tempo apresentam-se desidratados, hipovolêmicos e hipotérmicos. O aquecimento deve ser realizado com colchão térmico, bolsas de água quente ou fluidos intravenosos mornos. É fundamental que sejam realizados esforços a fim de manter o animal normotérmico (37,8 a 39,2°C), observando para que a temperatura não se eleve abruptamente.

A fluidoterapia é o procedimento inicial a ser realizado em gatos urêmicos, pois tem a capacidade de corrigir os desequilíbrios hídricos mencionados e outros, como hipercalemia, azotemia e acidose. Deve-se administrar solução morna de Ringer com lactato de sódio na dose de 10 mL/kg durante 30 minutos e depois reavaliar o paciente quanto à necessidade de nova dose, considerando os parâmetros de perfusão sanguínea (tempo de preenchimento capilar, lactato sérico) e pressão arterial.

A administração de gluconato de cálcio por via intravenosa de forma lenta fornece proteção de curto prazo contra os efeitos deletérios do potássio no coração (bradicardia e arritmia – Tabela 1). É um tratamento emergencial, mas temporário. Pode-se utilizar bicarbonato de sódio (1-2 mEq/kg) ou insulina com glicose (1-2 g/U de insulina). O bicarbonato, ao corrigir a acidose metabólica, e a insulina com glicose aumentam a entrada de potássio nas células, diminuindo o potássio sérico. Esses fármacos começam a atuar em 15 a 30 minutos e o efeito pode se manter por 6 a 24 horas. O bicarbonato tem a vantagem de atuar sobre a acidose, mas pode agravar a hipocalcemia (diminui o cálcio ionizado).

Uma vez que o fluxo de urina é restaurado e a função renal retorna, os níveis de potássio sérico podem cair drasticamente em razão da diurese pós-obstrutiva, e os gatos frequentemente ficam hipocalêmicos. Esse desequilíbrio pode ser corrigido adicionando cloreto de potássio aos fluidos intravenosos, de acordo com o déficit, que deve ser avaliado a cada 12 horas.

A contenção farmacológica associada ao bloqueio do nervo pudendo ou à anestesia epidural sacrococcígea com anestésico local pode ser adequada para gatos que são particularmente dóceis ou que estão gravemente deprimidos. A analgesia deverá ser realizada imediatamente, pois trará conforto e melhora no quadro clínico do gato obstruído.

As cateterizações de uretra realizadas sem as devidas sedação e analgesia, ou com sondas inapropriadas, acarretam ruptura uretral, com consequente extravasamento de urina para o tecido periuretral.

TABELA 1 Doses dos medicamentos utilizados na estabilização do gato com obstrução uretral e suas indicações

Fármaco	Dose	Indicações e observações
Gluconato de cálcio 10%	0,5-1,5 mL/kg 10 min IV	Tratamento de hipocalcemia e hipercalemia; o cálcio antagoniza os efeitos do potássio no coração, mas não diminui o potássio sérico
Bicarbonato de sódio	1-2 mEq/kg IV 30 min (0,3) x peso kg x BE/2 30 min DB = 24 – bicarbonato 30 min	Correção da acidose metabólica (controverso – alguns autores recomendam para acidemias < 7,1); aumenta a entrada de potássio nas células, reduzindo a hipercalemia
Insulina regular	0,1-0,25 U/kg	Aumenta a entrada de glicose e, consequentemente, de potássio nas células, reduzindo a hipercalemia
Glicose 50%	4,0 mL/unidade de insulina IV diluída	Tratamento de hipoglicemia e hipercalemia
Prasozina	0,25-0,5 mg/gato PO q. 24 ou q. 12h	Espasmo uretral; diminui o tônus da musculatura lisa uretral (uretra pré-prostática e prostática)
Diazepam	1,0-2,5 mg/gato PO q. 8h	Espasmo uretral; relaxamento da musculatura estriada (uretra pós-prostática e peniana)
Butorfanol	0,3 mg/kg SC, IM, IV q. 12 ou q. 8h	Analgesia
Tramadol	1,0-2,0 mg/kg PO, IM, IV q. 8h	Analgesia
Metadona	0,2-0,4 mg/kg SC, IM, IV q. 8h	Analgesia
Gabapentina	5 mg/kg PO q. 24 ou q. 12h	Dor crônica neuropática

BE: excesso de bases; DB: déficit de bases; IV: intravenoso; PO: oral; IM: intramuscular.

O manejo do gato obstruído dependerá das condições clínicas do paciente quando ele é recebido no atendimento, seguindo um critério de prioridade (Figura 2). Os procedimentos recomendados na tentativa de restauração do lúmen uretral patente em um gato macho obstruído seguem esta ordem de prioridade:

1. Massagem uretral distal.
2. Tentativas de indução de micção por palpação suave da bexiga.
3. Cistocentese descompressiva.
4. Cateterização da uretra com cateter lubrificado com diâmetro menor ou igual a 3,5 French e desobstrução do lúmen uretral por hidropropulsão retrógrada com soro fisiológico.
5. Combinações de 1 a 4.

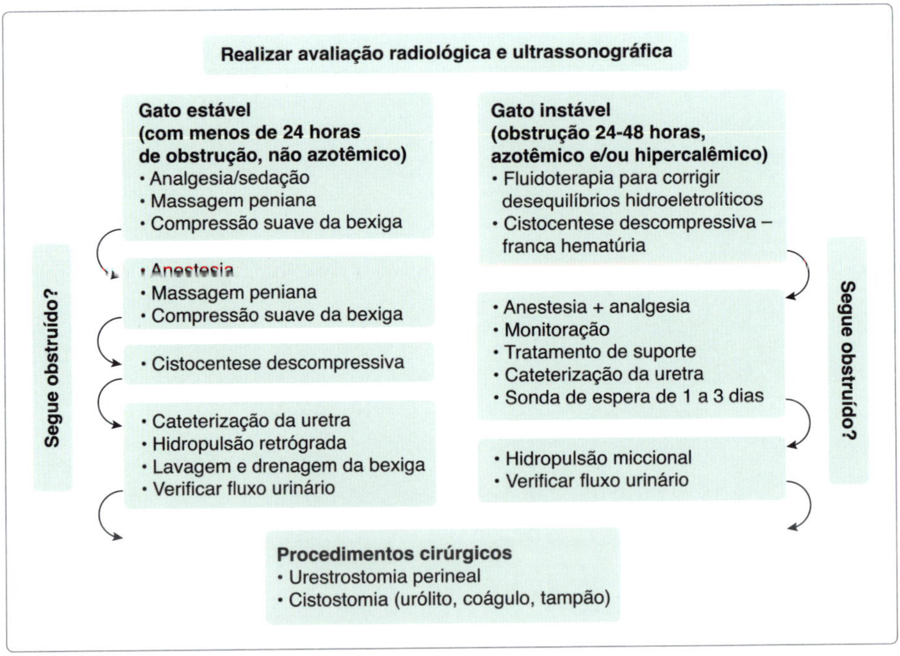

FIGURA 2. Principais procedimentos a serem realizados no atendimento de um gato obstruído.

6. Estudo radiográfico e ultrassonográfico para determinar a causa da obstrução uretral: intraluminal, mural e/ou extramural.
7. Procedimentos cirúrgicos (Figura 3).

COMPLICAÇÕES PÓS-OBSTRUTIVAS

- **Vesícula urinária hipotônica:** a distensão grave/ou prolongada da bexiga repleta de urina causada pela obstrução uretral pode fazer com que o músculo detrusor fique hipotônico, em virtude do estiramento das fibras musculares, levando à ruptura de porções especializadas das células musculares lisas da bexiga, denominadas junções íntimas. Estas normalmente transmitem os impulsos neurogênicos. O tratamento dos gatos com atonia vesical é planejado para a manutenção de uma pressão relativamente baixa no lúmen da bexiga que resulte na restauração do reflexo de micção normal. Para tanto, o cateter de espera é colocado e pode permanecer no animal por 2 ou 3 dias; outra tentativa é a compressão manual da bexiga a cada 4 ou 6 horas durante 2 a 3 dias. Porém, a compressão vesical pode favorecer o desenvolvimento de hematúrias

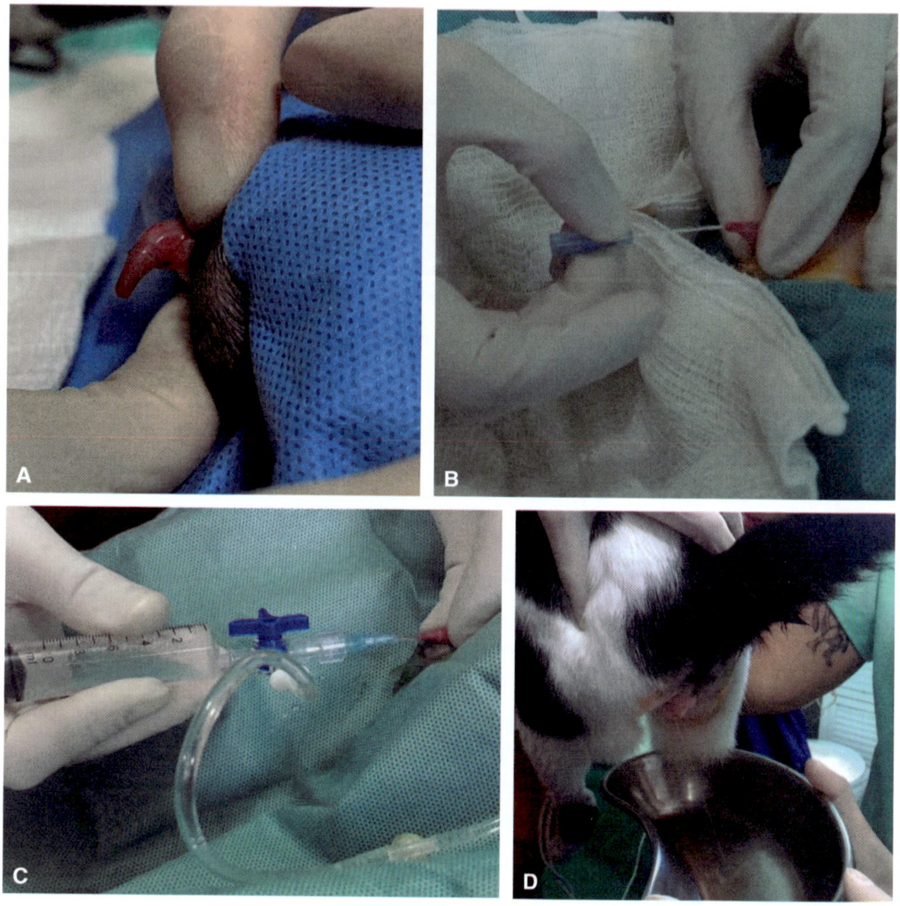

FIGURA 3. Técnica de desobstrução uretral por hidropropulsão retrógrada em um gato macho pré-medicado com midazolam e metadona, e indução anestésica com propofol. **A:** exteriorização do pênis com os dedos polegares pressionando o saco escrotal e o prepúcio. **B:** introdução de um cateter intravenoso periférico de poliuretano calibre 22G na uretra peniana, com o corpo do pênis posicionado entre os dedos polegar e indicador. Importante desfazer a curvatura natural do pênis, tracionando pelo prepúcio no sentido caudal. **C:** introdução de solução salina estéril (5-10 mL/kg), injetada através do cateter com o auxílio de uma válvula de três vias que se encontra conectada no equipo de soro e na seringa de 10 mL, com o intuito de dissolver ou empurrar o material obstrutor. Se possível, realizar ultrassonografia da bexiga para observar se há sedimentos. **D:** uro-hidropropulsão miccional. Notar a compressão manual da vesícula urinária com o gato erguido, membros torácicos levemente inclinados para cima e voltados para o chão. Observar fluxo urinário com diâmetro normal após a desobstrução.

Fonte: arquivo pessoal da autora.

intensas e refluxo de urina para os rins, podendo causar pielonefrite se houver cistite. O betanecol é um agente parassimpaticomimético e estimula a contração do músculo detrusor. Esse fármaco é contraindicado em gatos obstruídos, pois pode ocorrer ruptura da bexiga, e somente deve ser utilizado após o relaxamento do esfíncter uretral interno, que é promovido pela administração da prazosina por cinco dias. Nos animais que apresentam déficit neurológico (bexiga neurogênica), o betanecol pode ser administrado na dosagem de 1,25 a 7,5 mg/gato, a cada 8 ou 12 horas, durante 1 a 2 semanas.

- **Espasmo uretral:** caracteriza-se pelo não relaxamento do esfíncter uretral durante a micção, decorrente de espasmos inflamatórios, e pode ser causa ou complicação da doença obstrutiva.

O espasmo uretral pode ocorrer por inflamação ou irritação uretral causada pela cateterização até a bexiga. O tratamento sugerido é a utilização de um antagonista adrenérgico alfa-1 seletivo que diminui o tônus da musculatura lisa uretral (uretra pré-prostática e prostática), como a prazosina. É importante sempre iniciar com a menor dose e aferir regularmente a pressão arterial sistêmica. O uso da prazosina é controverso, pelo fato de a uretra pós-prostática e peniana ser composta por musculatura estriada na qual os antagonistas alfa-1 seletivos não têm ação. Não ocorrendo a micção pelo relaxamento induzido na musculatura lisa uretral, a prazosina pode ser associada ao diazepam, que atua no relaxamento da musculatura estriada (uretra pós-prostática e peniana).

A tansulosina também é um antagonista adrenérgico alfa-1 seletivo com tempo de ação prolongado e menos efeito na pressão arterial sistêmica. Esse fármaco pode ser utilizado como uma alternativa à prazosina em casos refratários de dissinergismo reflexo. É responsável pelo relaxamento da musculatura lisa da uretra pré-prostática e prostática e do colo da bexiga, viabilizando o fluxo urinário. A dosagem é de 0,004 a 0,006 mg/kg por via oral a cada 12 a 24 horas. No entanto, não há estudos sobre possíveis efeitos adversos no gato.

Os opioides, como o tartarato de butorfanol, o tramadol ou a metadona, devem ser utilizados para alívio da dor. Em caso de dor crônica neuropática, a gabapentina pode ser prescrita.

Os agentes anti-inflamatórios não esteroides são utilizados para aliviar os sinais de disúria em pacientes não urêmicos, no entanto, é importante que o animal não esteja hipotenso ou desidratado e que a função renal esteja preservada. O meloxicam pode ser utilizado na dosagem de 0,1 mg/kg por via oral ou subcutânea no primeiro dia, seguido de 0,05 mg/kg, a cada 24 a 48 horas, durante 3 a 4 dias.

- **Estenose uretral:** pode ser resultante de um episódio traumático acometendo a uretra. A cateterização com sondas inadequadas ou de forma crônica permanente causa danos à mucosa uretral. Em alguns casos, a ruptura uretral leva à formação subsequente de estenose, e ambas devem ser corrigidas pela uretrostomia perineal (Figura 4).

URETROSTOMIA PERINEAL

A uretrostomia perineal é indicada para prevenir a recorrência da obstrução uretral em gatos machos não responsivos ao tratamento clínico, que apresentam ruptura ou estenose uretral e nas obstruções da uretra peniana que não podem ser corrigidas pelas manobras clínicas (Figura 5). As complicações mais frequentes inerentes às técnicas de uretrostomia são as estenoses uretrais e as infecções urinárias bacterianas recorrentes.

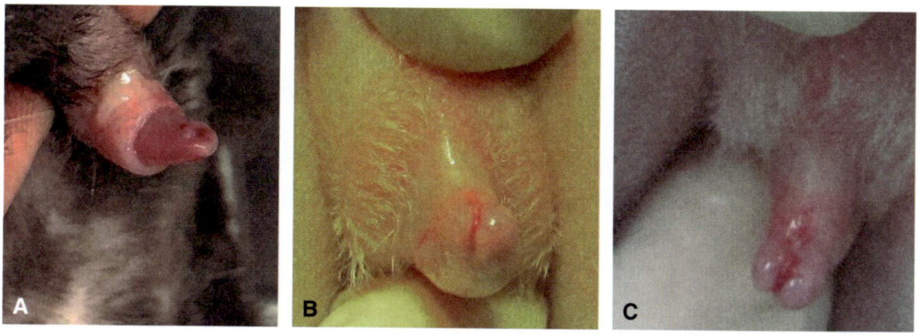

FIGURA 4. Obstrução uretral grave em gatos, posteriormente submetidos à uretrostomia perineal. Notar uretras penianas estenosadas e fibrosadas. **A:** espessamento da mucosa peniana em virtude de traumatismo prolongado pela permanência do cateter de espera. **B:** pênis apresentando deformação anatômica em consequência de repetidas cateterizações tendo seu meato urinário invertido para cima. **C:** mucosa peniana estenosada após lesão iatrogênica causada por incisão com tesoura de íris.

Fonte: arquivo pessoal da autora.

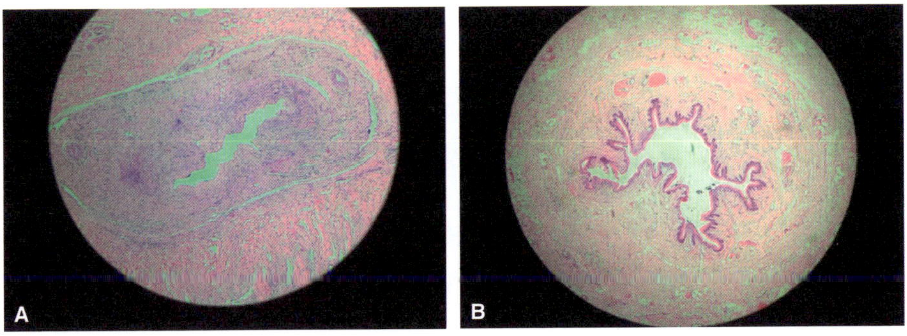

FIGURA 5. Obstrução uretral mural em gato macho submetido à uretrostomia perineal. **A:** corte histológico da porção distal da uretra peniana com marcada presença de tecido fibroso estreitando o diâmetro da luz uretral. Processo fibroso associado a estenose e ectasia uretral. **B:** notar região cranial à fibrose da uretra peniana com diâmetro da luz uretral preservado. **A, B:** aumento de 10x. Coloração HE.

Fonte: imagens cedidas por Dra. Gabriela Cid.

LITERATURA SUGERIDA

Cooper ES. Controversies in the management of feline urethral obstruction. J Vet Emerg Crit Care. 2015;25(1):130-7.

Hall J, Hall K, Powell LL, Lulich J. Outcome of male cats managed for urethral obstruction with decompressive cystocentesis and urinary catheterization: 47 cats (2009-2012). J Vet Emerg Crit Care. 2015;25(2):256-62.

Lee JA, Drobatz KJ. Characterization of the clinical characteristics, electrolytes, acid–base, and renal parameters in male cats with urethral obstruction. J Vet Emerg Crit Care. 2003;13(4):227-33.

Segev G, Livne H, Ranen E, Lavy E. Urethral obstruction in cats: Predisposing factors, clinical, clinicopathological characteristics and prognosis. J Feline Med Surg. 2011;13(2):101-8.

Seneviratne M, Stamenova P, Lee K. Comparison of surgical indications and short- and long-term complications in 56 cats undergoing perineal, transpelvic or prepubic urethrostomy. J Feline Med Surg. 2021;23(6):477-86.

16

Lavado e biópsia nasal

Fernanda Vieira Amorim da Costa

O PULO DO GATO

As doenças do trato respiratório superior são notavelmente comuns em gatos, podendo ser desafiadoras quando agudas e frustrantes quando crônicas.

Com exceção do diagnóstico de infecção por espécies de *Cryptococcus*, a amostragem de secreção nasal raramente é útil para o diagnóstico etiológico, e a coleta de secreção nasal para cultura tem benefício mínimo, porque é provável que apenas bactérias da microbiota da orofaringe sejam cultivadas.

O lavado nasal visa coletar amostras para avaliação citológica e desalojar corpos estranhos ou tecidos (geralmente tumores) da cavidade nasal.

A punção aspirativa com agulha fina e a biópsia são indicadas em gatos com suspeita de massas localizadas na cavidade nasal ou na nasofaringe.

INTRODUÇÃO

A doença nasofaríngea é definida como qualquer condição que afeta o trato respiratório desde o nível das narinas até a nasofaringe. A prevalência geral da doença nasofaríngea em gatos como um todo é desconhecida; no entanto, é reconhecida como um problema de apresentação comum na medicina felina. Os sinais clínicos de doença nasofaríngea podem estar associados a uma ampla variedade de condições subjacentes (Quadro 1).

A rinite crônica felina pode ser definida como inflamação da cavidade nasal que está presente por quatro semanas ou mais, de forma intermitente ou contínua. Como os seios frontais também podem estar envolvidos, a condição pode ser chamada de rinossinusite crônica. O diagnóstico geralmente se baseia na exclusão de outras condições que possam causar sinais de doença do trato respiratório superior.

QUADRO 1

Causas da doença nasofaríngea felina		
Infecciosa	Viral	Herpes-vírus felino tipo 1 Calicivírus felino
	Bacteriana (é improvável que seja primária, mas pode ser secundária – p. ex., por doença viral ou anatômica)	Espécies de *Mycoplasma* Espécies de *Chlamydia* Espécies de *Pseudomonas* Espécies de *Pasteurella Escherichia coli* Espécies de *Streptococcus* Espécies de *Staphylococcus* Espécies de *Corynebacterium* Espécies de *Bordetella* Espécies de *Mycobacterium*
	Fúngica	*Cryptococcus* (*neoformans* e *gattii*) Espécies de *Aspergillus* Fungos saprofíticos (p. ex., espécies de *Alternaria*)
	Parasitária	
Inflamatória	Rinossinusite crônica (muitas vezes secundária a danos nos cornetos por infecção viral) Rinite alérgica Pólipo inflamatório dos cornetos nasais e nasofaríngeo	
Neoplásica	Linfoma Adenocarcinoma Sarcoma	
Corpo estranho	Lâminas de grama, sementes, agulhas, areia para gatos etc	
Vascular	Epistaxe (p. ex., hipertensão, trombocitopenia)	
Trauma	Danos aos ossos dos cornetos nasais Trauma levando ao sequestro ósseo	
Congênita	Fenda palatina Conformação braquicefálica extrema	
Anômala	Estenose nasal Estenose nasofaríngea Fístula oronasal (p. ex., doença dentária)	

DIAGNÓSTICO

Após a obtenção de um histórico completo e a realização de um exame clínico minucioso e de uma série de investigações diagnósticas, espera-se que, na maioria dos casos, o diagnóstico seja estabelecido. Mesmo quando nenhum diagnóstico específico é alcançado, muitas condições são eliminadas da lista inicial de possíveis diagnósticos diferenciais.

Deve-se distinguir entre doença unilateral e bilateral. As doenças infecciosas tendem a ser bilaterais. Neoplasias e pólipos nasais tendem a ser unilaterais. A presença de sangue é uma indicação mais forte de neoplasia. As neoplasias e infecções fúngicas geralmente causam distorção do plano nasal ou de toda a área nasal em virtude da destruição óssea, e frequentemente acometem o osso orbital, resultando em drenagem no canto medial ou protrusão do olho no lado afetado.

Os achados rotineiros de hematologia, bioquímica e urinálise são inespecíficos, mas fornecem informações sobre a saúde geral do gato antes da administração de anestesia geral ou terapêutica. O teste retroviral não auxilia no diagnóstico, mas contribui para a avaliação do estado geral de saúde do animal e pode afetar o prognóstico.

A avaliação sorológica para vírus respiratórios é inútil em razão da alta prevalência de soropositividade em gatos saudáveis. Nos casos em que há suspeita de infecção por *Cryptococcus*, a realização de um teste de aglutinação por látex para antígeno capsular criptocócico é útil tanto para diagnóstico quanto para monitoramento.

Em gatos com doença aguda do trato respiratório superior, *swabs* orofaríngeos e conjuntivais podem ser submetidos à cultura bacteriana (*Chlamydia felis*, *Bordetella bronchiseptica*, *Mycoplasma* spp.), isolamento viral (FHV-1, calicivírus felino [FCV]) e PCR (FHV-1, FCV, *C. felis*, *B. bronchiseptica* e *Mycoplasma* spp.). Meios de transporte especiais são necessários, especialmente para isolamento de vírus. A interpretação dos resultados pode ser problemática, pois podem ocorrer falsos positivos e negativos.

A coleta de secreção nasal para cultura é de benefício mínimo, pois é provável que apenas bactérias comensais da orofaringe sejam cultivadas. A citologia provavelmente revelará neutrófilos degenerados como o tipo de célula predominante e, embora as bactérias possam ser identificadas, seu significado é questionável.

Se a secreção nasal for de natureza sanguínea, um painel de coagulação deve ser avaliado, além da realização de contagem de plaquetas. Se o gato tiver mais de 8 anos de idade ou se for identificada doença renal concomitante, a pressão arterial sistólica também deve ser medida.

Para a maioria dos gatos com rinite crônica, exames de imagem, estudos endoscópicos e biópsia nasal serão necessários para estabelecer um diagnóstico. Os estudos de diagnóstico por imagem devem ser concluídos antes da realização dos estudos endoscópicos, lavado da biópsia nasal. A introdução de instrumentos nas cavidades nasais muitas vezes induz hemorragia, o que irá obscurecer ou confundir os estudos de diagnóstico por imagem. A anestesia geral é necessária para uma avaliação mais aprofundada de gatos com rinite crônica. Antes do diagnóstico por imagem, a cavidade oral deve ser cuidadosamente inspecionada e sondada quanto à presença de massas, fístulas oronasais ou fendas em palato duro ou mole.

LAVADO NASAL

A lavagem nasal envolve a passagem anterógrada de um cateter na cavidade nasal para recuperar material para testes apropriados. Lavados nasais podem ser realizados para coletar material de diagnóstico; no entanto, o lavado também pode ser usado como técnica terapêutica. O procedimento deve ser realizado sob anestesia geral, com o gato intubado. O gato pode estar posicionado em decúbito esternal, com a cabeça inclinada para baixo, para facilitar a drenagem do líquido.

Métodos

A. **Aspirações/lavados diretos:** a lavagem com solução salina estéril através das câmaras nasais pode ajudar a remover o muco e os detritos, e a lavagem resultante pode ser usada para análise. Infelizmente, a análise desse fluido provavelmente detectará apenas contaminantes de superfície.

B. **Lavado diagnóstico (Figura 1):** uma sonda estéril de 6 a 8 Fr é inserida na cavidade nasal rostral (não além do nível do canto medial do olho). A nasofaringe é ocluída pela pressão digital dorsal no palato mole; de 2 a 4 mL de solução salina estéril são então suavemente injetados na sonda, com

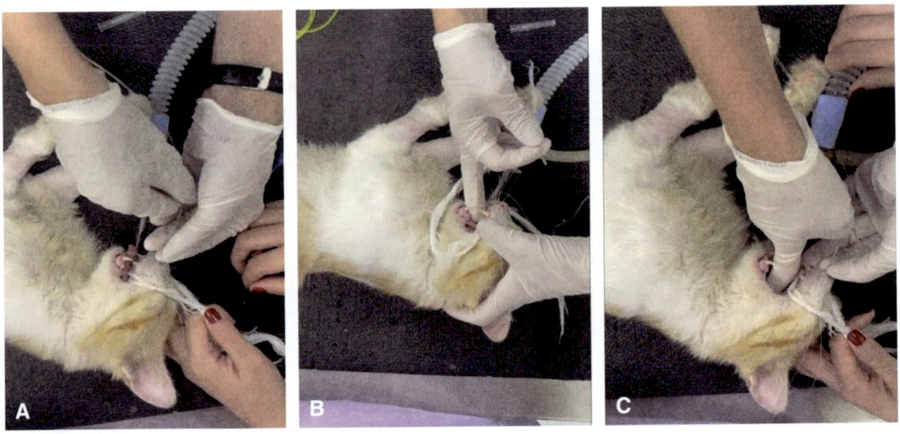

FIGURA 1. Lavado nasal diagnóstico. **A:** uma sonda nasal estéril n. 6 é medida até o canto medial do olho esquerdo – cerca de 2 cm. Em seguida, uma gaze é posicionada na orofaringe usando uma pinça hemostática. **B:** o palato mole é comprimido dorsalmente com o dedo indicador para ocluir a nasofaringe. **C:** a porção medida da sonda é introduzida na narina direita e 4 mL de solução fisiológica estéril são introduzidos e aspirados. O procedimento pode ser repetido e realizado na outra narina, conforme a necessidade e os resultados dos exames de imagem.

Fonte: arquivo pessoal da autora.

posterior aspiração do fluido para obter uma amostra para culturas aeróbica e anaeróbica. A cultura fúngica e o teste de PCR para agentes virais ou *Mycoplasma* também podem ser realizados quando indicado.

C. **Lavado terapêutico:** a orofaringe é ocluída com uma compressa de gaze para evitar a aspiração de material e permitir a coleta de qualquer material que seja lavado da cavidade nasal. Uma seringa de 10 a 20 mL é preenchida com solução salina estéril e a ponta é inserida na narina. A narina é comprimida em torno da ponta da seringa e a narina contralateral é ocluída. A seringa é então pressionada com pulsações constantes de pressão para forçar o material caudalmente para as compressas de gaze. O processo é repetido até que todo o material mucopurulento seja eliminado e, então, é realizado no lado contralateral. Lesões em massa e corpos estranhos também podem ser desalojados por esta técnica.

ASPIRADO NASAL

A aspiração nasal envolve o uso de uma agulha de pequeno calibre para aspirar o material de dentro da cavidade nasal. A técnica descrita utiliza uma abordagem transpalatina.

Uma vez determinadas a área e a necessidade de aspiração, o gato é colocado em decúbito ventral. É importante que um tubo endotraqueal com *cuff* esteja no lugar. Uma agulha descartável de calibre 20 a 22 G e uma seringa de 5 ou 10 mL devem ser usadas. O ponto de inserção da agulha é determinado com base no exame de imagem. A dentição e a distância do septo mediano são usadas para posicionar a agulha corretamente. Um movimento de perfuração rotacional é usado para penetrar no palato duro (Figura 2). Se houver doença osteolítica na cavidade nasal, o palato duro pode ser facilmente penetrado com uma agulha. Isso aumenta a probabilidade de neoplasia.

Uma vez que a agulha tenha passado pela cavidade nasal, devem-se realizar várias aspirações agressivas com a seringa para obter uma amostra. Quando a amostra é coletada, a agulha é retirada. A pressão com uma gaze deve ser aplicada ao local da biópsia se ocorrer sangramento. Ocasionalmente, saem algumas gotas de sangue das narinas.

A amostra é expulsa em uma lâmina limpa e é feito um esfregaço. As lâminas devem ser coradas e avaliadas quanto ao conteúdo celular e, em seguida, submetidas a um patologista veterinário. Se houver apenas sangue, o procedimento deve ser repetido. Parte da amostra também deve ser reservada para cultura bacteriana aeróbica e/ou anaeróbica e sensibilidade a antimicrobianos. Outra porção pode ser acondicionada em um *swab* estéril e submetida ao teste de reação em cadeia da polimerase (PCR) para patógenos respiratórios virais.

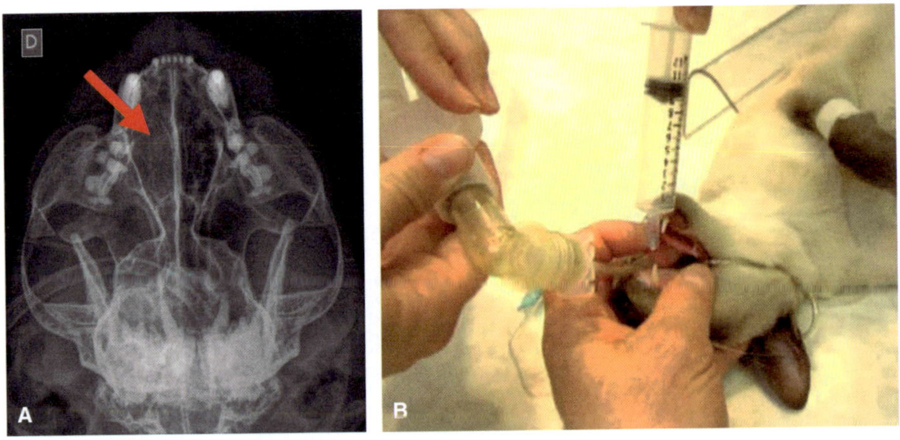

FIGURA 2. **A:** uma radiografia ventrodorsal de boca aberta da cavidade nasal é usada para escolher o local para a aspiração nasal. **B:** a agulha 22 G é introduzida acoplada a uma seringa de 10 a 20 mL, com rotações manuais, até que ultrapasse a porção óssea do palato duro. A aspiração deve ser realizada e o material obtido, expulso em uma lâmina para citologia.

Fonte: arquivo pessoal da autora.

BIÓPSIA NASAL

Antes de coletar amostras de biópsia nasal, recomenda-se a avaliação das provas de coagulação. Depois que o local da lesão é identificado por tomografia computadorizada (TC) ou radiografias, pinças de biópsia endoscópica de 1,4 mm (preferencialmente) ou 1,2 mm podem ser usadas para obter uma amostra para avaliação histopatológica.

As amostras podem ser obtidas através do canal de biópsia do endoscópio; no entanto, as amostras de biópsia obtidas são muito pequenas. A amostragem direcionada de lesões focais também pode ser obtida introduzindo o instrumento de biópsia ao longo do rinoscópio rígido ou, para doença difusa, biópsias cegas podem ser diagnósticas. Nesses casos, o posicionamento adequado do instrumento de biópsia é determinado indiretamente (Figura 3).

Ao usar um rinoscópio ou realizar biópsias cegas, é importante que o instrumento seja medido contra a face do animal e marcado com uma fita ou caneta na distância da ponta do nariz até o canto medial do olho do mesmo lado. Isso evita danos iatrogênicos ao cérebro quando o instrumento é introduzido no nariz.

Na biópsia cega, a pinça endoscópica deve ser introduzida pela narina até que haja resistência. Nesse ponto, deve-se retrair ligeiramente, abrir as conchas da pinça e empurrar para a frente até o ponto de resistência. Em seguida, deve-se

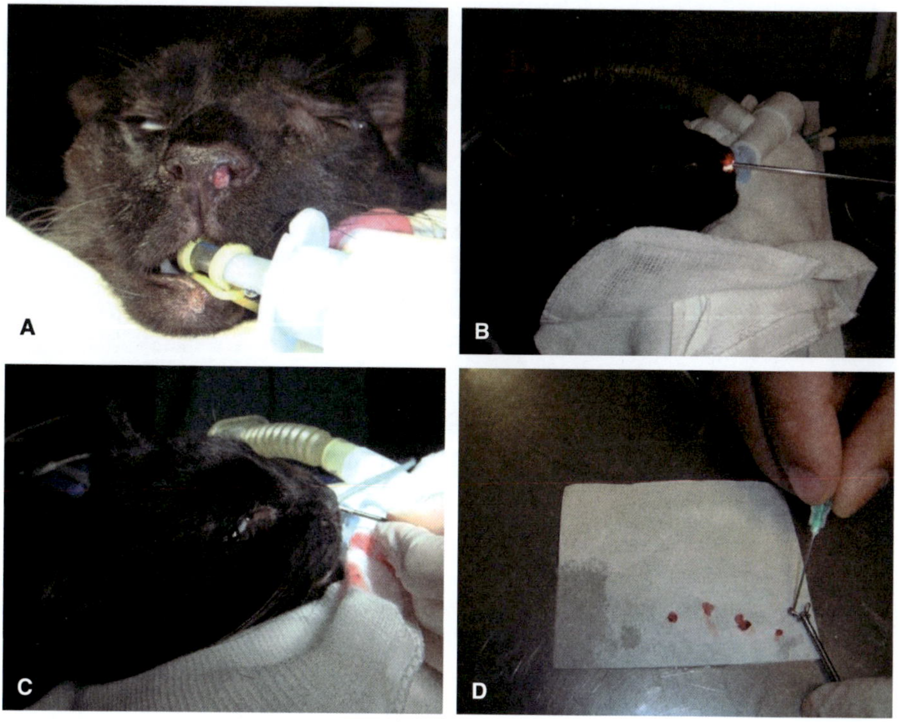

FIGURA 3. **A:** rinoscopia e coleta de biópsia em uma gata de 10 anos com massa eritematosa visível na narina esquerda. **B:** rinoscópio sendo introduzido na cavidade nasal para inspeção da mucosa nasal. **C:** a pinça para biópsia é introduzida às cegas para a coleta de amostra de tecido. **D:** o procedimento é repetido para a obtenção de amostras representativas.

Fonte: arquivo pessoal da autora.

fechar as conchas da pinça e puxá-la para trás em um movimento rápido. Dessa forma, deve-se obter uma amostra grande o suficiente para cultura e histopatologia. Esse processo pode ser repetido algumas vezes para obter uma amostragem adequada. Pode ocorrer algum sangramento leve, mas é comum que haja resolução sem intervenção dentro de 3 a 10 minutos.

O material da biópsia deve ser enviado em tubos simples para cultura bacteriana e fúngica, bem como fixado em formalina para histopatologia.

O infiltrado inflamatório é classificado de acordo com o tipo de célula predominante e é frequentemente descrito como linfoplasmocítico, neutrofílico (supurativo) ou misto. O infiltrado neutrofílico parece ser duas vezes mais comum que o infiltrado linfoplasmocitário, e associado a alterações inflamatórias mais graves. Embora o infiltrado neutrofílico tenha sido classificado como rinite aguda por alguns investigadores, e o infiltrado linfoplasmocitário seja considerado a forma mais comum de rinite crônica por outros, essas diferenças podem simplesmente refletir o espectro de uma doença. A natureza do infiltrado inflamatório pode depender da presença ou ausência de infecção bacteriana no momento da coleta, porque muitos gatos com infiltrado neutrofílico têm uma história crônica em vez de aguda.

Outras características que podem ser identificadas na histopatologia incluem ulceração epitelial, fibrose, destruição ou remodelação de cornetos, necrose e hiperplasia glandular. A baixa correlação entre aparência rinoscópica e histopatologia indica a necessidade de obter material de biópsia bilateralmente para histopatologia.

Infiltrado eosinofílico pode sugerir origem alérgica ou parasitária, embora essas causas não estejam confirmadas. Ocasionalmente se identificou infiltrado eosinofílico em biópsias nasais de gatos com rinite e sinais concomitantes de asma, o que pode sugerir um papel alérgico na rinite eosinofílica.

CONCLUSÕES

Esses procedimentos são úteis para o diagnóstico de doenças nasais crônicas. Na maioria dos gatos, boas amostras citológicas podem ser obtidas para fins de diagnóstico e prognóstico.

LITERATURA SUGERIDA

Johnson LR, Foley JE, De Cock HE, Clarke HE, Maggs DJ. Assessment of infectious organisms associated with chronic rhinosinusitis in cats. J Am Vet Med Assoc. 2005;227(4):579-85.

Johnson LR, Kass PH. Effect of sample collection methodology on nasal culture results in cats. J Feline Med Surg. 2009;11(8):645-9.

Reed N. Chronic rhinitis in the cat: an update. Vet Clin North Am Small Anim Pract. 2020;50(2):311-29.

Reed N, Gunn-Moore D. Nasopharyngeal disease in cats: 1. Diagnostic investigation. J Feline Med Surg. 2012;14(5):306-15.

17

Lavado broncoalveolar

Fernanda Vieira Amorim da Costa

O PULO DO GATO

As indicações para a realização do lavado broncoalveolar incluem investigação de tosse, alterações radiográficas brônquicas ou alveolares e coleta de amostra de líquido/muco brônquico e células para fins de diagnóstico (citologia e cultura microbiana).

As contraindicações para a realização do procedimento são paciente não estável o suficiente para ser submetido à anestesia (p. ex., hipoxemia grave), asma instável e coagulopatia.

INTRODUÇÃO

Distúrbios do trato respiratório em gatos são comuns e incluem doenças infecciosas, não infecciosas, inflamatórias/fibróticas e neoplásicas. A avaliação microscópica e a cultura de células obtidas das vias aéreas e do parênquima pulmonar podem ajudar a identificar definitivamente uma variedade de organismos infecciosos e células neoplásicas.

As amostras citológicas podem ser obtidas por lavagem trans ou endotraqueal, lavado broncoalveolar (LBA), escovação brônquica ou aspiração transtorácica com agulha fina. O LBA é uma excelente maneira de obter amostras celulares e acelulares das vias aéreas caudais, interstício e alvéolos, e tem a vantagem de recuperar amostras representativas de regiões do pulmão.

Embora o uso de um broncoscópio seja o método padrão para acessar uma pequena via aérea para obter fluido para citologia e cultura, os broncoscópios são caros, requerem conhecimento técnico e não estão disponíveis em todos os consultórios. Entretanto, a técnica cega de coleta do LBA pode ser realizada de forma rápida, fácil e sem equipamento especializado. Em mãos experientes, todo o procedimento leva apenas de 1 a 2 minutos.

TÉCNICA

Esse procedimento é semelhante a uma lavagem endotraqueal, exceto que o tubo usado é colocado mais abaixo no trato respiratório. A presença de espuma no líquido recolhido indica uma lavagem profunda do pulmão (surfactante) e, com a distância em que o tubo é inserido, ajuda a diferenciar esse procedimento de uma lavagem endotraqueal.

Materiais necessários:

- Laringoscópio com lâmina de tamanho adequado e boa fonte de iluminação.
- Lidocaína sem vasoconstritor.
- Tubo endotraqueal (TE) estéril de tamanho adequado ao paciente.
- Sonda uretral estéril flexível tamanho 6. Recomenda-se que, de forma estéril, a ponta distal do cateter seja cortada para que a solução salina estéril flua facilmente pela extremidade em vez dos orifícios laterais.
- Solução salina 0,9% estéril morna.
- Seringas de 10 mL com 5 mL de solução salina e 5 mL de ar.
- Conector cotovelo: conecta o TE a um intermediário em cotovelo que permite a inserção simultânea da sonda de lavagem enquanto o oxigênio e o anestésico volátil são administrados continuamente.
- Três tubos estéreis (1 para citologia com anticoagulante, 1 para cultura e 1 para PCR sem anticoagulante).

Etapas do procedimento:

1. Administrar um broncodilatador injetável (p. ex., terbutalina na dose de 0,015 mg/kg SC ou IM) para minimizar o broncoespasmo antes de realizar esse procedimento, especialmente para gatos com suspeita de doença das vias aéreas caudais (p. ex., asma felina). Recomendam-se de 1 a 2 doses de pré-lavagem em intervalos de quatro horas, com uma dose administrada no momento da pré-medicação. O início da ação pode levar de 15 a 30 minutos quando a terbutalina é administrada por via subcutânea ou intramuscular, e geralmente é notada por um aumento na frequência cardíaca. A terbutalina também deve estar disponível para administração durante o procedimento se ainda ocorrer broncoespasmo.

2. Um anestésico de ação curta (p. ex., propofol) deve ser administrado por via intravenosa. Aplicar lidocaína tópica na laringe, para prevenir o laringoespasmo, e inserir o tubo endotraqueal estéril, tomando cuidado para não contaminar a ponta do TE na cavidade oral.
3. Deve-se medir a sonda contra o TE antes de iniciar o procedimento, para garantir que ela avance além da extremidade do tubo durante a inserção.
4. O animal deve ser posicionado em decúbito lateral (com o lado mais afetado ventral), com o pescoço estendido. Recomenda-se o fornecimento de oxigênio suplementar antes e após a coleta de fluido para o LBA.
5. O conector cotovelo deve ser acoplado ao circuito anestésico e ao TE (Figura 1). Inserir a sonda n. 6 e avançá-la suavemente através do conector e do lúmen do tubo endotraqueal até sentir uma resistência firme (correspondente a quando está alojado em uma pequena via aérea distal). Deve-se ter cuidado para

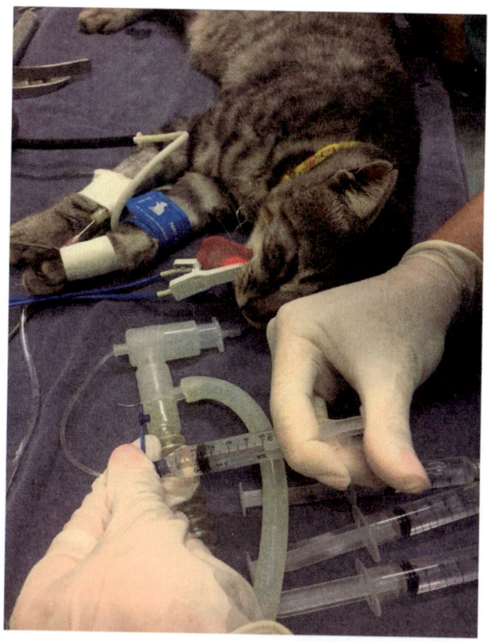

FIGURA 1. Lavado broncoalveolar sendo realizado em um gato. Um conector cotovelo estéril é acoplado ao tubo endotraqueal por onde passa a sonda uretral n. 6, tomando-se o cuidado de evitar a contaminação da extremidade da sonda e do adaptador. Um *bolus* de solução salina 0,9% estéril e morna é infundido através da sonda e 5 mL de ar são administrados em seguida, para liberar o fluido completamente através da sonda. Imediatamente após a infusão, deve ser aplicada sucção na seringa.

Fonte: arquivo pessoal da autora.

não forçar muito a sonda nas vias aéreas, pois pode-se induzir um pneumotórax iatrogênico.

6. Uma seringa com solução salina estéril aquecida e ar é acoplada à extremidade proximal da sonda e uma alíquota de solução salina aquecida é instilada constante e rapidamente através do cateter, usando os 5 mL de ar pré-aspirados para liberar o fluido completamente através da sonda.
7. Aplicar imediatamente a sucção suave na seringa para recuperar o fluido. À medida que a pressão negativa é sentida, liberar a pressão da seringa, recuar ligeiramente o cateter e continuar a aspiração. Deve-se esperar recuperação de 40 a 50% do volume infundido. Conforme necessário, a região caudal do animal pode ser elevada durante a aspiração, para permitir que a gravidade auxilie na recuperação do fluido.
8. Uma única amostra de boa qualidade geralmente é adequada para fins de diagnóstico. A presença de espuma no fluido recuperado indica a presença de surfactante e uma lavagem alveolar profunda. A tapotagem não deve ser realizada nesse momento com o gato em decúbito lateral, pois pode impedir a recuperação do fluido de lavagem, redistribuindo o fluido para outras vias aéreas.
9. Monitorar a frequência respiratória, o padrão e a saturação de oxigênio de perto durante todo o procedimento, com o objetivo de manter uma frequência respiratória constante e profundidade de respiração com $SpO_2 > 95\%$.
10. Geralmente não é necessário instilar mais de uma alíquota em um gato. Se for obtido um volume inadequado ou se não for observado surfactante, o procedimento pode ser repetido 2 a 3 vezes. Porém, se o animal apresentar evidências de comprometimento respiratório e hipóxia (padrão respiratório superficial, taquipneia, $SpO_2 < 95\%$), pode ser prudente parar com um volume total menor de fluido instilado. Como o lúmen do tubo endotraqueal está em grande parte obstruído pela sonda, a instilação e a aspiração de solução salina devem ser feitas de forma eficiente. O paciente deverá expandir os pulmões de forma assistida pelo anestesista entre as infusões de solução salina.
11. Ao final, as alíquotas do LBA devem ser reunidas e divididas em três tubos, para citologia (tubo EDTA), cultura microbiana (tubos de coleta estéreis simples para bactérias aeróbias, *Mycoplasma* spp. ± cultura fúngica) e PCR para *Mycoplasma felis* ± *Bordetella bronchiseptica*.
12. Após a conclusão do LBA, continuar a administração de oxigênio a 100% e anestésico volátil por meio do TE por 3 a 5 minutos, para detectar quaisquer complicações imediatas do procedimento, como broncoespasmo. Continuar a suplementação de oxigênio através do TE até a extubação. Os animais devem ser monitorados quanto a cianose ou desconforto respiratório por 10 a 15 minutos após o procedimento.

13. O padrão e a frequência respiratória devem ser monitorados nas 12 horas seguintes, no hospital ou pelos proprietários, se o gato se recuperar do procedimento sem complicações imediatas.

COMPLICAÇÕES

As possíveis complicações do procedimento incluem:

- **Broncoespasmo:** geralmente se manifesta como dispneia e hipoxemia (SpO_2 < 95%), com sibilos e crepitações audíveis na ausculta pulmonar. Uma dose de terbutalina (0,015 mg/kg IV) pode ser administrada. Se não estabilizar o paciente, considerar a administração de um corticoide de ação curta (p. ex., fosfato sódico de dexametasona, 0,1 mg/kg IV, 1x).
- **Obstrução das vias aéreas superiores por muco e exsudatos das vias aéreas:** geralmente se manifesta como ruído inspiratório estridente ± tosse e engasgos com hipoxemia após a extubação. Uma unidade de sucção (ou seringa de 5 mL conectada a um cateter urinário estéril) devem ser mantidos ao alcance e podem ser usados para aspirar qualquer secreção da orofaringe. Deve-se tentar manter o gato em decúbito esternal. Se o gato estiver agitado durante a sucção da orofaringe, pode ser necessária a reindução da anestesia para desobstruir as vias aéreas craniais de forma eficaz.
- **Pneumotórax:** é uma complicação rara, manifestando-se tipicamente como dispneia e hipoxemia, com um padrão respiratório restritivo (ou seja, superficial e rápido), com esforço abdominal que progride para um padrão paradoxal (perda de coordenação entre os movimentos das paredes torácica e abdominal). Os sons pulmonares podem estar ausentes dorsalmente e haverá aumento da ressonância na percussão do tórax. A toracocentese deve ser realizada de emergência. Se houver acúmulo contínuo de ar, pode ser necessário colocar um dreno torácico.

Se ocorrerem complicações no período de recuperação e a reversão rápida da hipoxemia e da dispneia não puder ser obtida clinicamente, pode ser necessária a reindução da anestesia para intubação e ventilação, aumentando a oxigenação e permitindo investigações para determinar a causa da dispneia.

LITERATURA SUGERIDA

Andreasen CB. Bronchoalveolar lavage. Vet Clin North Am Small Anim Pract. 2003;33(1):69-88.

Foster SF, Martin P, Braddock JA, Malik R. A retrospective analysis of feline bronchoalveolar lavage cytology and microbiology (1995-2000). J Feline Med Surg. 2004;6(3):189-98.

Hilbert, A. QRG 5.10.1 Bronchoalveolar lavage (BAL). In: Harvey A, Tasker S, editors. BSAVA Manual of feline practice – a foundation manual. Gloucester: BSAVA; 2013. p.212-3.

Mills PC, Litster A. Using urea dilution to standardise cellular and non-cellular components of pleural and bronchoalveolar lavage (BAL) fluids in the cat. J Feline Med Surg. 2006;8(2):105-10.

Nafe LA, DeClue AE, Lee-Fowler TM, Eberhardt JM, Reinero CR. Evaluation of biomarkers in bronchoalveolar lavage fluid for discrimination between asthma and chronic bronchitis in cats. Am J Vet Res. 2010;71(5):583-91.

Reinero CR. Bronchoalveolar lavage fluid collection using a blind technique. NAVC Clin Brief. 2010:58-61.

18

Instalação e uso do sistema *flash* de monitoramento de glicose

Bruna Cenci Ortiz
Álan Gomes Pöppl

O PULO DO GATO

Os objetivos da terapia no gato diabético são controlar os sinais clínicos, evitar a hipoglicemia e, quando possível, alcançar a remissão diabética.

Um bom controle glicêmico ajuda a atingir esses objetivos, porém requer o monitoramento dos gatos diabéticos tratados com insulina, para que sua dose seja ajustada adequadamente, de forma racional e segura.

Muitos proprietários relutam em tirar sangue de seus gatos para fazer curvas glicêmicas seriadas domiciliares regulares, e alguns gatos não toleram a realização do procedimento de forma convencional.

Nesse sentido, o emprego de um sistema *flash* de monitoramento de glicemia intersticial é vantajoso.

INTRODUÇÃO

Além do controle dos sinais clínicos, o controle glicêmico é importante para o manejo de pacientes diabéticos, principalmente no início do tratamento com insulina, quando são necessários ajustes de doses e busca-se a remissão diabética.

O monitoramento da glicemia com o sistema *flash* é relativamente recente na medicina veterinária, pois esses sensores foram projetados para uso em humanos. O sensor FreeStyle Libre® (Abbott Laboratories, Chicago, EUA) vem sendo mais utilizado em pacientes veterinários do que outros sensores disponíveis no mercado, por sua praticidade de uso.

Esse sistema usa um sensor de monitoramento da glicose intersticial fixado na pele, diminuindo a necessidade e o desconforto associados à manipulação do paciente para a obtenção de amostras de sangue.

DEFINIÇÃO E INDICAÇÕES

Esse sistema consiste em um leitor portátil e um sensor eletroquímico, que é acoplado no tecido subcutâneo. O sensor tem diâmetro de 3,5 cm e espessura de 0,5 cm, com uma agulha fina localizada no centro de sua face inferior, a qual é revestida por um adesivo. O mecanismo de mensuração de glicose ocorre pelo sistema glicose oxidase. O leitor é capaz de escanear a glicemia a uma distância de 1 a 4 cm do sensor, portanto, não é necessário o contato direto com o gato. Alguns celulares podem ser utilizados como leitores, se possuírem a opção de baixar o aplicativo de leitura do FreeStyle Libre®.

A precisão das leituras para concentrações baixas, normais e altas de glicose foram de 93, 99 e 99%, respectivamente. Além da avaliação do nível de glicose intersticial, é possível gerar curvas e armazenar dados (incluindo 8 horas de resultados), que podem ser passados para um computador com o uso de um cabo USB. Após iniciar o uso de um novo sensor, é necessário um tempo de calibragem automática de 60 minutos. A faixa de medição é de 40 a 500 mg/dL (abaixo ou acima desse intervalo, será demonstrado *Lo* ou *Hi*, respectivamente). Cada sensor tem uma vida útil de até 14 dias antes de precisar ser substituído. Além disso, uma leitura de glicemia a cada 8 horas garante que o sistema gere curvas com valores de glicemia contínuos ao longo do dia. Ao acessar os resultados no programa que acompanha o dispositivo, é possível gerar relatórios por período, dia e uma série de informações pormenorizadas sobre os dados glicêmicos do paciente (p. ex., resumo diário, resumos semanais, resumo mensal, variabilidade glicêmica, número de hipoglicemias detectadas, percentual de leituras baixas, normais ou elevadas, entre outros).

Essa forma de monitoramento tem um potencial muito interessante para uso em pacientes em terapia intensiva, além do monitoramento domiciliar de gatos diabéticos pelos seus proprietários. Esta última vantagem é especialmente importante na espécie felina, pois sua manipulação costuma exigir maior habilidade e o fenômeno da hiperglicemia por estresse pode dificultar a interpretação dos resultados.

Foram realizados estudos com cães e, mais recentemente, em gatos, avaliando precisão, aplicabilidade, vantagens e desvantagens do monitoramento glicêmico com o FreeStyle Libre®, e os resultados em ambas as espécies foi semelhante. Estudos em cães com cetoacidose diabética também demonstraram boa precisão.

Em um estudo recente, foram aplicados 66 sensores em 33 gatos diabéticos e em um gato apresentando hipoglicemia (Deiting e Mischke, 2021). Amostras de sangue foram coletadas para fins comparativos, havendo forte correlação positiva entre os valores de glicose aferidos pelo sistema *flash* e pelo método de referência (hexoquinase). Os resultados em 67,7% (243/359) estavam dentro da faixa de referência com o FreeStyle Libre® (± 15% de erro), atendendo ao padrão internacional de desempenho descrito na norma ISO 15197:2013 (protocolo de monitoramento da glicemia capilar). Além disso, 99,4% (357/359) das medições estavam dentro das zonas A e B, de acordo com a análise da grade de erro do Consenso de Parkes.

No entanto, ainda assim, deve-se ter cuidado na interpretação dos resultados, uma vez que, avaliando individualmente, em 17 gatos foram observados valores com desvio padrão superior a 30%. Por isso, são recomendadas medições convencionais com glicosímetros de sangue capilar, pelo menos logo após a fixação do sensor, no caso de os resultados não se mostrarem consistentes. Essas medições podem ser realizadas utilizando o próprio leitor FreeStyle Libre® com fitas destinadas ao aparelho. O aparelho também traz a possibilidade do uso de fitas específicas para a mensuração de cetonas.

Os locais para fixação do sensor incluem: face dorsolateral do tórax, imediatamente caudal à escápula (na grande maioria dos casos), no dorso entre as escápulas, ou lateralmente no pescoço (mais utilizado em cães). Na maioria dos gatos, diferentemente dos cães, é necessária a utilização de outras soluções para ajudar na fixação, como a solução de benjoim ou até pontos de sutura. A cola de cianoacrilato tem sido comumente utilizada nessas ocasiões. A retirada do sensor normalmente ocorre sem dificuldade e é feita simplesmente puxando-o da pele com delicadeza. Porém, recomenda-se o uso de compressas com água morna para umedecer a cola adicional de cianoacrilato, facilitando sua remoção.

O uso do sistema *flash* demonstrou-se de fácil fixação e bem tolerado durante a aplicação em gatos. No ambiente domiciliar, alguns gatos necessitam da colocação de alguma proteção adicional para proteger o sensor, como bandagens, ataduras flexíveis ou, dependendo da região, protetores para sondas esofágicas. Porém, restrições relacionadas ao comportamento geral dos gatos não são comumente observadas. Os proprietários relatam que a leitura dos resultados é simples e que conhecer os valores da glicose em tempo real os deixa mais tranquilos.

Como apenas medições pontuais de glicose no sangue não fornecem informações suficientes para permitir ajustes seguros na dose de insulina, muitas vezes as curvas glicêmicas são recomendadas. Porém, muitos gatos ou seus proprietários não toleram bem a obtenção seriada de amostras de sangue para realizar essas curvas domiciliares e, por isso, o sistema *flash* pode ser um aliado. As instruções de aplicação do sensor e leitura dos resultados são mostradas no Quadro 1.

QUADRO 1

Instruções para aplicação do sensor FreeStyle Libre® para monitoramento glicêmico com sistema *flash* em gatos

Aplicação do sensor de monitoramento *flash*		
Etapa	**Ação**	
1	Escolha o local de aplicação e realize a tricotomia do local desejado (p. ex., atrás ou entre escápulas, lateral do pescoço)	
2	Realize a limpeza do local com álcool e deixe secar bem	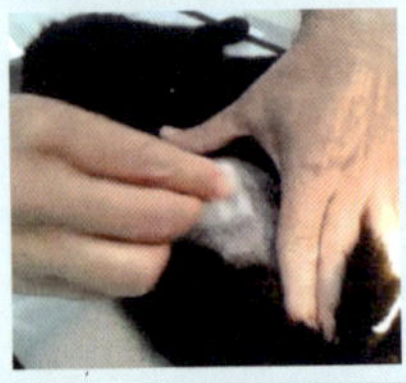
3	Retire o lacre do sensor e a tampa do aplicador. Encaixe um no outro, conforme a marcação indicada, e os pressione firmemente contra uma superfície dura	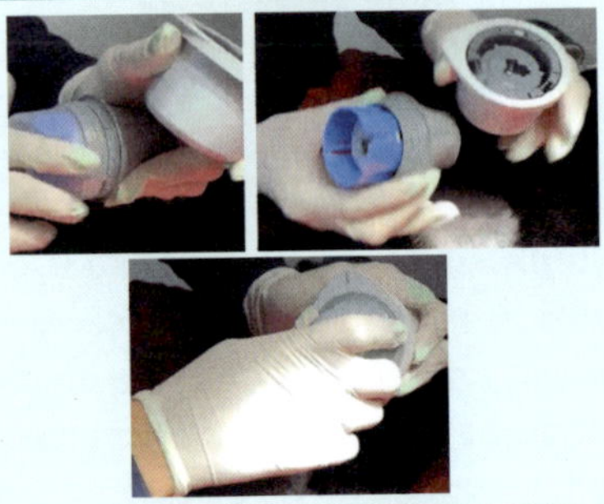
4	Separe o aplicador do sensor de sua embalagem e o posicione no local desejado, empurrando-o com firmeza contra o corpo (você ouvirá o sensor sendo acionado no lugar)	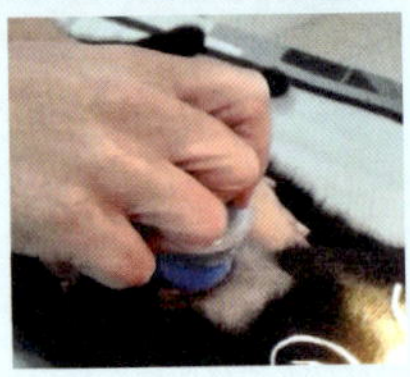

(continua)

QUADRO 1 *(continuação)*

Instruções para aplicação do sensor FreeStyle Libre® para monitoramento glicêmico com sistema *flash* em gatos		
Aplicação do sensor de monitoramento *flash*		
Etapa	**Ação**	
5	Retire com cuidado o aplicador do sensor. Pode ser necessário o auxílio de uma pinça para manter o sensor no lugar e evitar a retirada inadvertida pelo paciente até sua completa fixação (a maioria dos pacientes vai necessitar de pontos de fixação adicional com cola nas bordas adesivas)	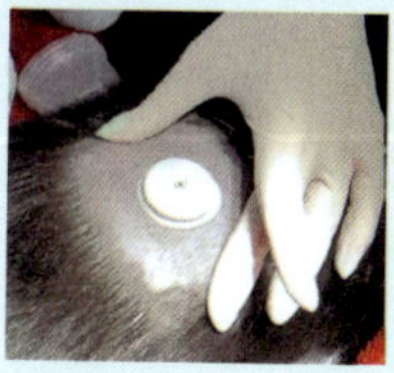
6	Assim que realizada a fixação, o leitor pode ser iniciado. Aproxime o leitor do sensor. Será necessário um período de 60 min para calibração a cada novo sensor acoplado. Posteriormente, as leituras das glicemias podem ser realizadas	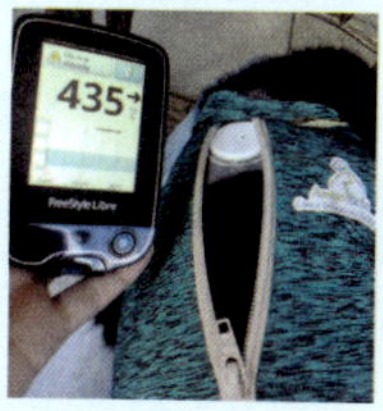

Fonte: arquivo pessoal dos autores.

LIMITAÇÕES DO USO

Complicações relacionadas ao uso do sistema *flash* foram relatadas em 30% dos gatos. A principal complicação é seu descolamento, seguido de falha na leitura do sensor antes dos 14 dias de uso (entre 1,6-14 dias) e a presença de reações cutâneas após seu descolamento. Apenas 20% dos sensores demonstraram ser eficientes durante o período de medição de 14 dias, conforme descrito pelo fabricante para uso humano. Alguns desses sensores foram removidos pelos próprios gatos e outros foram retirados por acidente, principalmente pelo hábito de saltar dos felinos, o que gera atrito nos móveis.

Um possível fator que pode contribuir para a remoção precoce inclui o rápido crescimento dos pelos nos gatos, ocasionando o desprendimento entre o sensor e a pele. Outra diferença nos gatos é a maior elasticidade, menor firmeza e espessura mais fina da pele. Um estudo concluiu que as leituras realizadas pelo FreeStyle Libre® em cães são afetadas pela espessura da pele, pois aqueles com pele mais grossa (> 5 mm) apresentam leituras mais precisas.

Uma questão importante a ser mencionada ao considerar diferentes meios de amostragem (sangue/plasma *vs.* fluido intersticial) é que os critérios ISO 15197 são projetados para instrumentos que medem a glicose sanguínea. Portanto, nem sempre a diferença entre os valores aferidos com ambos os métodos é devida a uma imprecisão real da glicose contínua avaliada, podendo ser também devida ao tempo para que o equilíbrio entre os dois compartimentos seja estabelecido.

Em humanos, a glicose intersticial reage com um atraso de 5 a 10 minutos nas mudanças repentinas na glicemia. Após uma coleta de sangue, alguns gatos rapidamente podem desenvolver hiperglicemia por estresse, então é possível que a glicemia aumente, mas a concentração de glicose no interstício ainda esteja equilibrada.

É de extrema importância que os sensores sejam aprimorados e personalizados, principalmente no que diz respeito a uma melhor fixação, considerando a anatomia da pele, e ao comportamento das diferentes espécies. Assim, o monitoramento glicêmico com o sistema *flash* poderá ser mais amplamente utilizado na medicina veterinária. As vantagens e desvantagens do uso de tal método de monitoramento glicêmico estão listadas no Quadro 2.

QUADRO 2

Vantagens e desvantagens do uso do sistema de monitoramento glicêmico *flash* em gatos

Vantagens	Desvantagens
Bem tolerado	Não completamente validado para cães e gatos
Utilização prática no próprio domicílio	Custo
Redução da necessidade de punções desconfortáveis para o gato e o proprietário	Podem ocorrer eritema leve e dermatite superficial no local
Diminuição do estresse e, consequentemente, da dificuldade de leitura dos resultados por interferências na curva	Alguns gatos apresentam leituras imprecisas
Análises diárias realizadas por até 14 dias	Nem todos os gatos permanecem com o sensor funcional por 14 dias
Fornece dados em tempo real	É necessária uma leitura no mínimo a cada 8 horas para que o sistema compute gráficos com a variabilidade diária

REFERÊNCIA

Deiting V, Mischke R. Use of the "FreeStyle Libre" glucose monitoring system in diabetic cats. Res Vet Sci. 2021;135:253-9.

LITERATURA SUGERIDA

Basu A, Dube S, Veettil S, Slama M, Kudva YC, Peyser T, et al. Time lag of glucose from intravascular to interstitial compartment in type 1 diabetes. J Diabetes Sci Technol. 2015;9(1):63-8.

Corradini S, Pilosio B, Dondi F, Linari G, Testa S, Brugnoli F, et al. Accuracy of a flash glucose monitoring system in diabetic dogs. J Vet Intern Med. 2016;30(4):983-8.

Del Baldo F, Diana A, Canton C, Linta N, Chiocchetti R, Fracassi F. The influence of skin thickness on flash glucose monitoring system accuracy in dogs with diabetes mellitus. Animals (Basel). 2021;11(2):408.

Fennell C. How to place a FreeStyle Libre in veterinary patients. Vet Nurse. 2020;11(6):276-9.

Gottlieb S, Rand J. Managing feline diabetes: current perspectives. Vet Med (Auckl). 2018;9:33-42.

Malerba E, Cattani C, Del Baldo F, Carotenuto G, Corradini S, Golinelli S, et al. Accuracy of a flash glucose monitoring system in dogs with diabetic ketoacidosis. J Vet Intern Med. 2020;34(1):83-91.

Mancini G, Berioli MG, Santi E, Rogari F, Toni G, Tascini G, et al. Flash glucose monitoring: a review of the literature with a special focus on type 1 diabetes. Nutrients. 2018;10(8):992.

Shoelson AM, Mahony OM, Pavlick M. Complications associated with a flash glucose monitoring system in diabetic cats. J Feline Med Surg. 2021;23(6):557-62.

19

Manejo de *spray* inalatório com espaçador

Christine Souza Martins

O PULO DO GATO

A asma é uma doença inflamatória crônica que nos gatos também pode causar diminuição súbita do calibre das vias aéreas, levando à angústia respiratória aguda.

O diagnóstico deve ser preciso, descartando outras causas de doenças pulmonares.

O uso de medicamentos (corticosteroides e broncodilatadores) na forma de aerossóis pode facilitar o controle dos sinais e diminuir os efeitos adversos sistêmicos.

Uma vez decidido que a via inalatória é a mais apropriada, devem-se empreender esforços para adaptar o gato e treinar o proprietário para o uso dos aerossóis dosimetrados.

INTRODUÇÃO

As doenças bronquiais nos gatos estão associadas a inflamação das vias aéreas (eosinofílica ou neutrofílica), mesmo na ausência de infecção. A inflamação pode resultar em produção excessiva de muco, hiperplasia epitelial e hipertrofia e constrição da musculatura lisa das vias aéreas, o que caracteriza a asma. Esse conjunto de alterações restringe o fluxo normal de ar e pode causar dispneia aguda.

Se a inflamação crônica causar remodelamento das vias, com estreitamentos localizados, pode gerar sinais clínicos crônicos, como tosse e eventuais crises de obstrução aguda. A tosse que se torna crônica na maioria das vezes é caracterizada como bronquite crônica. A asma nos gatos é descrita como uma desordem alérgica, secundária à hiper-reatividade das vias aéreas. Mas a caracterização da inflamação de vias áreas como duas síndromes distintas (asma ou bronquite) é difícil e reserva mais semelhanças que diferenças. Entretanto, o gato é talvez o único animal que mais frequentemente desenvolve uma síndrome de asma semelhante à dos seres humanos, com broncoconstrição espontânea e súbita, caracterizando as crises. A asma é uma causa importante de dispneia nos gatos de idades variadas.

O diagnóstico é baseado na presença de sinais clínicos, descarte de outras desordens pulmonares, radiografias torácicas de boa qualidade e, eventualmente, avaliação de material coletado por lavado broncoalveolar ou broncoscopia (ver capítulo 17 – Lavado broncoalveolar).

INDICAÇÕES

Os principais objetivos do tratamento da asma no gato são reduzir a contração súbita da musculatura lisa dos brônquios e controlar a inflamação. Com esses objetivos, a maioria dos tratamentos para a asma conta com o uso de broncodilatadores e corticosteroides, respectivamente. Alguns gatos, porém, tornam-se refratários a esses tratamentos ou desenvolvem complicações associadas a eles.

Tendo em vista a possibilidade de efeitos adversos associados ao uso constante de corticosteroides, a via inalatória apresenta a vantagem de minimizar sua absorção sistêmica enquanto atinge concentrações satisfatórias nos tecidos afetados pela inflamação. Assim também se aplica aos broncodilatadores que, por via inalatória, agem mais rapidamente no local afetado pela broncoconstrição, também minimizando os efeitos sistêmicos.

Uma maneira simples de administrar medicamentos por via inalatória são os aerossóis (*sprays*) dosimetrados, popularmente chamados de "bombinhas". A principal função do *spray* inalatório é o manejo das crises agudas de asma, mas também podem ser úteis no tratamento em longo prazo para gatos com sinais crônicos. O uso correto desses dispositivos exige que o paciente (humano) sincronize a liberação da dose com os movimentos respiratórios, o que é impossível em pacientes pediátricos humanos e em qualquer paciente veterinário. Para superar essa dificuldade, foram desenvolvidos os espaçadores, câmaras acopladas aos frascos do *spray* inalatório onde as doses do aerossol ficam contidas enquanto o paciente inspira espontaneamente (Figura 1).

Também é possível fazer adaptações de espaçador utilizando frascos de soro ou outros dispositivos plásticos, mas esses dispositivos improvisados carecem da válvula que garante o fluxo unidirecional do ar inspirado e minimiza o desperdício de medicamento. Já estão disponíveis dispositivos manufaturados para o paciente veterinário, alguns importados, outros nacionais, que possuem a válvula de fluxo unidirecional e máscaras apropriadas para o paciente veterinário (Figura 2). Os espaçadores de fabricação nacional têm custo acessível.

FIGURA 1. Modelo de espaçador de uso humano, que pode ser adaptado para uso em gatos.

Fonte: arquivo pessoal da autora.

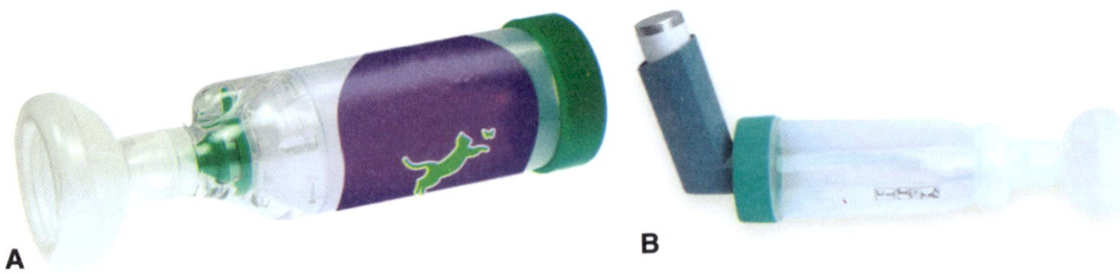

FIGURA 2. Modelos de espaçadores para uso veterinário. **A:** modelo importado. **B:** modelo de fabricação nacional.

Fonte: https://www.trudellanimalhealth.com/product/aerokat-chamber (A) e https://agpmed.com.br/linha/agachamber-vet/4 (B)

O uso eficiente dos *sprays* inalatórios com espaçadores exige que uma máscara esteja bem adaptada à face, sem ser desconfortável e sem ferir os olhos. Isso pode ser um desafio em gatos braquicefálicos. Estes podem se adaptar melhor às máscaras de uso pediátrico. De qualquer maneira, é necessário que a máscara seja segurada na face do gato enquanto ele inspira a dose do medicamento contido no espaçador. Para gatos em crise asmática isso pode ser ainda mais estressante e causar descompensação respiratória. Uma estratégia para evitar mais estresse é acostumar o gato e treinar o proprietário para o manejo do dispositivo em momentos de conforto respiratório, pois, quando estiver em crise, o gato já conhecerá o procedimento, não causando estranheza ou estresse adicional a ele.

Como qualquer medicamento a ser administrado em gatos, deve-se ter a certeza da sua real necessidade e se é possível usar a via inalatória em casa sem causar descompensação.

O treinamento e a adaptação do proprietário e do gato requerem paciência e dedicação (Quadro 1, Figuras 3 e 4).

Quando se considera que o gato já está adaptado e confortável com o dispositivo, pode-se demonstrar ao proprietário o procedimento e/ou produzir material informativo impresso ou em vídeo (Quadro 2, Figuras 5 e 6).

QUADRO 1

Recomendações para adaptação do gato ao *spray* inalatório

- Escolha uma área da casa em que o gato se sinta seguro, longe de outros animais ou pessoas que o deixam ansioso
- Familiarizar o gato com o dispositivo e com o cheiro da medicação:
  - Pode-se passar algo com odor agradável para ele (atum, caldo de ração úmida) na máscara e permitir que ele a cheire e lamba
  - Deixá-lo cheirar livremente e ficar confortável com o dispositivo
  - Determinar em qual posição o gato fica mais à vontade: no colo, na cama ou em cima de um móvel
  - Encostar a máscara na face sobre o nariz e a boca por apenas alguns segundos e depois ir aumentando gradativamente esse tempo. O ideal é chegar a 30 segundos depois de alguns dias.
  - Se necessário, enrolar o gato em uma toalha ou cobertor com o qual esteja familiarizado
  - Quando ele já estiver confortável com o dispositivo e com a máscara no rosto, começar a familiarizá-lo com o som do *spray*, de longe e diminuindo a distância gradualmente
- O treinamento deve ser baseado em reforço positivo: com carinho nos locais favoritos e petiscos antes e depois do treinamento
- O proprietário deve ficar calmo e ter a devida paciência
- Pode ser necessário fazer várias tentativas

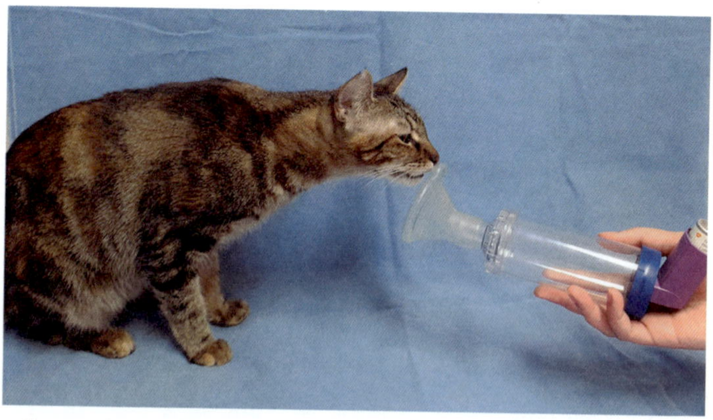

FIGURA 3. O gato é apresentado ao dispositivo aos poucos, permitindo que o cheire e se acostume.

Fonte: arquivo pessoal da autora.

FIGURA 4. Um alimento com odor agradável foi passado na máscara e permitiu-se que o gato cheirasse e lambesse o dispositivo, criando uma experiência positiva.

Fonte: arquivo pessoal da autora.

QUADRO 2

Instruções para administração do *spray* inalatório

- Utilizar posição e local determinados como mais confortáveis para o gato
- Agitar vigorosamente o frasco do medicamento
- Anexar o frasco ao espaçador
- O espaçador com o frasco acoplado é segurado sobre a face do gato
- A dose determinada da medicação é impelida na câmara do espaçador. Se o espaçador possuir válvula unidirecional, a dose pode ser administrada antes de encostar a máscara no gato, diminuindo a reação ao barulho
- Contar de 10 a 15 movimentos respiratórios a fim de garantir que toda a dose foi inspirada
- Passar um papel toalha sobre a face e pelagem para tirar resíduos do medicamento

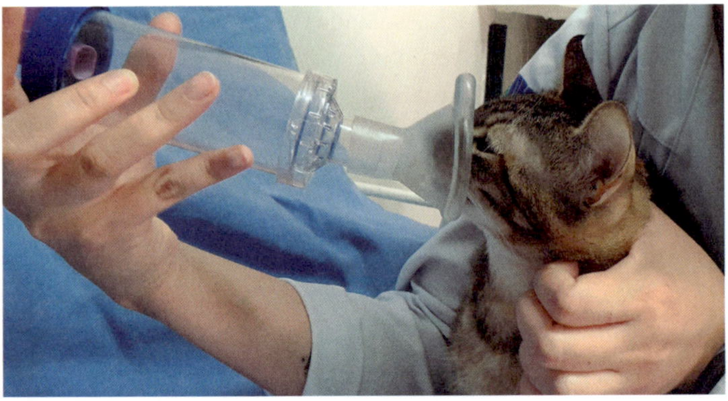

FIGURA 5. À medida que o gato se acostuma, a máscara é encostada na face por períodos gradativamente maiores. Observar qual a posição mais confortável para gato, aqui sem muita contenção e com afagos no pescoço.

Fonte: arquivo pessoal da autora.

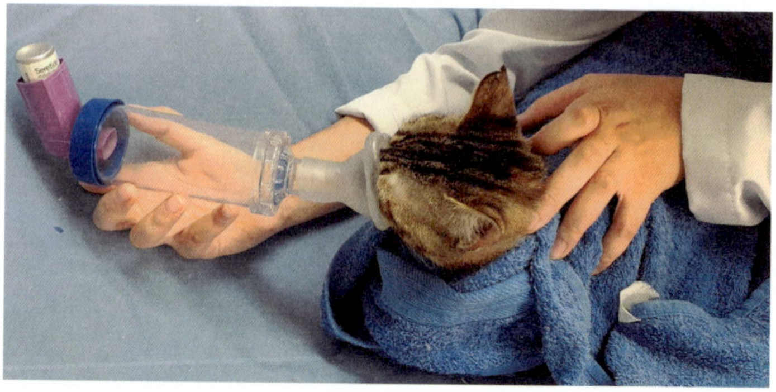

FIGURA 6. Gatos que necessitam de mais contenção também devem ser acostumados a serem enrolados em uma toalha ou cobertor.

Fonte: arquivo pessoal da autora.

O conjunto do dispositivo deve ser desmontado e lavado com água corrente e detergente neutro. Devem-se evitar desinfetantes fortes, pois podem degradar as partes mais delicadas do espaçador ou da máscara.

Se a adaptação não for bem-sucedida ou o gato se tornar agressivo ou muito estressado durante o uso do *spray*, devem-se considerar alternativas de administração de medicamentos para o controle em longo prazo da doença bronquial inflamatória. Também se deve considerar que gatos com asma são sensíveis a poluentes ambientais e podem ser necessárias adaptações a fim de maximizar as respostas ao tratamento.

Em situações de broncoconstrição aguda (crise de asma), também se devem empregar todas as recomendações associadas com à dispneia, incluindo a necessidade de suplementação de oxigênio (ver capítulo 8 – Oxigenoterapia).

Para os proprietários ficarem mais seguros para administração do *spray* com espaçador, outros recursos estão disponíveis em: https://icatcare.org/inhaler-training/ (em inglês).

LITERATURA SUGERIDA

Johnson LR. Respiratory therapeutics. In: Johnson LR, editor. Canine feline respiratory medicine. 2. ed. Hoboken: John Wiley & Sons; 2020. p.43-62.

Mandell DC. Respiratory distress in cats. In: King LG, editor. Textbook of respiratory disease in dogs and cats. St. Louis: Saunders Elsevier; 2004. p.12-7.

Padrid P. Use of inhaled medications to treat respiratory diseases in dogs and cats. J Am Anim Hosp Assoc. 2006;42(2):165-9.

Paulin MV, Caney SM, Cosford KL. Online survey to determine client perceptions of feline chronic lower airway disease management: response to therapy, side effects and challenges encountered. J Feline Med Surg. 2022;24(12):1219-27.

Trzil JE. Feline asthma: diagnostic and treatment update. Vet Clin North Am Small Anim Pract. 2020;50(2):375-91.

Verschoor-Kirss M, Rozanski EA, Sharp CR, Oura TJ, Egan A, Bain P, Knoll J. Treatment of naturally occurring asthma with inhaled fluticasone or oral prednisolone: a randomized pilot trial. Can J Vet Res. 2021;85(1):61-7.

20

Exame oftálmico

Marcela Torikachvili
Maiara Poersch Seibel

O PULO DO GATO

A oftalmologia ainda é pouco abordada na grade curricular da maioria das faculdades de veterinária do Brasil, o que faz com que os profissionais tenham pouca familiaridade com a avaliação ocular.

Casos oftálmicos sempre chegam aos plantões, pois as alterações, além de gerarem dor, são perceptíveis aos olhos do proprietário, que muitas vezes chega assustado ao consultório.

O clínico geral de felinos deve saber realizar o diagnóstico e tratamento das enfermidades oculares mais comuns e, para isso, deve saber realizar um exame oftálmico de rotina.

INTRODUÇÃO

O objetivo deste capítulo é explicar o exame ocular de forma simples e direta, destacando pontos importantes. A Figura 1 demonstra a sequência de etapas a serem realizadas durante o exame oftalmológico.

AMBIENTE E MATERIAIS

Antes de iniciar o atendimento oftálmico de um gato, é importante deixar todo o material organizado e disponível, de forma a evitar movimentação desnecessária na presença do paciente. A sala de atendimento deve ser silenciosa, tendo a possibilidade de escurecê-la. O uso de feromônios sintéticos ajuda no conforto e na adaptação do paciente ao local. Também é desejável atender com jaleco limpo, sem odor de outros animais, e em um tom de voz baixo durante

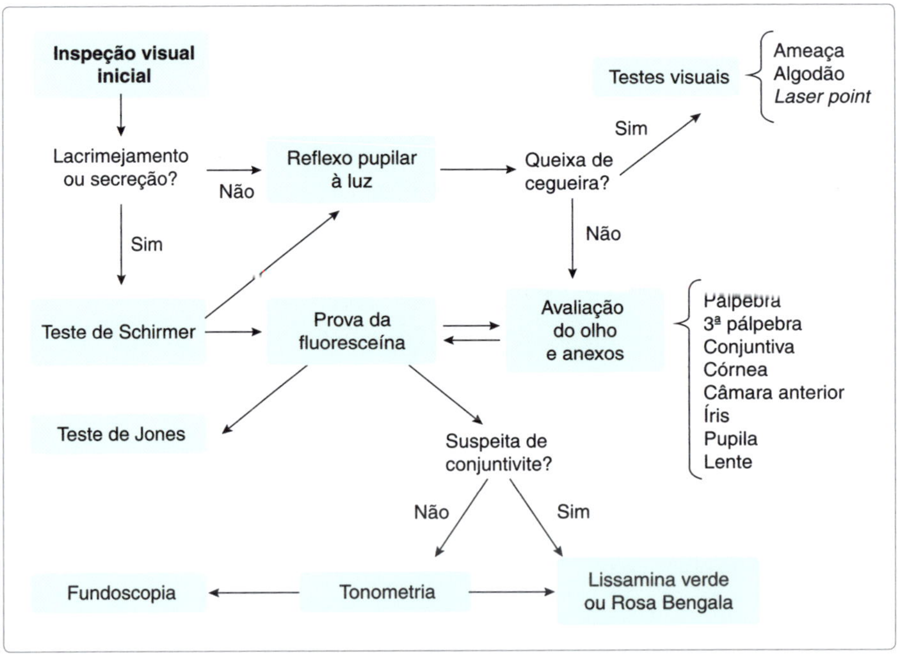

FIGURA 1. Etapas do exame físico oftalmológico, demonstrando de forma ordenada como e quando cada uma deve ser realizada.

todo o período em que o gato estiver dentro do consultório. A contenção física pode ser feita com o auxílio de uma toalha limpa. Esta deve envolver o gato por inteiro, incluindo seus membros, deixando somente a face para fora.

Para a avaliação ocular, é imprescindível dispor de uma fonte de luz focal, que pode ser um transiluminador do tipo Finoff, ou mesmo uma lanterna de bolso. A luz deve ser quente (amarela), pois a luz branca causa maior desconforto e reação de ofuscamento. Não é recomendado usar a lanterna do celular. Além disso, é essencial utilizar uma fonte de magnificação. Enquanto oftalmologistas dispõem da lâmpada de fenda, um equipamento mais sofisticado, os clínicos podem utilizar as lupas de cabeça, com ótimo custo-benefício. Alguns dos materiais utilizados no exame oftálmico estão demonstrados na Figura 2.

HISTÓRICO E ANAMNESE

A coleta do histórico clínico é parte importante do processo de diagnóstico. É essencial utilizar linguagem acessível e direcionar as perguntas sem interferir nas respostas. Convém iniciar a anamnese questionando sobre o motivo pelo qual

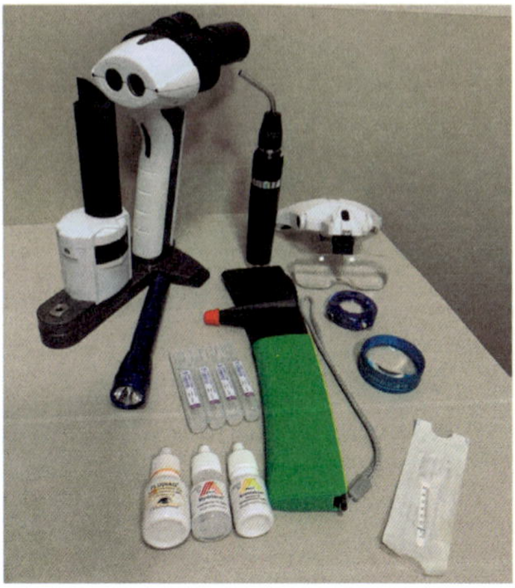

FIGURA 2. Materiais utilizados no exame oftálmico, incluindo lâmpada de fenda, lupa de cabeça, lanterna, transiluminador, lente de fundoscopia, luz de cobalto, tonômetro, colírios de diagnóstico e teste de Schirmer.

Fonte: arquivo pessoal das autoras.

o proprietário levou o gato ao atendimento, conduzindo melhor os questionamentos subsequentes. Na consulta oftálmica, cinco perguntas são obrigatórias:

1. O paciente enxerga?
2. O paciente apresenta secreção ocular?
3. O paciente manifesta blefarospasmo?
4. O paciente apresenta olhos vermelhos?
5. O paciente coça os olhos?

Além de ajudar a direcionar o diagnóstico correto, essas informações servem como parâmetro para comparação na consulta de revisão, após o tratamento proposto.

Além de questionar sobre a parte ocular, é indispensável entender sobre a saúde geral do paciente e o ambiente em que ele vive. Devem ser feitas perguntas sobre o tipo de moradia, acesso à rua, testes para infecção pelos vírus da imunodeficiência felina (FIV) e da leucemia felina (FeLV), vacinação, alimentação, histórico de doenças e tratamentos anteriores ou em andamento e contato com outros felinos.

Quando o proprietário relatar epífora, secreção ocular e blefarospasmo, deve-se suspeitar do envolvimento de herpes-vírus e questionar sobre mudanças recentes no ambiente domiciliar, visitas em casa, troca de rotina, início de obras, novo animal contactante, cirurgias ou internações recentes, entre outros. Conjuntivite e ceratite herpética estão entre as doenças oculares mais comuns em felinos e quase sempre os sinais são precedidos de algum evento estressante para o gato.

INSPEÇÃO VISUAL INICIAL

Ao posicionar o paciente, deve-se observar se há algo que inicialmente chame a atenção, como assimetria facial, lesão ocular aparente, olho muito grande ou muito pequeno, secreção em grande quantidade e manifestação de dor. Após a inspeção visual inicial, podem-se realizar os testes oftálmicos específicos demonstrados na Figura 3.

TESTE LACRIMAL DE SCHIRMER

Esse teste tem o objetivo de quantificar a produção do componente aquoso do filme lacrimal, ou seja, medir a quantidade de lágrima produzida. Ele consiste em colocar uma fita de papel milimetrado estéril no saco conjuntival inferior

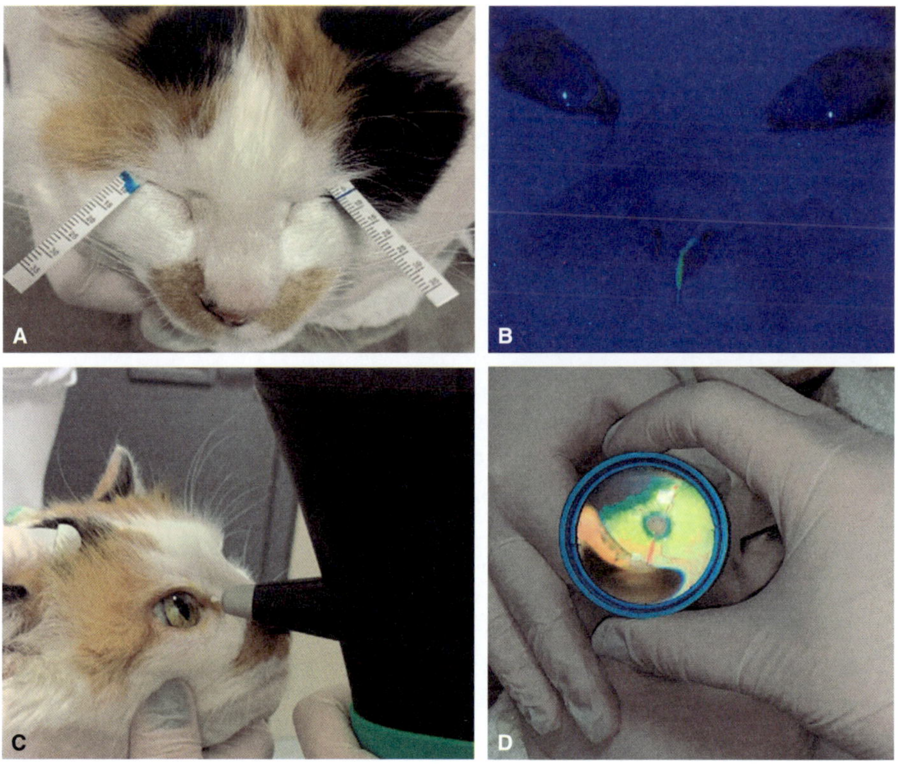

FIGURA 3. Etapas do exame oftálmico do paciente felino. **A:** teste de Schirmer. **B:** teste de Jones negativo no olho direito e positivo no olho esquerdo, evidenciado pela luz de cobalto. **C:** tonometria de rebote. **D:** fundoscopia indireta monocular.

Fonte: arquivo pessoal das autoras.

e verificar a medida em milímetros durante um minuto. O ideal é posicionar a fita mais perto do canto lateral, evitando a interferência da terceira pálpebra sobre ela (Figura 3A). Após um minuto, a leitura deve ser imediata, pois a lágrima segue avançando pela fita mesmo fora do olho. O teste mede a produção basal junto com a produção reflexa decorrente do contato da fita com a córnea, uma vez que não se utiliza colírio anestésico prévio. A aferição do teste de Schirmer (STT) é sempre o primeiro teste a ser realizado, pois o lacrimejamento reflexo decorrente da manipulação das pálpebras e a aplicação tópica de colírios interferem no resultado.

Os valores de referência do teste de Schirmer no gato adulto variam entre 14,3 ± 4,7 mm/min e 16,92 ± 5,73 mm/min.

Valores baixos devem ser interpretados com cuidado e associados aos sinais clínicos, pois a ceratoconjuntivite seca não é tão comum em gatos quanto é em cães, exceto quando há envolvimento de herpes-vírus. Sedação e anestesia reduzem temporariamente a produção lacrimal em gatos, especialmente com o uso de cetamina, xilazina, acepromazina, medetomidina e opioides. Valores altos podem ocorrer no teste de gatos com drenagem nasolacrimal prejudicada ou ausente (obstrução ou agenesia de ducto nasolacrimal) ou que estão com lacrimejamento secundário à outra doença ocular.

REFLEXO PUPILAR À LUZ

O reflexo pupilar à luz (RPL) se refere à contração da pupila em resposta à luz que atinge a retina. Esse teste avalia tanto a função sensitiva do nervo óptico, que absorve a luz, quanto a função parassimpática do nervo oculomotor, responsável pela contração do músculo esfíncter pupilar.

No RPL direto, a iluminação focal gera miose do mesmo olho, avaliando fibras que não sofrem decussação no quiasma óptico. No RPL indireto (ou consensual), a iluminação de um olho gera miose do contralateral, avaliando fibras decussadas. As fibras que fazem o RPL deixam o trato óptico antes de atingir os corpos geniculados. Por isso:

Reflexo pupilar positivo não é um indicador confiável de função visual. O reflexo depende de retina, nervos óptico e oculomotor e músculos da íris, mas não avalia o córtex visual (SNC).

É importante lembrar de outras causas de RPL negativo, como uso de medicação prévia (colírios midriáticos, opioides em gatos), sinéquias e atrofia de íris. Animais com muito medo também podem apresentar midríase persistente durante a consulta.

OUTROS TESTES VISUAIS

A resposta à ameaça consiste em tapar um olho e avançar com a mão sobre o outro, buscando verificar se há reflexo de fechamento das pálpebras. Essa é uma resposta protetora aprendida, portanto ausente, em filhotes até cerca de 12 semanas de idade. Deve-se ter cuidado para não deslocar ar ao fazer o movimento de ameaça, o que pode gerar resultado falso-positivo. Em gatos com suspeita de cegueira, os resultados podem ser inconsistentes. Para felinos, o ideal é estimular com movimentos, uma vez que são animais caçadores. Pode-se fazer uma bola de algodão e deixá-la cair em frente aos olhos do animal, observando se há movimentação da cabeça acompanhando o objeto que cai. O algodão é o melhor material para esse teste, pois é leve, não gera deslocamento de ar e não faz barulho ao cair. Outra opção é a estimulação com *laser point*, já que a luz em movimento chama a atenção da maioria dos pacientes.

AVALIAÇÃO DO OLHO E ANEXOS

Utilizando luz focal e fonte de magnificação, inicia-se a inspeção do olho e de seus anexos. É conveniente examinar "de fora para dentro", seguindo a seguinte ordem:

Pálpebras – terceira pálpebra – conjuntiva – córnea e esclera – câmara anterior – íris e pupila – lente – segmento posterior

Na avaliação das pálpebras, devem-se observar a anatomia e a movimentação, além do aspecto de pele e pelagem, e a presença de secreções aderidas. As afecções palpebrais mais comuns em felinos incluem entrópio, coloboma palpebral e neoplasias. O entrópio inferior total é mais comum em gatos sem raça definida, enquanto o entrópio restrito ao canto medial está presente na maioria dos braquicefálicos. O coloboma é a não formação parcial ou total da pálpebra, sendo observado em filhotes (Figura 4). Já as neoplasias acometem principalmente os felinos adultos a idosos, podendo ser nodulares ou ulceradas, como é o caso dos carcinomas

Para expor a terceira pálpebra, é necessário pressionar levemente o bulbo ocular. Deve-se observar se há áreas de aderência da terceira pálpebra na córnea

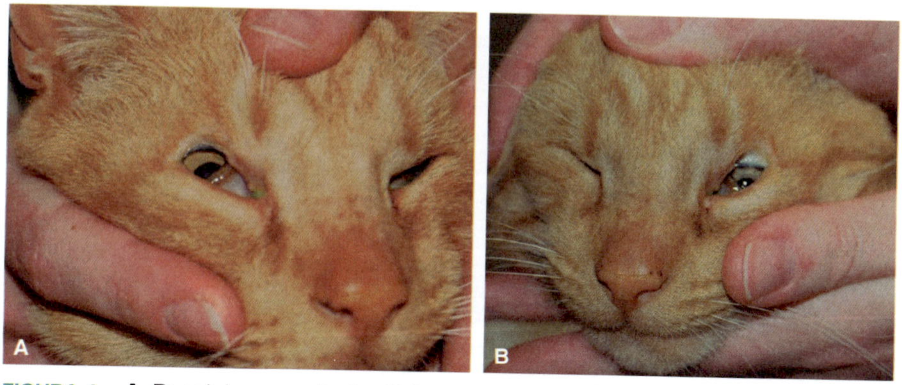

FIGURA 4. **A, B:** coloboma palpebral bilateral em um gato.
Fonte: imagens cedidas por Fernanda Vieira Amorim da Costa.

(simbléfaro), ou presença de folículos. Nas conjuntivites felinas, é comum observar a presença de múltiplos folículos na face bulbar (interna) da terceira pálpebra e, para visualizá-los, é necessário instilar colírio anestésico e expor a região com o auxílio de pinça atraumática.

A avaliação da conjuntiva se faz extremamente importante, já que as conjuntivites infecciosas estão entre as principais alterações que levam o gato ao consultório. Para observar se há hiperemia, deve-se levantar a pálpebra superior. Se houver edema (quemose), a conjuntiva bulbar e/ou palpebral fica com aumento de volume, que muitas vezes pode ser tão exuberante a ponto de cobrir toda a córnea (Figura 5).

A córnea deve ser avaliada minuciosamente. A córnea saudável é transparente, avascular e relativamente desidratada. Durante o exame, é importante procurar

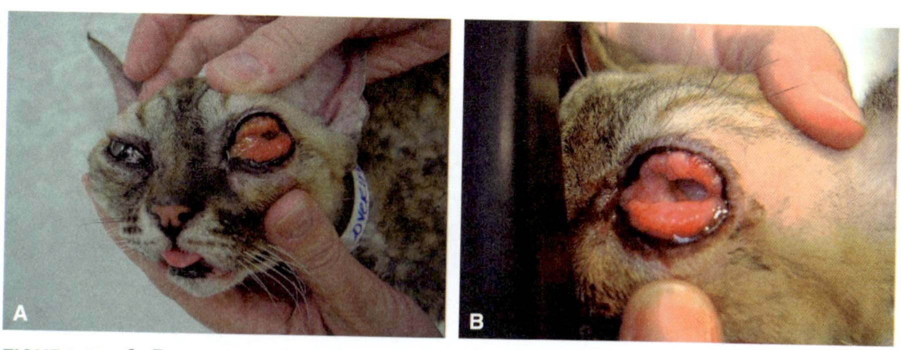

FIGURA 5. **A, B:** quemose intensa em um gato, cobrindo toda a superfície corneana.
Fonte: imagens cedidas por Fernanda Vieira Amorim da Costa.

por vasos sanguíneos superficiais ou profundos, pigmentos, opacidades e tecidos inflamatórios. Se houver lesões profundas visíveis a olho nu, isso também deve ser percebido. A esclera é pouco visualizada, mas, ao levantar a pálpebra, é possível avaliar a região mais anterior, próxima ao limbo.

Para avaliar o tamanho da câmara anterior, é conveniente observar o paciente de lado. Em casos de glaucoma, ela pode estar aumentada pelo aumento da pressão intraocular (PIO) e redução na drenagem do humor aquoso. Além disso, pode estar reduzida ou ausente após uma perfuração ocular com sinéquia anterior. Quanto ao humor aquoso, pode estar turvo em casos de uveíte por aumento da celularidade (*flare*). É importante verificar a presença de sangue (hifema), material purulento (hipópio) ou coágulos de fibrina na câmara anterior (Figura 6).

Também pode haver massas neoplásicas ocupando seu espaço, normalmente originadas na íris ou no corpo ciliar. O linfoma e o adenocarcinoma são as mais comuns na espécie felina.

Em relação à íris, é necessário procurar por cistos, alterações de coloração, massas, sinéquias e regiões de atrofia, comparando sempre com o olho adelfo. Um dos sinais mais característicos de uveíte é a mudança de coloração da íris pelo aumento de vascularização, tornando-a mais alaranjada. Ao observar o paciente de lado, é possível perceber regiões com alterações sutis de volume. Se houver manchas acastanhadas, é importante fazer o diagnóstico diferencial para melanoma difuso de íris. As sinéquias anteriores são consequência de úlceras de córnea graves (Figura 7), enquanto as posteriores costumam estar relacionadas com processos de uveíte crônica. Quanto à pupila, deve-se observar se há simetria entre ambos os olhos e o formato de cada uma, que no paciente felino é mais vertical, em formato de fenda.

A lente (também denominada cristalino) pode ser parcialmente visualizada com a pupila em posição normal, mas a observação completa requer midríase. É

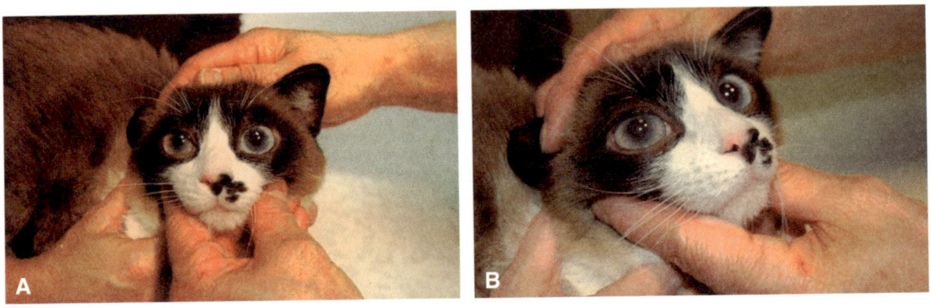

FIGURA 6. **A, B:** paciente apresentando uveíte em olho direito decorrente de peritonite infecciosa felina.

Fonte: imagens cedidas por Fernanda Vieira Amorim da Costa.

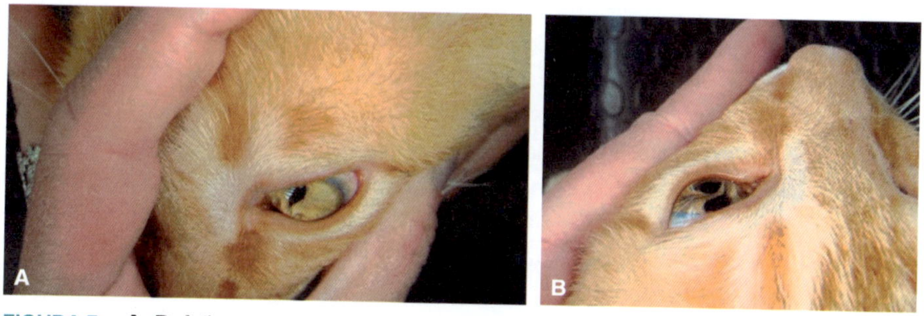

FIGURA 7. **A, B:** felino com sinequia anterior após úlcera de córnea.
Fonte: imagens cedidas por Fernanda Vieira Amorim da Costa.

necessário observar sua transparência e a posição. A esclerose nuclear ocorre em gatos idosos e tem relação com o aumento da compactação de fibras lenticulares antigas, conferindo ao núcleo da lente um aspecto mais azulado ou perolado. Essa alteração é fisiológica. Qualquer opacidade patológica é considerada catarata, que pode ocorrer na cápsula anterior, no córtex, no núcleo ou na cápsula posterior. O que mantém o cristalino na posição anatômica são as fibras zonulares, mas, caso haja ruptura parcial ou total, ocorrem as subluxações e luxações de lente, que podem configurar situações de emergência.

UTILIZAÇÃO DE CORANTES

Os corantes vitais são utilizados para a coloração de células ou tecidos vivos, servindo como ferramenta essencial de diagnóstico na oftalmologia clínica. Eles auxiliam na avaliação de desordens oculares envolvendo principalmente a córnea, a conjuntiva e o sistema lacrimal.

A fluoresceína é um corante hidrossolúvel disponível comercialmente na forma de sal (fluoresceína sódica) a 1 ou 2%, em colírios ou *strips*, que são tiras estéreis embaladas individualmente. É o corante mais utilizado na prática oftalmológica, sendo imprescindível a utilização no exame de qualquer paciente com queixa ocular. A fluoresceína é atóxica aos tecidos oculares, portanto, pode ser utilizada com segurança.

A aplicação tradicional da fluoresceína consiste no teste para verificação da presença de úlcera de córnea. Por ser hidrossolúvel e lipofóbico, o corante adere ao estroma da córnea (camada também hidrofílica), mas não adere ao epitélio nem à membrana de Descemet. Assim, quando o resultado do teste é positivo, obrigatoriamente houve lesão ao epitélio com exposição do estroma, o que confirma o diagnóstico de ceratite ulcerativa. É preciso ficar alerta, pois úlceras muito profundas com exposição da membrana de Descemet terão resultado negativo.

Para a realização do teste, instila-se uma gota do corante, que tem cor laranja, sobre a superfície ocular, e imediatamente se realiza a lavagem com solução fisiológica estéril, tornando-o esverdeado. Após a lavagem completa, observa-se se houve ou não retenção do corante. Caso a fluoresceína disponível seja em forma de *strips*, basta encostar a ponta colorida na conjuntiva bulbar superior e lavar da mesma maneira com solução fisiológica. É importante lembrar que não se deve lavar o olho de um gato com solução aplicada com gotejamento forte ou jatos. A melhor maneira é embeber um algodão e aplicar gentilmente sobre o olho, com uma gaze sobre a pálpebra inferior para coletar todo o líquido e evitar que a face do paciente fique molhada.

O teste de Jones é utilizado para avaliar a patência dos ductos nasolacrimais. A fluoresceína é aplicada na superfície ocular, mas não se realiza a lavagem subsequente. Após o período determinado, inspecionam-se as narinas e a cavidade oral do paciente. Caso o corante seja visualizado, o teste é positivo, o que costuma ocorrer em até um minuto (Figura 3B). Entretanto, deve-se esperar até cinco minutos para considerar um resultado negativo na espécie felina. Em gatos braquicefálicos o teste não é útil pois, em virtude da conformação craniana, o ducto é desviado ao redor do dente canino, sendo o resultado quase sempre negativo. Um resultado positivo confirma que o ducto é patente, embora não confirme que o sistema nasolacrimal é anatomicamente normal. A realização do teste de Jones é indicada em casos de lacrimejamento constante, secreção e prurido ocular. Outras aplicações da fluoresceína incluem o teste de Seidel e o teste do tempo de quebra do filme lacrimal.

O Rosa Bengala é um corante hidrossolúvel utilizado como teste padrão para a avaliação da superfície conjuntival, pois cora células vivas que não estão protegidas pelo filme lacrimal. O corante liga-se às células epiteliais desprovidas de algumas proteínas, como a mucina. Dessa forma, é um parâmetro confiável para avaliar a camada mucosa do filme lacrimal, situação particularmente importante na conjuntivite herpética felina. Apesar disso, o uso desse corante caiu em desuso por ser tóxico para as células epiteliais da córnea e da conjuntiva, além de a aplicação ser extremamente dolorosa e pouco tolerada pelos gatos.

A lissamina verde vem sendo usada como substituta ao Rosa Bengala na oftalmologia humana e veterinária. É um corante vital verdadeiro, atóxico e não irritativo, que cora somente células com membrana danificada, não corando células epiteliais saudáveis, mesmo que estejam desprovidas do revestimento pelo filme lacrimal. Mesmo assim, possui o mesmo padrão de coloração que o Rosa Bengala. Esse corante está disponível na forma de *strips*. O teste se faz da mesma forma que o realizado com fluoresceína.

TONOMETRIA

O exame de tonometria consiste na aferição da pressão intraocular (PIO) e é realizado com equipamentos chamados de tonômetros. Embora o clínico geral normalmente não o tenha disponível em consultório, é importante saber interpretar o exame e conhecer a PIO normal.

Na maioria das espécies, a pressão intraocular (PIO) varia entre 15 e 25 mmHg, sendo mais comum entre 17 e 19 mmHg nos felinos. A comparação entre os dois olhos é fundamental. Em situações de glaucoma a pressão sobe, e nos casos de inflamação intraocular ela tende a reduzir.

Os equipamentos mensuram a tensão da córnea e a relacionam com a PIO, portanto, é uma aferição indireta. O tonômetro de aplanação tem uma ponteira com uma maior área de contato com a córnea, não sendo tão bem tolerado por felinos. Já o tonômetro de rebote lança uma *probe* muito pequeno em direção ao olho, o que é praticamente imperceptível para o gato. O exame costuma ser bem tolerado. O paciente precisa estar em uma posição confortável, sem flexão nem compressão do pescoço para resultados fidedignos (Figura 3C).

Apesar de o uso mais frequente ser em pacientes com suspeita de glaucoma, a PIO deve ser mensurada em qualquer situação de olho vermelho, incluindo conjuntivite, ceratite, uveíte e esclerite, além de casos de edema de córnea, catarata e doenças orbitais.

FUNDOSCOPIA

A observação do segmento posterior requer sala escura e midríase obrigatória, por isso a fundoscopia costuma ser o último exame realizado na avaliação oftálmica. Após instilar o colírio midriático (tropicamida 1%), espera-se por aproximadamente 30 minutos. Cabe lembrar que a midríase dura cerca de 8 horas, mas alguns gatos ficam até 12 horas em midríase antes de a pupila retornar à posição normal.

No método de fundoscopia direta, utiliza-se o oftalmoscópio direto. A imagem visualizada é real e não invertida. A magnificação é de cerca de 15 vezes, visualizando-se aproximadamente 2% do fundo, o que é útil para a observação de uma região específica. A desvantagem é que o rosto do examinador fica muito próximo ao olho do paciente, o que pode comprometer a segurança (Figura 3D).

A oftalmoscopia indireta pode ser feita com a utilização de um oftalmoscópio binocular indireto de cabeça e uma lente de 20 dioptrias, ou somente com a lente e uma fonte de luz, o que torna o exame mais acessível aos clínicos (técnica monocular). A imagem é invertida e a magnificação é menor (2 a 8 vezes), porém o campo visual é maior. É necessário que um auxiliar segure o paciente e abra suas pálpebras, já que o examinador fica com as duas mãos ocupadas. Nessa modalidade de exame, o veterinário fica com o rosto longe do paciente, sendo mais segura. O clínico deve treinar a realização da fundoscopia nos pacientes saudáveis, para facilitar a posterior identificação de fundos anormais.

Alterações de segmento posterior podem ocorrer em caso de doença sistêmica, portanto o exame dessa região é de extrema importância em felinos. Quando há hipertensão sistêmica de qualquer origem, podem-se visualizar tortuosidade dos vasos da retina, hemorragias vítreorretinianas e descolamento de retina. É importante observar também as regiões tapetal e não tapetal e a papila óptica. O fundo de olho dos gatos é amarelado ou esverdeado, com padrão holangiótico. Entretanto, em gatos de íris azul, a porção não tapetal do fundo é albinótica, gerando um fundo tigroide, de aspecto avermelhado. Isso não deve ser confundido com hemorragia.

LITERATURA SUGERIDA

Featherstone H. Conditions of the feline fundus. In Pract. 2008;30(2)62-77.

Mitchell N. Feline ophthalmology Part 1: Examination of the eye. Ir Vet J. 2006;59(3)164-8.

Oriá AP, Filho EFM, Raposo ACS, Araújo NLLC, Junior DCG. Lacrimal production of cats: Schirmer tear test, phenol red thread tear test and endodontic absorbent paper point. Encicl Biosf. 2015;11(22)2085-91.

Rusanen E, Florin M, Hässig M, Spiess BM. Evaluation of a rebound tonometer (Tonovet) in clinically normal cat eyes. Vet Ophthalmol. 2010;13(1)31-6.

Sebbag L, Kass PH, Maggs DJ. Reference values, intertest correlations, and test-retest repeatability of selected tear film tests in healthy cats. J Am Vet Med Assoc. 2015;246(4)426-35.

Stiles J, Kimmitt B. Eye examination in the cat: step-by-step approach and common findings. J Feline Med Surg. 2016;18(9)702-11.

21

Otoscopia e citologia otológica

Carine Ribas Stefanello
Michelle Hirahata

O PULO DO GATO

A otoscopia e a citologia de orelha contribuem para o correto diagnóstico das otopatias e constituem-se em ferramentas para o acompanhamento da resposta à terapia.

As principais alterações que podem ser visualizadas pela otoscopia são: presença de ácaros, neoplasias, pólipos, corpos estranhos e alterações na membrana timpânica, além da presença de ceruminólitos.

A citologia da secreção auricular deve ser realizada em todos os casos em que houver suspeita de otite, para identificar agentes infecciosos secundários e a composição celular da secreção.

INTRODUÇÃO

As otopatias são frequentes na rotina clínica, embora em felinos sejam menos comuns quando comparados aos cães. Seu correto reconhecimento e manejo requer a compreensão anatômica e fisiológica da orelha normal, bem como uma investigação precisa das possíveis causas primárias, secundárias, predisponentes e perpetuantes de otite. Os exames otoscópico e citológico são fundamentais para a correta condução de cada caso e para que o sucesso do tratamento seja alcançado, uma vez que orientam o diagnóstico e constituem-se em ferramentas para o acompanhamento da resposta à terapia.

REVISÃO ANATÔMICA E FISIOLÓGICA

O conhecimento das estruturas da orelha saudável e de seu funcionamento é essencial para o reconhecimento dos achados anormais. Assim, com fins didáticos, a orelha pode ser dividida em pavilhão auricular, conduto auditivo externo, orelha média e orelha interna. Com exceção das raças Scottish Fold, que possui os pavilhões dobrados rostralmente, e American Curl, que possui os pavilhões enrolados caudalmente, os gatos domésticos têm pavilhões auriculares eretos. A principal função dos pavilhões auriculares é a localização e a captação das ondas sonoras, que são transmitidas para a membrana timpânica. Os pavilhões auriculares são compostos de cartilagem auricular recoberta por pele, com glândulas sudoríparas e sebáceas, além de folículos pilosos. A superfície convexa do pavilhão auricular tem mais folículos pilosos que a superfície côncava. Na base do pavilhão auricular, há um conjunto de dobras de cartilagem, e as mais importantes delas são o *tragus*, que forma a margem lateral do conduto auditivo, e a incisura intertrágica, localizada ao lado, que servirá como referência para o correto posicionamento do otoscópio.

O conduto auditivo vertical se estende ventral e rostralmente, antes de fazer uma curva medial, resultando em uma dobra de cartilagem, a prega dorsal. Sua continuação forma o conduto auditivo horizontal, que possui entre 6 e 9 mm de diâmetro. Os condutos auditivos são revestidos por pele que contém glândulas sebáceas, glândulas ceruminosas e folículos pilosos. Ainda que orelhas saudáveis costumem ter uma quantidade escassa de cerume com consistência cremosa, é normal que a orelha felina tenha uma quantidade moderada de detritos ceruminosos marrom-escuros que, na ausência de outros sinais clínicos, não são sugestivos de otite externa.

A membrana timpânica é côncava e separa o conduto auditivo da orelha média. É anatomicamente dividida em *pars flaccida* e *pars tensa*. A *pars flaccida* fica localizada dorsalmente e é plana, rosada, estreita e frouxamente aderida. A *pars tensa* compreende a maior parte da superfície da membrana timpânica. É fina, cinza-esbranquiçada, firmemente aderida, translúcida e contém estrias que se irradiam do manúbrio do martelo. Este se apoia na face interna da membrana timpânica, formando uma estrutura branca reta ou ligeiramente curva, a estria malear, que pode ser visualizada através da otoscopia. As estruturas acima são detalhadamente evidenciadas na Figura 1A.

Na orelha média, a bula timpânica é dividida em compartimentos ventromedial e dorsolateral por um septo ósseo fino. A cavidade timpânica contém os ossículos auditivos, a janela auditiva (abertura para o sistema coclear), a janela vestibular (abertura para o sistema vestibular) e a abertura da tuba auditiva.

EXAME OTOSCÓPICO

Um exame otoscópico completo deve ser realizado em todos os pacientes com suspeita de otite, para inspecionar os condutos auditivos. O exame inicial deve ser realizado no paciente acordado, apenas sob contenção física, quando possível. O ponto de referência para a entrada do otoscópio no conduto auditivo é a incisura intertrágica. Recomenda-se que o pavilhão auricular seja segurado e retraído dorsalmente, o que ajuda a minimizar a interferência da prega dorsal, permitindo o avanço do otoscópio pelo canal horizontal.

A partir da otoscopia, podem-se avaliar a quantidade e o tipo de cerume/exsudatos, e identificar a presença de ácaros, corpos estranhos, pólipos ou neoplasias. Além disso, permite verificar a coloração e o aspecto do epitélio de revestimento dos condutos, a membrana timpânica e as características estruturais.

Atualmente existem vários tipos de otoscópios disponíveis no mercado veterinário. Desde os mais simples, também chamados de **otoscópios convencionais**, e os **vídeo-otoscópios**, até os que são considerados os mais completos e precisos, por oferecerem imagens de alta definição, os chamados **endoscópios óticos rígidos ou otoendoscópios**, os quais são considerados uma grande ferramenta diagnóstica dentro da otologia.

Ao escolher um otoscópio, é importante que ele forneça boa iluminação e tenha cones longos e apropriados para a orelha felina. Existem diversas marcas, com diferentes tipos de cabeças para a realização da otoscopia. Já os vídeo-otoscópios apresentam diversas vantagens em relação ao convencional, por permitirem a captura imediata de imagens e vídeos. Além disso, uma vez que a imagem é transmitida na tela do computador, pode ser ampliada, o que permite uma avaliação

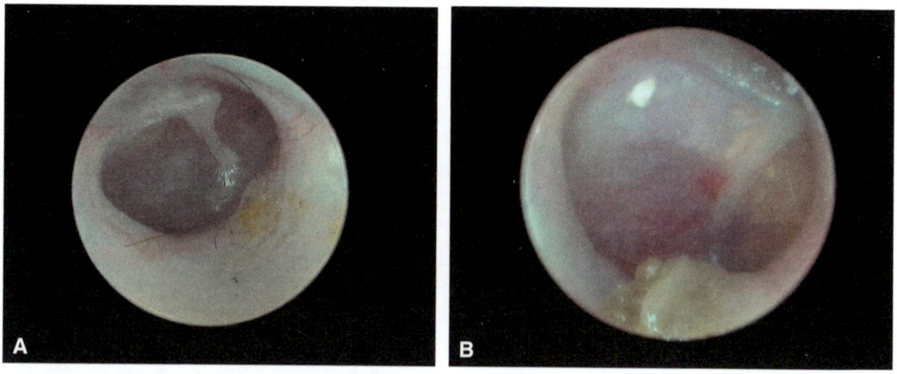

FIGURA 1. **A:** Membrana timpânica de felino normal. **B:** Membrana timpânica esbranquiçada e abaulada em decorrência de otite média.

Fonte: arquivo pessoal da autora.

mais detalhada, facilitando a comunicação entre veterinário e proprietário, visto que ambos conseguem acompanhar a realização do exame e visualizar o conduto auditivo do paciente no computador. Na opinião das autoras, o vídeo-otoscópio que apresenta melhor qualidade é o otoscópio digital MacroView (Welch Allyn, Skaneateles Falls, NY, EUA).

É essencial conhecer em detalhes os condutos auditivos normais, para que seja possível interpretar uma otoscopia alterada. É importante lembrar que os condutos auditivos saudáveis possuem:

- Revestimento epitelial fino, não possuem pelos e tem coloração rosa pálido.
- Crista dorsal: junção dos condutos vertical e horizontal.
- Pequena quantidade de cerume com consistência cremosa e de coloração amarelo-amarronzado pálido.
- Membrana timpânica fina, translúcida e levemente côncava, com posição quase vertical.
- Manúbrio do martelo facilmente visível, assim como a vasculatura normal da membrana timpânica.

Em casos de otite média, a membrana timpânica se torna espessa, opaca e, na grande maioria das vezes, abaulada (conforme se observa na Figura 1B), e ainda, pode ocorrer dilatação da *pars flaccida*, relacionada com a gravidade do edema.

As principais alterações que podem ser visualizadas pela otoscopia são: presença de ácaros, neoplasias, pólipos, corpos estranhos e alterações na membrana timpânica, além da presença de ceruminólitos.

Os pólipos inflamatórios podem ser visualizados por meio de otoscopia convencional e constituem-se em nódulos benignos originários do epitélio que reveste o ouvido médio, nasofaringe ou tuba de Eustáquio. Quando visíveis, geralmente estão localizados próximo ao tímpano, são de coloração rosa ou avermelhada e lisos (Figura 2A). Porém, para realizar a avaliação dos pólipos, é necessária a utilização do endoscópio rígido ou otoendoscópio. Em geral, os pólipos apresentam um pedúnculo que se estende até o compartimento medial da bula timpânica.

Outra alteração comumente obervada em felinos através da otoscopia são os ceruminólitos. Estes são concreções de detritos e, possivelmente, também de medicamentos otológicos (Figura 2B). São duros, com margens irregulares, e podem atuar como um corpo estranho, perpetuando a inflamação e a infecção.

Intolerâcia ou dor à manipulação, excesso de secreção, espessamento, estenose ou calcificação dos condutos auditivos podem limitar a capacidade de examinar pacientes acordados e, nesses casos, é indicada a realização de otoendoscopia sob anestesia geral. Tal procedimento também é indicado para pacientes que apresentam suspeita de corpo estranho, otite média/interna, sinais vestibulares,

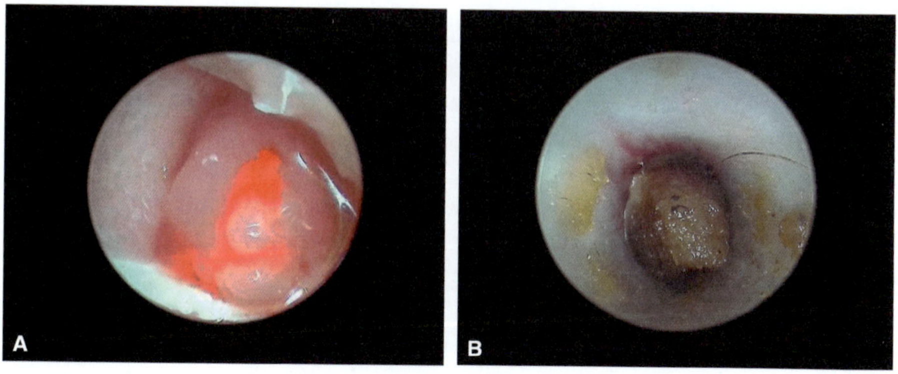

FIGURA 2. **A:** pólipo inflamatório em porção horizontal do conduto de um felino. **B:** Ceruminólito obliterando completamente o lúmen do conduto horizontal.

Fonte: arquivo pessoal da autora.

síndrome de Horner, alterações em membrana timpânica ou quando se trata de otite crônica recorrente ou persistente em que não houve sucesso terapêutico.

A videofibroscopia ótica ou otoendoscopia consiste na avaliação das orelhas externa e média por meio de um otoendoscópio de fibra ótica. O conjunto básico desse aparelho é composto por uma ótica em ângulo de 0 ou 30 graus, um canal de trabalho de 2 mm, uma fonte de luz e uma câmera. No canal de trabalho, é possível a passagem de cateteres urinários de 6 Fr para lavagem do conduto, pinças endoscópicas e curetas. Os otoendoscópios veterinários de melhor qualidade são os da Karl Storz Veterinary Endoscopy-America (Goleta, Califórnia, EUA).

Além de a otoendoscopia ser uma grande ferramenta diagnóstica, através dela é possível a realização de procedimentos como lavado otológico, remoção de corpos estranhos, coleta de fragmentos para biópsia, tração e cauterização de pólipos e exérese de neoplasias. A otoendoscopia também permite a abordagem da orelha média, possibilitando a realização da miringotomia (incisão na membrana timpânica), coleta de material para cultura/teste de sensibilidade a antimicrobianos e lavado otológico.

EXAME CITOLÓGICO

A citologia da secreção auricular deve ser realizada em todos os casos em que houver suspeita de otite. Geralmente o exame não estabelece um diagnóstico definitivo, porém identifica a presença dos agentes infecciosos secundários e a composição celular da secreção, de modo a orientar a correta terapia e o acompanhamento da resposta ao tratamento.

A coleta pode ser realizada com auxílio de *swab* ou cotonete, que deve ser introduzido no conduto auditivo e levemente rotacionado. A seguir, deve-se rolar o conteúdo suavemente sobre uma lâmina de vidro, formando uma fina camada. O exame deve ter início pela pesquisa de ácaros *Otodectes cynotis*, sob ampliação de 40×. Uma gota de óleo mineral ou de hidróxido de potássio pode ser aplicada sobre a lâmina para facilitar a visualização.

Uma vez realizada a pesquisa de ácaros, a amostra deve ser corada e observada sob lente de imersão (1.000×) quanto à presença de bactérias, leveduras e células inflamatórias. Além disso, é importante o reconhecimento do biofilme que, quando presente, forma exsudatos espessos, escuros e viscosos, vistos na citologia como uma estrutura semelhante a um véu.

A citologia pode ser difícil de interpretar porque o cerume pode absorver coloração e resultar em um artefato de cor e forma semelhante a cocos bacterianos. Por isso, a confirmação da visualização de estruturas aos pares evita más interpretações. Nos casos de otite externa, os cocos costumam pertencer aos gêneros e espécies *Staphylococcus*, *Streptococcus*, *Escherichia coli*, *Mycoplasma*, *Klebsiella* e *Corynebacterium*.

Bactérias em forma de bastonete raramente são vistas em gatos saudáveis, de modo que sua presença sugere infecção. As espécies mais comumente isoladas são *Pseudomonas aeruginosa*, *Proteus* e *Pasteurella multocida*. A presença de células inflamatórias também não é um achado normal na orelha felina, e sua presença sugere doença. No entanto, podem ser encontradas leveduras, mais comumente *Malassezia pachydermatis*, em pequena quantidade, mesmo na citologia auricular de gatos saudáveis. Nesse caso, é importante relacionar os achados citológicos com os sinais clínicos apresentados pelo paciente.

LITERATURA SUGERIDA

Brame B, Cain C. Chronic otitis in cats: clinical management of primary, predisposing and perpetuating factors. J Feline Med Surg. 2021;23:433-46.

Cole L K. Otoscopic evaluation of the ear canal. Vet Clin Small Anim Pract. 2004;34:397-410.

Harvey RG, Haar GT. Ear, nose and throat diseases of the dog and cat. Boca Raton: CRC Press; 2017. p.43-79.

Harvey RG, Paterson S. Otitis externa – an essential guide to diagnosis and treatment. Boca Raton: CRC Press; 2014. p.13-44.

Nuttall T. Otitis. In: Noli C, Colombo S. Feline dermatology. Cham: Springer; 2020. p.175-80.

Radlinsky MG. Advances in otoscopy. Vet Clin Small Anim Pract. 2016;46:171-9.

Rosychuck R. Video otoscopy. In: McCarthy TC. Veterinary endoscopy for the small animal practitioner. 2. ed. Hardcover: Wiley-Blackwell; 2021. p.637-59.

22

Punção por agulha fina

Marcele Bettim Bandinelli

O PULO DO GATO

As vantagens associadas à punção por agulha fina na triagem do paciente felino são classicamente reconhecidas, dados o baixo custo do exame, a rapidez de resultados, a execução simples e a boa tolerância do paciente.

As principais neoplasias que acometem a espécie felina são diagnosticáveis pela citopatologia.

A citologia, ainda que diagnóstica, é um exame de triagem e o exame histopatológico é seu padrão-ouro.

INTRODUÇÃO

O emprego racional de ferramentas diagnósticas na medicina de felinos objetiva minimizar o estresse do gato e adicionar informações relevantes que sugiram ou descartem diagnósticos presuntivos. Nesse contexto, a punção por agulha fina (PAF) integra parte fundamental da triagem dos pacientes, uma vez que é amplamente utilizada em lesões tumoriformes cutâneas e subcutâneas. A PAF guiada por ultrassonografia popularizou-se nas últimas décadas ao permitir que órgãos/tecidos outrora puncionados, frequentemente às cegas, passassem a ser amostrados de forma guiada, o que melhorou sobremaneira a confiabilidade do exame. Adicionalmente, a área de Citopatologia Veterinária segue em transformação no Brasil e já existem patologistas especializados em citologia, que atuam desde a coleta da amostra até sua análise microscópica, promovendo uma melhora substancial na acurácia do diagnóstico citológico.

DEFINIÇÃO E SELEÇÃO DO MÉTODO DE PUNÇÃO

A técnica de PAF consiste na coleta de células de um tecido alterado por meio do método aspirativo (PAAF) ou de capilaridade (PAFcap), a fim de determinar o processo etiológico da lesão.

Simplificadamente, a punção aspirativa por agulha fina (PAAF) baseia-se na utilização de um sistema fechado de pressão negativa, obtido pelo acoplamento de uma agulha hipodérmica a uma seringa, para que ocorra esfoliação celular do tecido para o canhão da agulha, para posterior avaliação sob microscopia de luz.

Para quase a totalidade dos casos observados na rotina, agulhas hipodérmicas estéreis de 22G (7 mm × 25 mm) acopladas a seringas de 10 mL e emprego de até 1/5 de sucção (2 mL) são suficientes para uma coleta adequada.

Algumas exceções são esperadas quanto ao diâmetro das agulhas e à pressão negativa aplicada, de acordo com cada caso. Nas punções ósseas ou de neoformações de consistência dura – cuja agulha 22G não consiga adentrá-las – são indicadas agulhas hipodérmicas de 18G (12 mm × 40 mm), com emprego de pressão negativa de até ¼ (2,5 mL) na seringa de 10 mL.

Quanto à PAFcap, ela é indicada especialmente para linfonodos, dadas as características intrínsecas da população residente (predispostas ao rompimento celular). Para muitos autores, a PAFcap é a técnica preferencial e a recomendam para a punção de tumores propensos a sangramento, como as neoplasias de origem endotelial, e para órgãos hematopoiéticos. O manuseio direto da agulha (mesmo que acoplada à seringa) é de mais fácil execução e permite maiores controle e destreza no momento da coleta, especialmente para executores com menos experiência. Contudo, com o aprimoramento da técnica aspirativa, ela poderá ser empregada sem restrições, desde que ocorram ajustes no emprego da pressão negativa. A despeito da técnica utilizada, a finalidade é obter uma amostra com quantidade e viabilidade celular satisfatórias e representativas da lesão como um todo.

INDICAÇÕES

A PAF é indicada para a triagem de lesões tumoriformes cutâneas e/ou subcutâneas, neoformações intraparenquimatosas ou cavitárias de gatos que possam ser submetidos à contenção física e/ou química, sem propensão a sangramento importante. A determinação de qual método será empregado no momento da punção basear-se-á na suspeita clínica, no local da lesão e nos prováveis diagnósticos diferenciais estabelecidos. Para além da análise citopatológica ambulatorial, ela está indicada durante o transcirúrgico e para a aplicação de exames adicionais, como citometria de fluxo, imunocitoquímica e técnicas moleculares.

PELE E SUBCUTÂNEO

A PAAF é o método de eleição para avaliar toda e qualquer neoformação maior que 1,0 cm de diâmetro, independentemente de ulceração e/ou fistulação. Ela poderá ser empregada como método único ou associada a outras técnicas. Frequentemente, os felinos exibem lesões crostosas, erodoulcerativas ou exsudativas na face, que favorecem o emprego combinado de técnicas. Nos casos de lesões exsudativas (Figura 1A), a PAAF poderá ser combinada à técnica de impressão (*imprint*) para avaliação superficial da lesão concomitante. Nesses casos, é imperativo que a PAAF seja sempre realizada **após** a técnica de impressão, para que a lesão seja limpa e não promova contaminação sanguínea adicional. Já nas lesões planas e com crostas ressequidas, como em ponta de pinas, região pré-auricular e trufa nasal, por inúmeras vezes a PAAF não se mostra o melhor método diagnóstico a ser empregado. Nesses casos, indica-se a biópsia incisional (Figura 1B).

Em patologia mamária felina, a utilidade da PAAF deve-se ao fato de que a citologia exibe altas sensibilidade e especificidade para neoplasias malignas, que nas gatas correspondem a mais de 85% dos neoplasmas mamários. Em relação aos sarcomas induzidos, eles exibem extensas áreas de necrose intratumoral e, histologicamente, importante infiltrado inflamatório de linfócitos e macrófagos. Na avaliação citológica, a maioria dos subtipos de sarcomas induzidos é de fácil reconhecimento. Todavia, especialmente em relação ao fibrossarcoma, a marcada

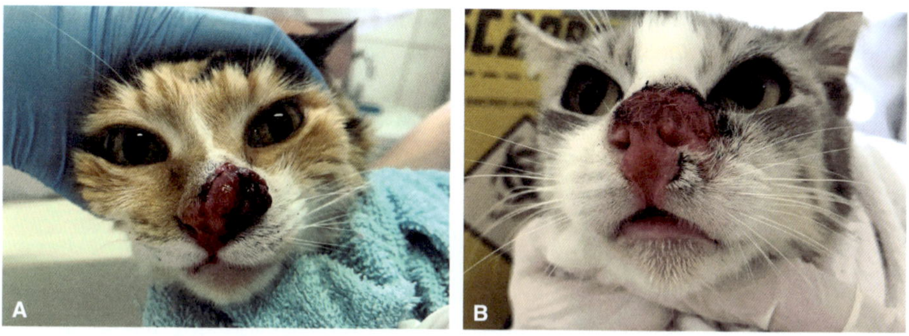

FIGURA 1. Carcinoma de células escamosas em gatos. **A:** neoformação em narina esquerda com indicação de PAAF (consistência macia, aspecto nodular). **B:** espessamento difuso e firme da trufa e filtro nasal com indicação de biópsia incisional sem PAAF prévia.

Fonte: arquivo pessoal da autora.

sobreposição entre o componente inflamatório e os fibroblastos por vezes torna a distinção entre processos reparativos e neoplásicos extremamente desafiadora ao exame citológico.

TÉCNICA DE COLETA

Pele e subcutâneo

O local a ser puncionado deve ser tricotomizado e seguir as premissas básicas de antissepsia, como se estivesse sendo submetido à venopunção. A delimitação do nódulo com a mão não dominante é fundamental para que ele fique imóvel e se obtenha uma demarcação visual. A contenção do gato é outro ponto crucial para uma coleta bem-sucedida; assim, só se deve iniciar a coleta quando houver certeza de que o animal não se moverá. Uma vez delimitado e o gato contido, introduz-se a agulha na lesão – não se deve esquecer que a esfoliação se dará pelo bisel e as células deverão ficar retidas na agulha, não na seringa. Nódulos com tamanho superior a 5,0 cm devem ser amostrados em no mínimo dois pontos diferentes. Lesões em placa ou com ulcerações centrais profundas, como nos casos de neoplasias mamárias, podem ser puncionadas paralelamente à pele, especialmente quando se tratar de lesões com pouca altura/profundidade.

O tradicional movimento de vai e vem constante, firme e rápido (< 10 s), em diferentes direções ("em leque"), é a chave para uma boa coleta. A amplitude desse movimento dependerá do tamanho do nódulo para que não ocorram transfixações (Figura 2).

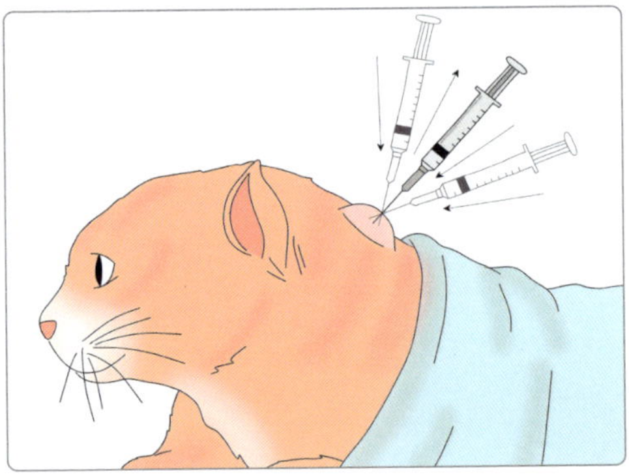

FIGURA 2. Técnica de PAAF em tecido subcutâneo felino. Demonstração sobre o "movimento de leque" preconizado para coletas superficiais. A amplitude do movimento dependerá do tamanho da lesão.

Fonte: Igor R. Santos.

Cavidades e órgãos internos

Para a aspiração de órgãos internos, é fundamental que o gato esteja anestesiado para evitar movimentos repentinos que culminariam em laceração e/ou perfuração de tecidos adjacentes. Perfil de coagulação e hemograma são fundamentais para a segurança do paciente e jurídica do profissional. O local a ser puncionado deve ser tricotomizado e devem-se seguir as premissas básicas de antissepsia cirúrgica.

Independentemente do sítio anatômico cavitário, o tradicional movimento de leque preconizado para as coletas cutâneas e subcutâneas é proibido. O movimento deve ser linear ("vai e vem"), gentil, de baixa amplitude e de curta duração (< 5 s) (Figura 3).

Cavidade oral e nasal

A cavidade oral de felinos é acometida por lesões inflamatórias proliferativas, como as estomatites eosinofílicas (úlcera indolente e granuloma eosinofílico) e linfoplasmocitárias (complexo gengivoestomatite felina), e por processos neoplásicos como o carcinoma de células escamosas (CCE) e o fibrossarcoma (FBS), os quais, juntos, perfazem cerca de 80% das neoplasias orais na espécie. As neoplasias de origem odontogênica (de menor ocorrência) têm baixa acurácia na citologia, diferentemente das duas principais já citadas. A contenção química do paciente

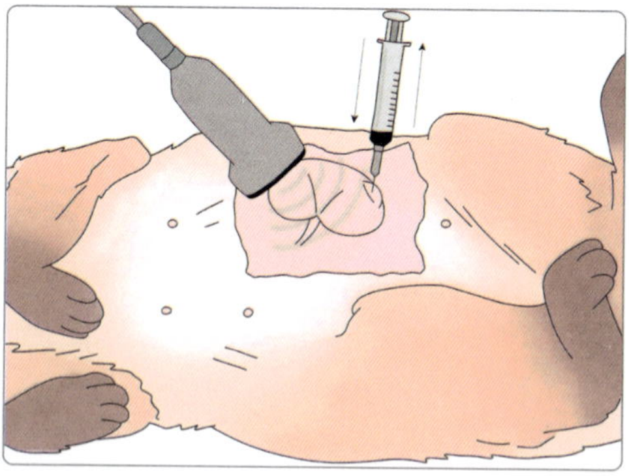

FIGURA 3. Técnica de PAAF em cavidade abdominal de gato. Punção renal com movimento linear e de baixa amplitude. Sempre se deve desfazer a pressão negativa da seringa antes de remover a agulha do órgão.

Fonte: Igor R. Santos.

para o adequado exame radiográfico intraoral ou do crânio constitui o momento adequado para que a PAAF seja executada, sempre **depois** da radiografia.

A cavidade nasal dos gatos só é passível de punção quando a neoplasia cursar com destruição dos ossos nasais, viabilizando acesso percutâneo, ou pela cavidade oral, quando estiverem infiltrados por ela. Igualmente para massas orais, a PAAF nasal deve ser executada sempre após a radiografia, para que apenas áreas de interesse sejam puncionadas. Normalmente, edema peritumoral e intenso infiltrado inflamatório acompanham as neoplasias nasais infiltrativas e, portanto, coletadas às cegas frequentemente resultam em amostras de caráter puramente inflamatório e não condizentes com o processo subjacente.

Cavidade torácica

A cavidade torácica é um local de interesse em medicina felina no Brasil, em razão da alta prevalência do linfoma mediastinal associado ao vírus da leucemia felina (FeLV). Esses gatos normalmente exibem produção abundante de efusão torácica decorrente de obstrução linfática regional ou hipertensão intratorácica, e a análise dessa efusão é, por vezes, diagnóstica. Todavia, quando isso não ocorre, a PAAF da neoformação mediastinal pode ser realizada acompanhada da ultrassonografia. Em relação às neoplasias pulmonares primárias ou metastáticas, elas são igualmente passíveis de punção, e ainda que nem sempre permitam a determinação do sítio de origem (neoplasia primária *vs.* secundária), são valiosas no diagnóstico diferencial de lesões nodulares envolvendo o parênquima pulmonar.

O acoplamento da agulha hipodérmica à seringa é obrigatório em toda punção percutânea torácica.

Cavidade abdominal

Inúmeras são as estruturas de interesse em medicina felina quando se pensa em cavidade abdominal: por exemplo, rins, baço, fígado, linfonodos viscerais e intestino são passíveis de avaliação citológica. A seguir, os principais deles serão descritos.

- **Fígado:** processos inflamatórios, metabólicos e neoplásicos, os quais por vezes estão sobrepostos, frequentemente acometem o parênquima hepático felino. Sua densa vasculatura torna sua punção impeditiva em casos de distúrbios de hemostasia graves, ainda que hemorragias possam ocorrer mesmo que o animal não apresente tais alterações. Na prática, a PAAF hepática se mostra segura e com mínimas complicações. Nos casos de hepatomegalia difusa, na qual distúrbios metabólicos (p. ex., lipidose hepática) sejam suspeitos, a PAAF pode ser realizada sem a necessidade de ultrassonografia, com o gato em decúbito dorsal e o acesso em quadrante abdominal cranial, levemente à direita. Já nos casos suspeitos de neoplasias, é sempre aconselhável a PAAF guiada, mesmo naquelas com padrão infiltrativo difuso, como o linfoma. A alteração de ecogenicidade do parênquima auxiliará na determinação dos pontos de interesse. Dentre as neoformações nodulares hepáticas, as neoplasias de origem biliar ocorrem com alta frequência e são passíveis de triagem pelo exame citopatológico. Casos de colangio-hepatite nem sempre são diagnosticáveis pela citologia, portanto, resultados falso-negativos não excluem sua possibilidade diagnóstica.

- **Baço:** esplenomegalia difusa é uma apresentação usual na clínica médica, e seus principais diagnósticos diferenciais são as neoplasias de células redondas: linfoma, leucemias e menos comumente o mastocitoma, além das doenças hemolíticas de origem parasitária. A PAF esplênica é indicada apenas quando a causa primária de esplenomegalia não possa ser determinada por outros métodos diagnósticos. Amostras esplênicas exibem moderada a acentuada contaminação sanguínea e, por essa razão, a técnica por capilaridade é preconizada na literatura.
- **Rins:** renomegalias de origem neoplásica em gatos exibem padrão de infiltração focal ou multifocal e são comumente palpáveis ao exame físico. Independentemente de serem palpáveis ou não, a PAAF renal guiada é sempre recomendada para que o local puncionado seja o de interesse, e não aleatório (Figura 4). Os mesmos cuidados quanto à hemostasia na punção hepatoesplênica devem ser tomados para as punções renais. Lesões neoplásicas que acometem o parênquima renal nos gatos exibem alta correlação cito-histológica, com excelentes sensibilidade e especificidade.
- **Linfonodos abdominais:** o linfoma intestinal é a principal neoplasia do gato idoso e o envolvimento nodal dos linfocentros mesentéricos é frequente. O acesso a linfonodos abdominais é dependente de sua localização e muitas vezes, ainda que aumentados, eles não são passíveis de punção percutânea em virtude da sobreposição pelas alças intestinais. Quando passíveis, o perfil imunofenotípico do linfoma intestinal afetará sobremaneira a especificidade dessa modalidade diagnóstica. Linfomas intestinais de pequenas células T resultam em até 30% de resultados falso-negativos na pesquisa de metástase nodal pela PAF. Por outro lado, linfomas de alto grau, que cursam com formações de massas intestinais, exibem ótimas sensibilidade e especificidade pela técnica de PAF. Além disso, um subtipo específico de linfoma (linfoma

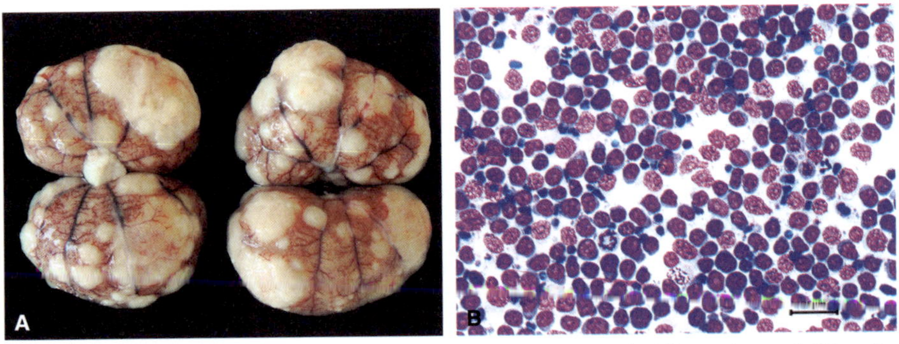

FIGURA 4. Linfoma de grandes células renal. **A:** renomegalia bilateral com infiltração tumoral multifocal de distribuição irregular. **B:** linfócitos grandes neoplásicos com nucléolo central e atividade mitótica atípica. Coloração tipo Romanowsky, barra de 25 µm.

Fonte: arquivo pessoal da autora.

de grandes células granulares) apresenta comportamento agressivo no gato e é de simples reconhecimento na citologia, reforçando a recomendação da PAF no transcirúrgico ou pela via percutânea guiada por imagem nesses pacientes.

CONFECÇÃO DO ESFREGAÇO E ENVIO DA AMOSTRA PARA O LABORATÓRIO

Um bom esfregaço caracteriza-se por apresentar mínimas sobreposição e ruptura celular e a técnica de *squash* ou "esfregaço", considerada de fácil execução, é a que exibe melhores resultados para as amostras sólidas. Sua principal limitação é o rompimento celular, que pode ser minimizado se apenas o peso da mão (sem aplicação de força adicional) for empregado. A distensão é feita em um movimento único e contínuo da lâmina extensora sobre a lâmina amostral. Amostras de lesões sólidas devem ser enviadas sempre distendidas em lâminas de vidro e após estarem completamente secas. Já amostras císticas podem ser remetidas em tubos hematológicos com EDTA para que o laboratório execute o esfregaço. O envio ao laboratório deve ser planejado e a amostra deve sempre estar acompanhada de sua requisição completamente preenchida. A macroscopia (identificação fotográfica e/ou descritiva tumoral/lesional – tamanho, coloração, consistência, aderência, ulceração), a história clínica e a terapia medicamentosa prévia, aliada à população celular vista no exame citológico, formam um tripé diagnóstico, e muitas vezes são indissociáveis. Quanto ao acondicionamento das lâminas de vidro, elas deverão estar completamente secas, embaladas individualmente, protegidas contra quebras e enviadas separadamente das biópsias embebidas em solução de formalina.

LITERATURA SUGERIDA

Bigge LA, Brown DJ, Penninck DG. Correlation between coagulation profile findings and bleeding complications after ultrasound-guided biopsies: 434 cases (1993-1996). J Am Anim Hosp Assoc. 2001;37(3):228-33.

Bonfanti U, Bussadori C, Zatelli A, De Lorenzi D, Masserdotti C, Bertazzolo W, et al. Percutaneous fine--needle biopsy of deep thoracic and abdominal masses in dogs and cats. J Small Anim Pract. 2004;45(4):191-8.

Ghisleni G, Roccabianca P, Ceruti R, Stefanello D, Bertazzolo W, Bonfanti U, Caniatti M. Correlation between fine-needle aspiration cytology and histopathology in the evaluation of cutaneous and subcutaneous masses from dogs and cats. Vet Clin Pathol. 2006;35(1):24-30.

Ku CK, Kass PH, Christopher MM. Cytologic-histologic concordance in the diagnosis of neoplasia in canine and feline lymph nodes: a retrospective study of 367 cases. Vet Comp Oncol. 2017;15(4):1206-17.

Liffman R, Courtman N. Fine needle aspiration of abdominal organs: a review of current recommendations for achieving a diagnostic sample. J Small Anim Pract. 2017;58(11):599-609.

McAloney CA, Sharkey LC, Feeney DA, Seelig DM. Diagnostic utility of renal fine-needle aspirate cytology and ultrasound in the cat. J Feline Med Surg. 2018;20(6):544-53.

Sharkey LC, Radin MJ, Seelig D. Veterinary cytology. Hoboken: Wiley Blackwell; 2021. 998p.

23

Exame com lâmpada de Wood

Alessandra Vieira Pereira

O PULO DO GATO

O exame com a lâmpada de Wood é utilizado como método de triagem para a detecção de dermatofitose por *Microsporum canis*.

Para diminuir o número de resultados falso-positivos, é imperativo que os fios de pelos individuais sejam vistos fluorescentes.

Os pelos fluorescentes devem ser coletados com pinça e usados para inoculação de meio fúngico ou para exame microscópico para a confirmação do diagnóstico.

INTRODUÇÃO

A lâmpada de Wood é uma ferramenta de triagem diagnóstica utilizada em casos suspeitos de dermatofitose causada por *Microsporum canis*. É uma lâmpada ultravioleta que foi inventada em 1903 por Robert W. Wood. A emissão da radiação ultravioleta de onda longa que ela faz é gerada por um arco de mercúrio de alta pressão através de um filtro feito de silicato de bário e óxido de níquel. Esse filtro é opaco a todas as luzes, exceto àquelas que se situam na banda entre 320 nm e 400 nm, com o pico em 365 nm. A fluorescência do tecido ocorre quando o menor comprimento de onda, nesse caso entre 320 nm e 400 nm, inicialmente emitido pela luz de Wood (LW), é absorvido e apenas as radiações de comprimento de onda mais longas, geralmente no espectro da luz visível, são emitidas.

É importante utilizar a lâmpada de Wood associada a uma lente de aumento (lupa com luz de Wood) (Figura 1), pois os pelos infectados estão em sua grande maioria fraturados e pequenos, o que pode dificultar sua observação sem o auxílio da lupa, resultando em um resultado falso-negativo.

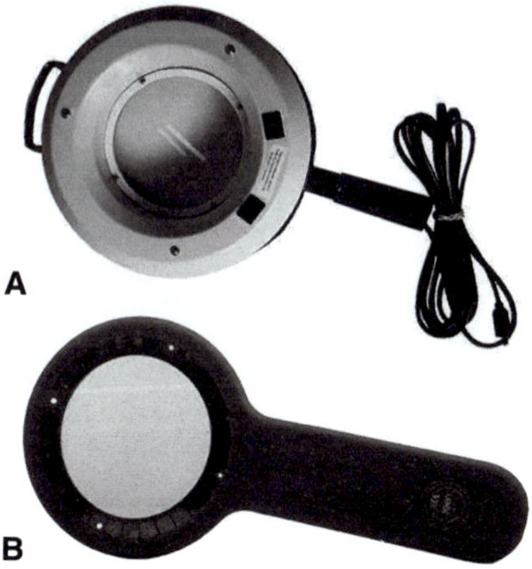

FIGURA 1. **A:** lupa com luz de Wood com tomada. **B:** lupa com luz de Wood de LED.
Fonte: arquivo pessoal da autora.

FLUORESCÊNCIA DO *MICROSPORUM CANIS*

A fluorescência ocorre somente nos pelos infectados pelo *M. canis.* A fluorescência verde brilhante ou azulada, característica observada nos pelos infectados por *M. canis*, ocorre pela presença de um metabólito químico solúvel em água (pteridina), localizado no córtex ou medula do pelo infectado (Figura 2). A fluorescência é resultante de uma interação química do fungo com a queratina do pelo durante a infecção, e não está associada a esporos ou a material infeccioso. Logo, é importante ressaltar que a fluorescência característica e produzida pelo *M. canis* só ocorre nos pelos e não em escamas, crostas, unhas e pele.

EXAMINANDO O GATO COM A LÂMPADA DE WOOD

Primeiro, o gato deve ser examinado com luz branca, a fim de encontrar lesões suspeitas e, em seguida, com a lâmpada de Wood. É necessária a utilização de uma lupa com luz de Wood que seja ligada na tomada ou que apresente lâmpadas de LED ultravioleta (Figura 1).

A sala de atendimento deve estar bem escura e deve-se ligar a lâmpada de Wood de 2 a 3 minutos antes de iniciar o exame, para que os olhos do observador se acostumem à nova luminosidade. Assegure-se de que a lâmpada seja posicionada bem próxima à pele (4-10 cm de distância) (Figura 3) e que seja movida lentamente por todo corpo, não esquecendo de áreas como face, orelhas, interdígitos e axilas. Se alguma lesão for encontrada durante o exame com a luz

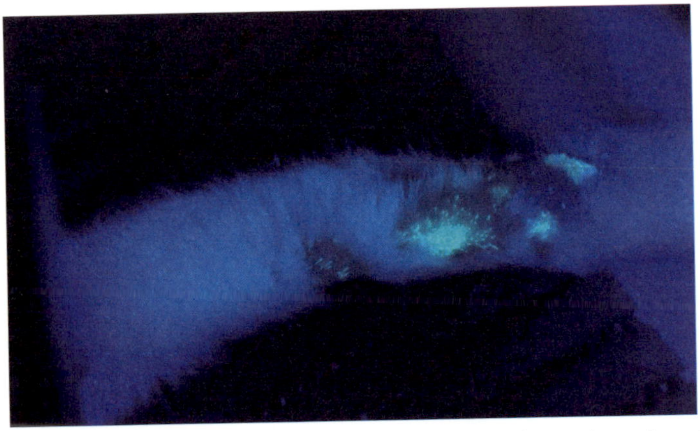

FIGURA 2. Gato com dermatofitose por *M. canis*: visualização por lupa de pelos verdes brilhantes fluorescentes característicos com a utilização da luz de Wood.

Fonte: arquivo pessoal da autora.

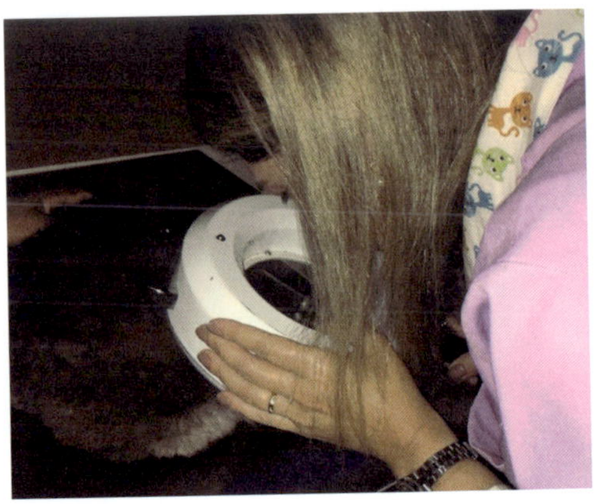

FIGURA 3. Posicionamento da lâmpada de Wood a uma distância adequada (4-10 cm) para a realização do exame.

Fonte: arquivo pessoal da autora.

branca acesa, essas devem ser examinadas primeiro. Se as lesões forem cobertas por crostas, estas devem ser delicadamente removidas, para que se veja a fluorescência verde/azul brilhante nos pelos infectados (Figura 4).

Durante o tratamento ou nas infecções autolimitantes, os pelos crescem e a fluorescência não é mais observada na porção proximal (intrafolicular); no entanto, a fluorescência permanece intensa na extremidade distal dos pelos. A fluorescência pode permanecer por muito tempo nas pontas dos pelos, mesmo após a cura (Figura 5).

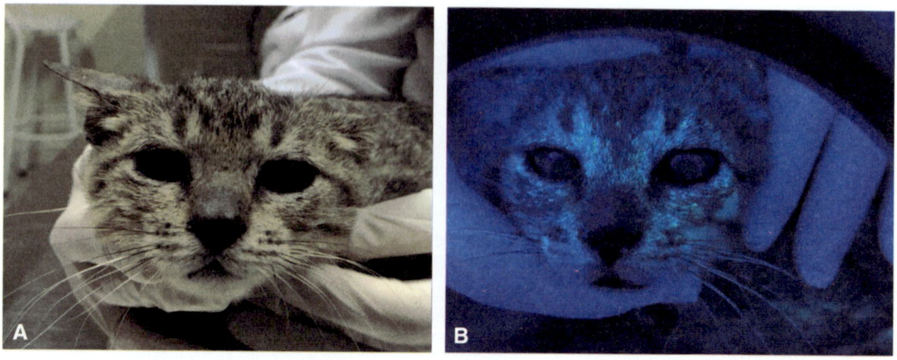

FIGURA 4. **A:** filhote com dermatofitose por *M. canis* durante o exame físico sob sala iluminada com luz branca, sem lesões aparentes na face. **B:** o mesmo gato durante o exame físico em sala escura sendo examinado com lupa e luz de Wood, demonstrando a presença de pelos verdes brilhantes fluorescentes no mesmo local.

Fonte: arquivo pessoal da autora.

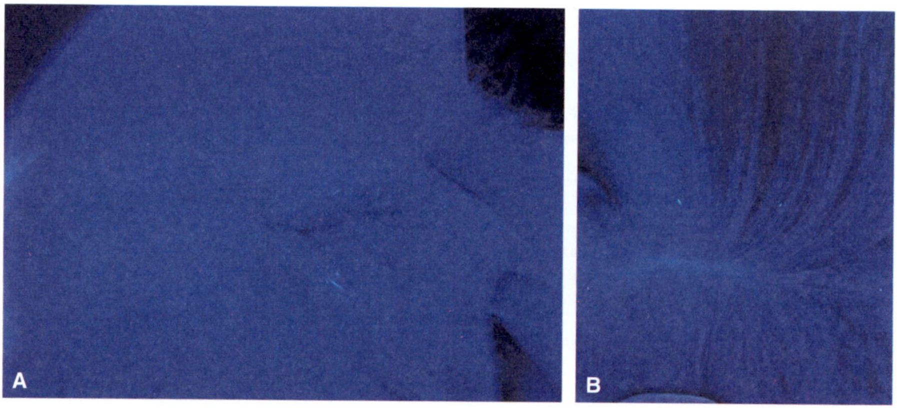

FIGURA 5. **A:** paciente em tratamento para dermatofitose por *M. canis* com pontas dos pelos fluorescentes durante o exame com lâmpada de Wood. **B:** outro paciente que apresentava cura clínica e micológica de dermatofitose, demonstrando apenas as pontas dos pelos fluorescentes durante o exame com a lâmpada de Wood.

Fonte: arquivo pessoal da autora.

LITERATURA SUGERIDA

Moriello K, Coyner K, Paterson S, Mignon B. Diagnosis and treatment of dermatophytosis in dogs and cats: Clinical Consensus Guidelines of the World Association for Veterinary Dermatology. Vet Dermatol. 2017;28:266-e68.

Newbury S, Moriello K. Feline dermatophytosis steps for investigation of a suspected shelter outbreak. J Feline Med Surg. 2014;16:407-18.

24

Exame parasitológico de raspado cutâneo e fita de acetato

Alessandra Vieira Pereira

O PULO DO GATO

Frente à suspeita de dermatopatias parasitárias ou por leveduras, a coleta de material para diagnóstico pode ser feita por raspado cutâneo ou fita de acetato.

A análise microscópica do material obtido servirá de base para o estabelecimento da etiologia e guiará a terapêutica apropriada.

INTRODUÇÃO

O exame parasitológico de raspado cutâneo (EPRC) é realizado exclusivamente quando há suspeita de uma dermatopatia parasitária, como a escabiose felina e a demodicidose. O teste com a fita de acetato permite a coleta de parasitas superficiais como *Demodex gatoi*, *Notoedres cati*, *Cheyletiella* spp., *Lynxacarus* e piolhos e ainda pode ser utilizado para a coleta de leveduras como a *Malassezia* spp.

MATERIAL E TÉCNICA DE COLETA

Exame parasitológico de raspado cutâneo

Para a realização do exame parasitológico de raspado cutâneo (EPRC), são necessários:

- Uma lâmina cega de bisturi (número 15) ou uma cureta dermatológica Volkmann de 6 mm.
- Lâminas e lamínulas de vidro para microscopia.

- Óleo mineral.
- Microscópio óptico.

Para a execução do raspado, adiciona-se uma gota de óleo mineral na pele e posiciona-se a lâmina do bisturi ou cureta perpendicularmente à superfície da pele e o raspado é feito na direção do crescimento dos pelos, realizando uma pressão moderada. O material é transferido logo em seguida para uma lâmina de vidro e coberto com uma lamínula para posterior microscopia, cujo aumento a ser utilizado deve ser de 40× a 100×.

O local de coleta deve ser selecionado de acordo com a suspeita clínica. O raspado pode ser superficial ou profundo (Figura 1). Em caso de suspeita de sarna notoédrica, a coleta deve ser feita especialmente nas bordas dos pavilhões auriculares e, nesse caso, o raspado deve ser superficial e em extensão, não em profundidade, visto que o agente causador reside na epiderme. Se a suspeita for *Demodex cati*, o raspado deve ser profundo após beliscamento, pois esse ácaro tem como hábitat o folículo piloso (Figura 1). Quanto ao número de amostras coletadas, o ideal é que se colete em mais de uma área afetada e no máximo 2 a 3 amostras, não havendo necessidade de mais.

EXAME COM FITA DE ACETATO

O material necessário para a realização desse exame inclui:

- Lâmina de vidro para microscopia.
- Fita de acetato transparente.
- Óleo de imersão.

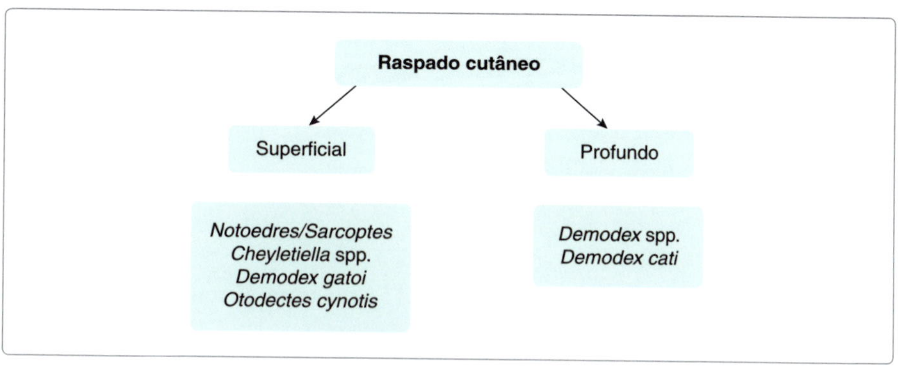

FIGURA 1. Algoritmo do exame parasitológico de raspado cutâneo em gatos quanto ao tipo de execução e à etiologia parasitária.

- Corante azul do kit Panótico Rápido.
- Microscópio.

A coleta é feita colocando-se um pedaço de fita de acetato na pele (5-10 cm), pressionando-a várias vezes sobre a lesão ou área suspeita e, em seguida, a fita é colada na lâmina de vidro para visualização microscópica (Figura 2). Pode ser realizado o beliscamento prévio em caso de suspeita de *D. cati* (Figura 3). Para a identificação de *Demodex*, *Notoedres*, *Lynxacarus* e piolhos, os aumentos utilizados são os de 40× a 100× e não há necessidade do uso de corante ou óleo mineral.

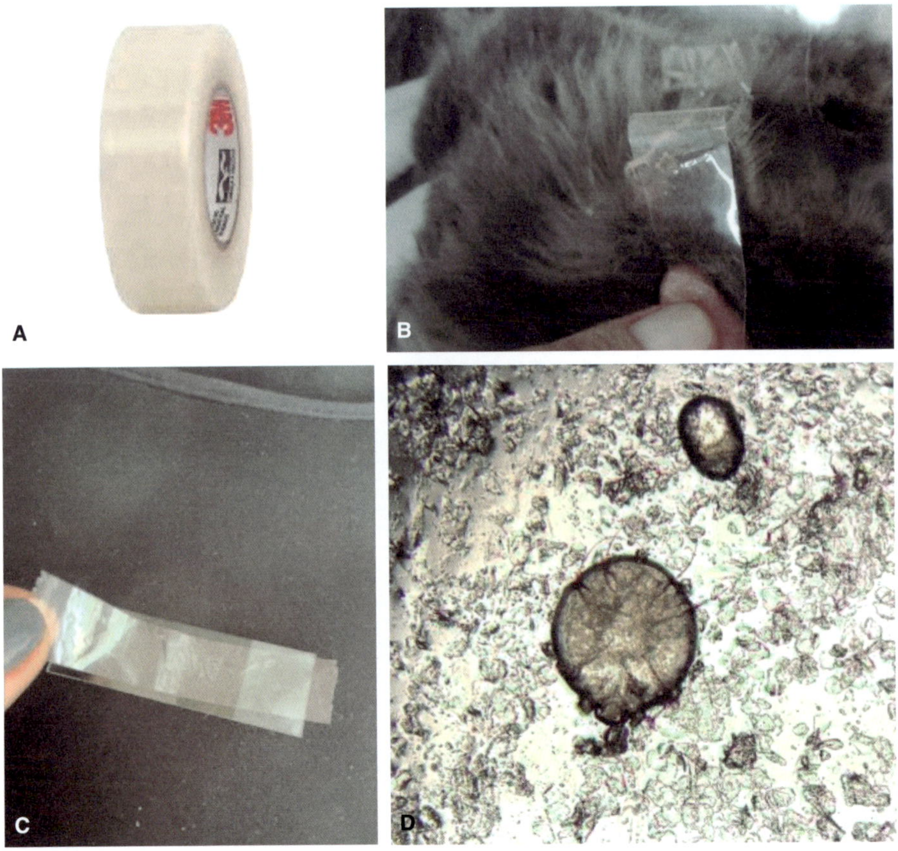

FIGURA 2. Exame com fita de acetato. **A:** fita de acetato transparente. **B:** coleta em borda de orelha de um gato com escabiose felina. **C:** fita de acetato sob a lâmina de vidro. **D:** fotomicrografia evidenciando *Notoedres cati* adulto e sua forma evolutiva (ovo). Aumento 40×.

Fonte: arquivo pessoal da autora.

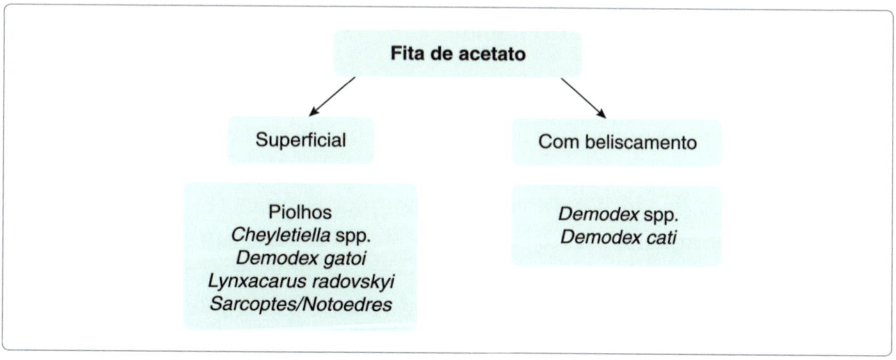

FIGURA 3. Algoritmo do exame fita de acetato em gatos, quanto ao tipo de execução e à etiologia parasitária.

Para a identificação de leveduras ou dermatófitos, coloca-se previamente uma gota do azul do Panótico na lâmina de vidro e então cobre-se com a fita de acetato para microscopia. Os aumentos nesse caso são de 40× a 1.000×, necessitando, nesse último aumento, da adição de uma gota de óleo de imersão por cima da fita já corada (Figura 4).

Essa técnica também é muito útil para lesões em leito ungueal e é mais aceita pelos gatos, por ser mais rápida e indolor.

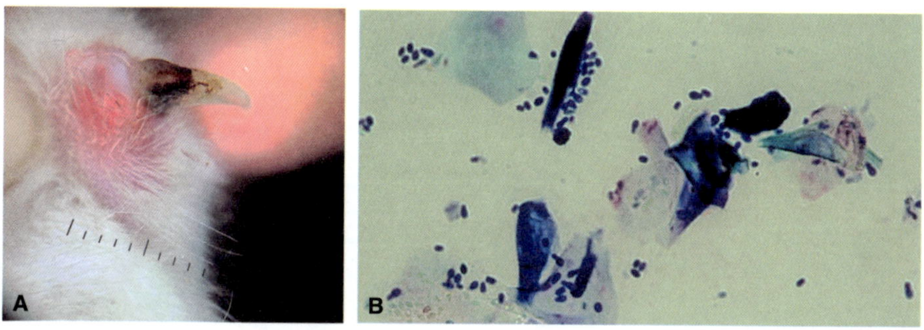

FIGURA 4. **A:** material graxento acastanhado em leito ungueal e unha de um gato com malasseziose. **B:** fotomicrografia de citologia com fita de acetato, corada com corante Panótico (azul), mostrando inúmeras leveduras compatíveis com *Malassezia* spp. e células descamativas. Aumento 1.000x.

Fonte: arquivo pessoal da autora.

LITERATURA SUGERIDA

Beale K. Feline demodicosis. A consideration in the itchy or overgrooming cat. J Feline Med Surg. 2012;14:209-13.

Milley C, Dryden M, Rosenkrantz W, Griffin J, Reeder C. Comparison of parasitic mite retrieval methods in a population of community cats. J Feline Med Surg. 2017;19(6):657-64.

Muller WH, Griffin CE, Campbell KL. In: Diagnostic methods. Muller & Kirk's Small Animal Dermatology. 7. ed. St. Louis: Elsevier/Saunders; 2013. p.78-84.

Sparkes H, Noli C. In: Approach to the feline patient: general and dermatological examination. In: Feline dermatology. Cham: Springer; 2020.

25

Tricograma e exame direto

Alessandra Vieira Pereira

O PULO DO GATO

O tricograma é a avaliação dos pelos quanto à sua anatomia microscópica, e se constitui em uma valiosa ferramenta diagnóstica, principalmente em casos de alopecia.

O exame direto envolve o exame microscópico de pelos quanto à presença de esporos fúngicos (artroconídios) e hifas, utilizado na investigação de dermatofitose.

Ambos os exames são ferramentas auxiliares para a investigação de diagnósticos dermatológicos.

INTRODUÇÃO

O tricograma é uma ferramenta diagnóstica que visa à análise microscópica dos pelos. Para interpretá-lo, é importante que se conheçam a anatomia e as fases do ciclo piloso (Figura 1). Esse teste é utilizado como auxílio diagnóstico nas diversas dermatopatias em gatos, como dermatopatias pruriginosas, psicogênicas, parasitárias, fúngicas, alopecia paraneoplásica e endocrinopatias.

Nas dermatopatias pruriginosas e alopecia psicogênica, o tricograma assume um papel importante na avaliação diagnóstica da lambedura excessiva, principalmente nos gatos que se escondem para fazê-la. Nesses casos, na espécie felina o tricograma demonstrará hastes mais curtas e fraturadas (Figura 2) e raízes dos pelos normais. Nos casos de hiperadrenocorticismo, uso crônico de corticosteroides tópicos e alopecia paraneoplásica, as extremidades dos pelos estão íntegras e as raízes estão, em sua grande maioria, miniaturizadas, ou seja, em fase telogênica prolongada (Figuras 3 e 4). Quando há o predomínio de raízes normais

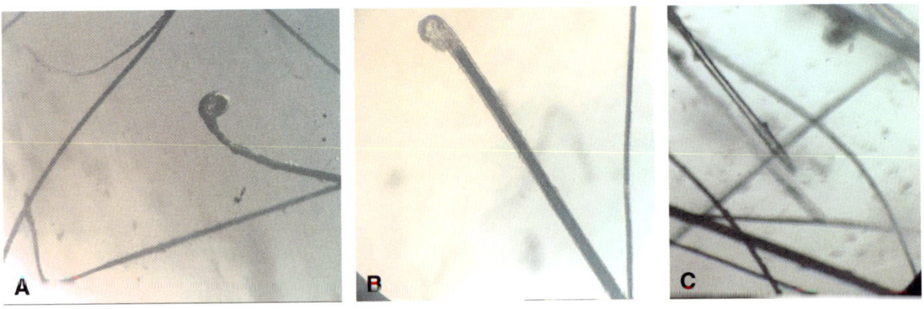

FIGURA 1. Fotomicrografias de tricogramas de um gato com pelos normais. **A:** raiz em fase anágena, em que se verificam bulbos redondos, lisos e muitas vezes pigmentados. **B:** raiz em fase catágena. **C:** raiz em fase telógena, com bulbos em forma de clava ou lança. Aumento de 40×

Fonte: arquivo pessoal da autora.

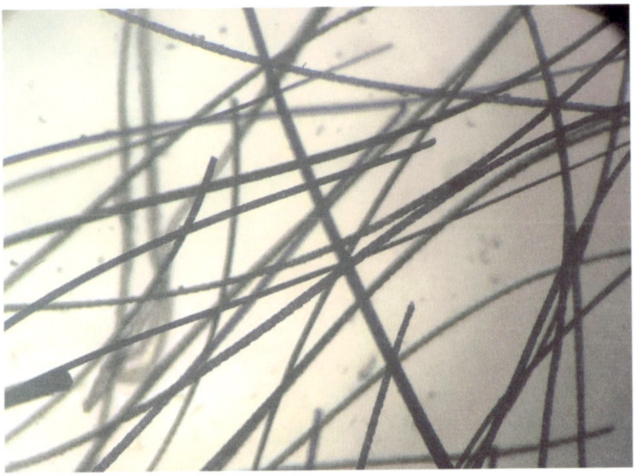

FIGURA 2. Fotomicrografia de hastes pilosas fraturadas em tricograma de um gato com prurido. Aumento de 100×.

Fonte: arquivo pessoal da autora.

em fase telogênica e as extremidades estão íntegras, pode-se estar diante de um defluxo telogênico (Figura 5).

O exame direto dos pelos é uma técnica mais utilizada para a pesquisa de dermatófitos, principalmente *Microsporum canis*, após um exame positivo sob a lâmpada de Wood. O exame direto positivo indica infecção, mas somente a cultura fúngica é considerada padrão de referência para o diagnóstico da dermatofitose. A vantagem dessa técnica é encurtar o tempo de diagnóstico e permitir que o clínico inicie o tratamento, aguardando a cultura.

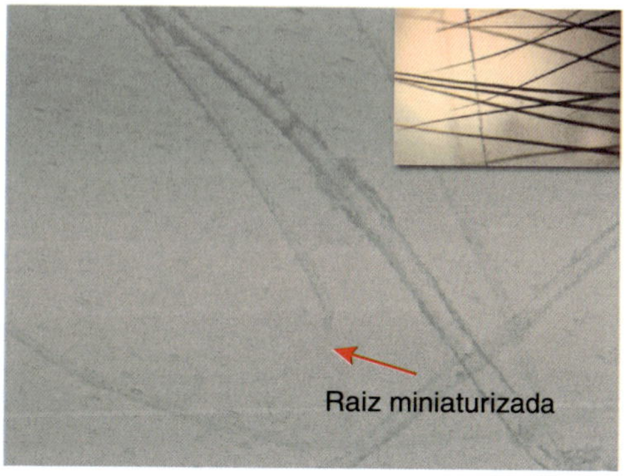

FIGURA 3. Fotomicrografia de tricograma de um gato em uso crônico de corticosteroide. Extremidades normais (canto superior direito) e raiz miniaturizada (seta vermelha). Aumento de 100×.

Fonte: arquivo pessoal da autora.

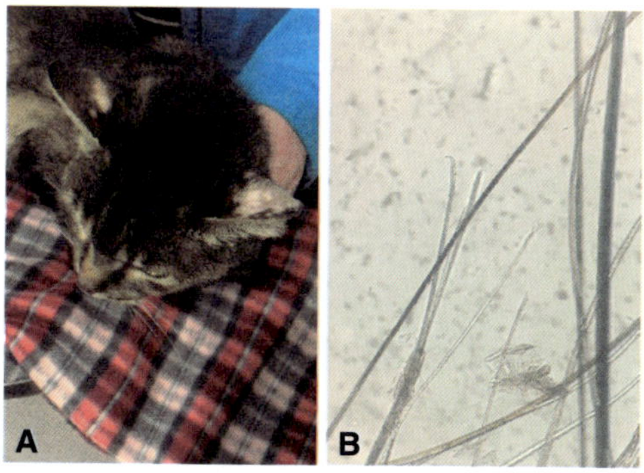

FIGURA 4. **A:** gato com alopecia paraneoplásica. **B:** fotomicrografia de tricograma com raízes miniaturizadas. Aumento de 40×.

Fonte: arquivo pessoal da autora.

Agentes clareadores como o hidróxido de potássio (KOH) podem ser utilizados, pois facilitam a visualização dos esporos fúngicos; entretanto, a amostra deve ser avaliada poucos minutos após sua adição. Vale lembrar que o KOH é corrosivo e pode danificar o microscópio caso o observador não tome cuidado. O óleo mineral pode ser utilizado e, em alguns casos, adiciona-se uma gota de azul de metileno e assim se visualizam os esporos fúngicos corados em azul. Há sempre alguma confusão sobre infecções por dermatófitos ectotrix *versus* endotrix. Os dermatófitos veterinários produzem esporos de ectotrix (uma bainha

FIGURA 5. Fotomicrografia de tricograma demonstrando raízes normais em fase telogênica em um gato com defluxo telogênico. Aumento de 100×.

Fonte: arquivo pessoal da autora.

de artroconídios na parte externa de um pelo e o crescimento fúngico dentro da haste do pelo) – Figura 6. Em contraste, vários dermatófitos humanos produzem infecções por endotrix (crescimento fúngico dentro da haste capilar produzindo artroconídios dentro da haste capilar).

MATERIAL E TÉCNICA DE COLETA

Para a realização desses testes, são necessários:

- Pinça hemostática (de preferência curva, para poderem ser seguradas paralelas à pele e permitirem a remoção de mais pelos de uma vez).
- Lâminas e lamínulas de vidro para microscopia.
- Óleo mineral (tricograma e exame direto) e KOH (exame direto).
- Corante azul de metileno ou Panótico Rápido (3).
- Microscópio óptico.

A coleta é feita na área em lesões suspeitas (p. ex., lesões de alopecia), por arrancamento com os dedos polegar e indicador, ou ainda com a utilização de

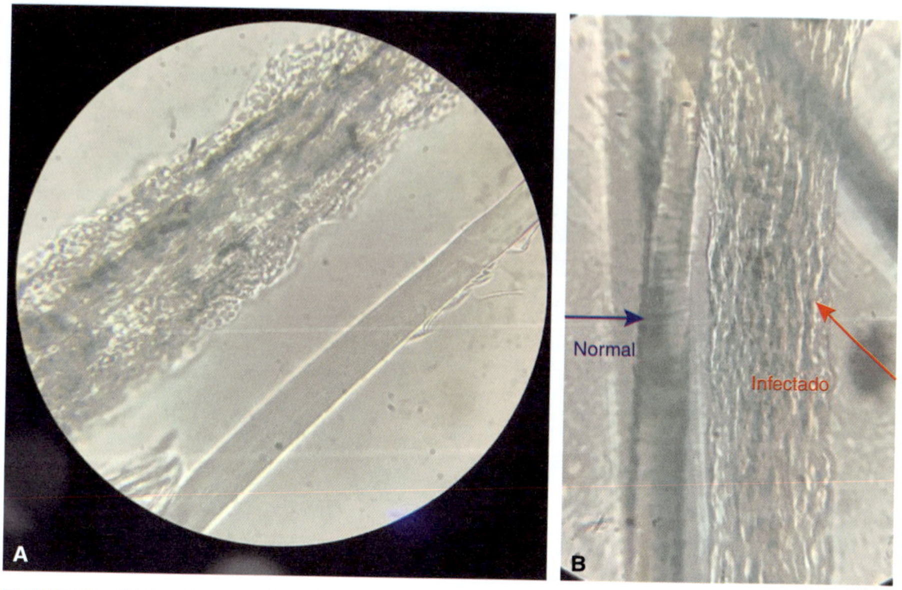

FIGURA 6. Fotomicrografias de exame direto, lâminas preparadas com óleo mineral. **A:** pelo infectado acima, com esporos ectotrix, e hifas e pelo normal abaixo. **B:** à esquerda (seta azul) pelo normal, à direita (seta vermelha), pelo infectado. Aumento de 1.000×.

Fonte: arquivo pessoal da autora.

uma pinça hemostática, com pedaço de manguito de garrote acoplado, para evitar uma falsa fratura da haste pilosa e consequente erro de interpretação. Para a coleta para o exame direto, deve-se utilizar a lâmpada de Wood como instrumento auxiliar para escolher a coleta de pelos preferencialmente fluorescentes (ver capítulo 23 – Exame com lâmpada de Wood).

Após o arrancamento, deve-se colocar a amostra em uma lâmina de vidro, adicionar uma gota de óleo mineral e colocar a lamínula por cima. Caso se opte pelo uso de KOH no exame direto, deve-se adicionar uma gota ou duas de KOH e, a seguir, colocar uma lamínula de vidro por cima. As preparações de KOH requerem 30 minutos para fixar. Esse tempo pode ser acelerado aquecendo suavemente a lâmina por 10 a 30 segundos com um fósforo aceso. Alternativamente, a lâmina pode ser aquecida e fixada sendo colocada sobre a lâmpada do microscópio por 5 a 10 minutos. Deve-se tomar cuidado para não ferver a lâmina.

A observação microscópica deve ser feita nos aumentos de 40× e 100×, respectivamente.

LITERATURA SUGERIDA

Colombo S. Alopecia. In: Noli C, Colombo S., editors. Feline dermatology. Cham: Springer; 2020.

Morrielo KA. Diagnostic techniques for dermatophytosis. Clin Tech Small Anim Pract. 2001;16(4):219-24.

Muller WH, Griffin CE, Campbell KL. In: Miscellaneous alopecia. Muller & Kirk's Small Animal Dermatology. 7. ed. St. Louis: Elsevier/Saunders; 2013. p.566-72.

Moriello KA, Coyner K, Paterson S, Mignon B. Diagnosis and treatment of dermatophytosis in dogs and cats: Clinical Consensus Guidelines of the World Association for Veterinary Dermatology. Vet Dermatol. 2017;28(3):266-e68.

26

Biópsia de pele

Marcele Bettim Bandinelli

O PULO DO GATO

A biópsia de pele é indicada para o diagnóstico de lesões dermatológicas localizadas (focais, multifocais ou simétricas), generalizadas, de caráter inflamatório, imunomediado, neoplásico e infeccioso, bem como aquelas de caráter agudo, crônico e/ou refratário ao diagnóstico terapêutico.

Dentre as possibilidades de técnicas cirúrgicas empregadas na biópsia de pele, existem as biópsias incisionais, que amostram parte da lesão, e as biópsias excisionais, que promovem a ressecção completa da lesão.

INTRODUÇÃO

A biópsia de pele em felinos é uma técnica cirúrgica bastante empregada na rotina clínica com finalidade diagnóstica. A partir dela, as lesões cutâneas são submetidas à avaliação histopatológica, que pode ou não ser combinada a técnicas moleculares, imunológicas, histoquímicas e microbiológicas. O conhecimento na área de dermatologia felina permite ao clínico atuar de forma organizada e coordenada na seleção e condução do paciente com lesões no tegumento. Contudo, como qualquer ferramenta diagnóstica, a biópsia de pele exibe limitações, especialmente no que tange à correta amostragem da alteração e ao momento em que o paciente será submetido à biópsia. Dessa maneira, este capítulo pretende auxiliar o clínico na tomada de decisão sobre qual sítio biopsiar a partir do aspecto lesional e ressaltar a importância da interação entre o clínico e o patologista para a obtenção de biópsias conclusivas.

INDICAÇÕES E TÉCNICAS DE BIÓPSIA

Dentre as técnicas empregadas para a obtenção de biópsias incisionais, a biópsia por *punch* (ou "saca-bocado") é a mais empregada nas lesões cutâneas. *Punchs* de 3 a 4 mm exibem resultados cosméticos e diagnósticos satisfatórios para lesões que envolvem a cabeça e os coxins dos gatos, mas, para o restante do corpo, o de 6 mm é recomendado. Atenção especial deve ser dada à região periorbital, para que não ocorram deformidades palpebrais após a cicatrização. Outra técnica incisional inclui a remoção parcial da lesão por meio de incisão cutânea com bisturi. Em lesões bolhosas, vesiculares ou pustulares (cuja rotação do *punch* pode levar à ruptura), bem como naquelas lesões cujas áreas transicionais são desejáveis, a utilização do bisturi é mais adequada.

As vantagens associadas às biópsias incisionais são a determinação da natureza da alteração a partir de uma abordagem pouco invasiva, a qual permitirá personalizar a abordagem terapêutica do paciente após o diagnóstico. O carcinoma de células escamosas (CCE) em plano nasal é um exemplo de indicação desse tipo de biópsia. No CCE em estágio inicial (Figura 1A), a biópsia incisional diagnóstica será seguida pelo emprego de técnicas adjuvantes como a eletroquimioterapia intralesional, sem a necessidade de ressecções agressivas. Já em estágios mais tardios (Figura 1B), a escolha da abordagem terapêutica será determinada pelo dermatologista e/ou oncologista, mas a biópsia incisional poderá ser empregada como ferramenta diagnóstica da mesma forma. De acordo com o temperamento do gato, a biópsia incisional é realizada com bloqueio anestésico local subcutâneo ou bloqueio regional, associado ou não a leve sedação. A aplicação de anestésico local não deve ser feita na derme em virtude da alteração artefatual na histologia,

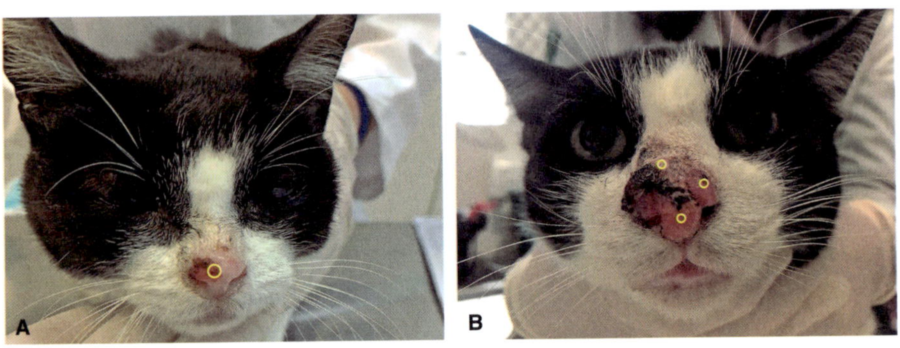

FIGURA 1. Carcinoma de células escamosas em plano nasal em estágio inicial **(A)** e mais tardio **(B)**, com indicação dos sítios a serem biopsiadas (círculos amarelos).

Fonte: arquivo pessoal da autora.

nem nas amostras que serão enviadas para cultura, pela inibição de crescimento de algumas bactérias.

As biópsias excisionais são indicadas para lesões cutâneas e as subcutâneas, com finalidade diagnóstica e terapêutica, uma vez que, com elas, promove-se a remoção completa da alteração em um único tempo cirúrgico. Neoformações pequenas cuja remoção completa seja desejável são abordadas usualmente pela técnica excisional. Ela é amplamente utilizada na rotina oncológica cirúrgica e cada vez mais associada à pesquisa de margens cirúrgicas. Elas são realizadas com o paciente sob anestesia geral e, dadas as maiores extensões do procedimento, requerem manejo terapêutico adequado no controle de dor e da ferida cirúrgica no pós-operatório.

O objetivo da biópsia de pele é a obtenção de uma amostra de boa qualidade, condizente com o processo etiológico e sem artefatos de coleta. O esmagamento do tecido, especialmente aqueles provenientes de amostras diminutas e/ou coletadas por *punch* "sem fio", é um artefato frequente. Outro problema se refere ao tempo excessivo de fixação da amostra em solução fixadora de formalina 10% (superior a 24-48 horas), impactando negativamente nas lesões que necessitem de exames adicionais, como a imuno-histoquímica. O marcador Ki67 (proliferação celular) é o anticorpo mais emblemático dessa relação inversa entre sua menor expressão tecidual (não realista), quanto maior for o tempo de fixação da amostra.

INFORMAÇÕES RELEVANTES

Toda amostra deve ser acompanhada ao laboratório de requisição minimamente preenchida com os dados do paciente (idade, sexo, raça) e informações sobre a coleta. O local da biópsia deve sempre ser informado na requisição do exame, uma vez que, de acordo com a localização anatômica, existem alterações normais na morfologia cutânea, como densidade pilosa e espessura epidérmica. Adicionalmente aos padrões macroscópicos que devem sempre ser informados ao patologista/laboratório, são igualmente importantes informações como uso de medicamentos em curso ou prévios à coleta, tempo de retirada, melhora ou agravo das lesões de acordo com o fármaco utilizado. O envio de fotos das lesões cutâneas, por meio de aplicativos de celular, também tem auxiliado o patologista na sua elaboração de possíveis diagnósticos diferenciais, complementando e melhorando a qualidade do diagnóstico final.

SELEÇÃO DOS SÍTIOS AMOSTRAIS

A apresentação macroscópica lesional é determinante para a seleção do sítio a ser biopsiado. Amostras incisionais de 3 a 5 locais são recomendadas para otimização e melhor representação das lesões. As biópsias de pele cuja área de interesse envolve a epiderme devem ser coletadas sem tricotomia e antissepsia, mantendo-se as crostas que recobrem as lesões. Vesículas, bolhas e pústulas devem ser coletadas intactas, contudo, dada a velocidade com que elas se rompem, muitas vezes estão rompidas no momento da biópsia e recobertas por crosta (por isso a importância de remeter as crostas ao laboratório). Pelos longos podem ser cortados com tesoura para que fiquem menores que 0,5 cm de altura e permitam a orientação da clivagem no sentido longitudinal dos folículos pilosos pelo laboratório. Caso o gato esteja alopécico, o clínico poderá indicar o sentido do crescimento do pelo com uma caneta de tecidos na pele biopsiada, ou acomodar o fragmento da biópsia em um pedaço de papel branco e desenhar (com lápis), ao lado dele, o sentido de crescimento.

Amostras de pele sem alterações não devem ser remetidas ao laboratório, pois podem ser um fator de confusão ao patologista. Em algumas doenças, é desejável que áreas transicionais sejam amostradas, como nas lesões ulcerativas ou crateriformes e nas alopécicas. Nesses casos, a pele não afetada deverá ser coletada conjuntamente com a alterada (área transicional da lesão), para fins comparativos.

O complexo granuloma eosinofílico é a principal dermatose eosinofílica dos gatos. Suas manifestações são tão distintas entre si quanto a forma, localização e gravidade, e ilustram bem a diversidade das lesões dermatológicas em gatos. Trata-se de uma doença de base alérgica e pruriginosa e que, portanto, cursa com marcado trauma autoinfligido, que resultará em graus variados de escoriações, erosões, úlceras e crostas (Figura 2). Nesses casos, as áreas de interesse da avaliação morfológica não serão as relacionadas a crostas e erosões, mas sim às lesões "mais recentes", "mais jovens", com o intuito de evitar áreas que podem ter sido contaminadas secundariamente.

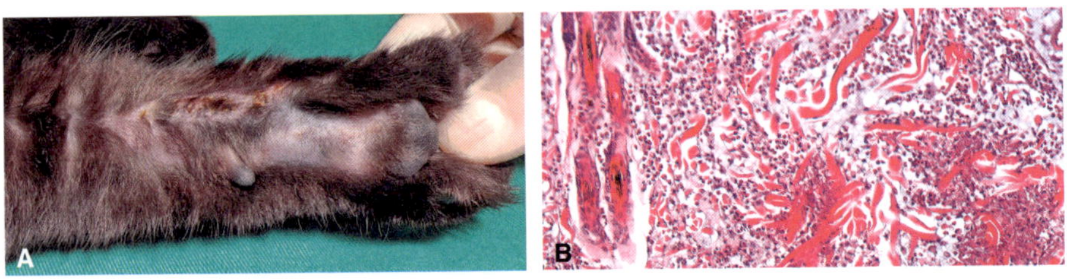

FIGURA 2. Placa eosinofílica felina. **A:** aspecto linear, eritematoso e crostoso em membro torácico esquerdo, associado a edema e alopecia. **B:** dermatite eosinofílica intersticial acentuada, com degeneração eosinofílica de fibras colágenas e mucinose multifocal moderada (áreas de deposição de material homogêneo e fracamente azul). HE, 200×.

Fonte: arquivo pessoal da autora.

PADRÕES LESIONAIS

A pele, assim como outros órgãos, possui um repertório limitado de respostas à lesão tecidual. Esse padrão de resposta é simplificadamente a combinação entre o local da pele afetado (p. ex., a epiderme), acrescido à reação desse componente à lesão (p. ex., hiperqueratose). O reconhecimento desse padrão lesional à histologia (hiperqueratose epidermal) será feito clinicamente pela presença de descamação do estrato córneo visível a olho nu que, quando confinado à epiderme não infundibular, exibirá forma de lascas ou lâminas no gato. Esse padrão de resposta é observado em doenças tanto primárias quanto secundárias hiperplásicas (esfoliativas) que, na espécie felina, podem estar relacionadas a síndromes paraneoplásicas (dermatite esfoliativa felina), neoplásicas (carcinoma de células escamosas), lesões pré-neoplásicas (dermatite solar), agentes infecciosos (sarna notoédrica), doenças imunomediadas (pênfigo foliáceo) etc. É esperado, portanto, que um mesmo padrão morfológico seja observado em várias doenças, assim como as doenças exibem padrões morfológicos diversos. É a correlação entre esses padrões macro e microscópicos que permitirá que lesões similares ou de patogêneses comuns sejam agrupadas e identificadas (Quadro 1).

QUADRO 1

Correlação clínico-histopatológica das lesões de pele em gatos

Aspecto clínico	Local da lesão	Diagnósticos diferenciais	Sítio da biópsia
Pústulas, pápulas ou crostas	Epiderme	Pênfigo foliáceo Infecção bacteriana superficial Dermatite alérgica miliar Placa eosinofílica Hipersensibilidade a picadas de mosquitos Demodicidose folicular Escabiose felina (sarna notoédrica) Acne felina Quérion Dermatite solar/carcinoma de células escamosas (Figura 3A)	Pústulas intactas ou áreas crostosas. Amostrar periferia e centro lesional
Vesículas e bolhas	Epiderme ou subepidermal (junção dermo-epidérmica)	Reações a fármacos (farmacodermia) Dermatites virais (estágios iniciais) Queimaduras térmicas ou químicas Dermatite facial do Persa e Himalaio	Vesículas e bolhas intactas (sempre que possível). Somente pele alterada

continua

QUADRO 1

Correlação clínico-histopatológica das lesões de pele em gatos (*continuação*)

Aspecto clínico	Local da lesão	Diagnósticos diferenciais	Sítio da biópsia
Necrose ou ulcerativa (ulcerogomosa)	Epiderme (perda de continuidade da epiderme)	Úlcera indolente felina (Figura 3B) Síndrome da dermatite ulcerativa felina Dermatite herpética ulcerativa Autotrauma Dermatite actínica (solar) – fase tardia Carcinoma de células escamosas	Transição entre o bordo lesional e a pele sem alterações. Periferia lesional – evitar o centro
Descamativa ou hiperplásica	Epiderme	Dermatite esfoliativa felina associada ou não ao timoma Chifre cutâneo Dermatite actínica (solar) Dermatofitose Escabiose felina (sarna notoédrica)	Periferia e centro lesional. Evitar áreas com contaminação secundária (fissuras profundas, exsudação purulenta)
Alopécica	Anexo (folículo piloso)	Alopecia psicogênica felina Alopecia paraneoplásica pancreática felina Alopecia cicatricial Pseudopelada Demodicidose felina Dermatofitose	Sempre incluir a transição entre o bordo lesional e a pele sem alterações Evitar regiões com densidade pilosa normalmente diminuída (abdome, região inguinal e face interna dos membros pélvicos) Atenção à identificação da orientação de crescimento do pelo
Padrão nodular com ou sem trato de drenagem	Derme e panículo	Lepra felina Micobacterioses atípicas (Figura 3C) Esporotricose Criptococose Pseudomicetoma Paniculite/esteatite Neoplasia primária cutânea (Figura 3D) Neoplasia metastática cutânea (síndrome MODAL felina – sinonímia: síndrome dígito-pulmonar)	Periferia lesional (evitar áreas centrais – normalmente necróticas) Sempre amostras profundas e das nodulações mais recentes Evitar regiões com contaminação secundária importante Manter amostras em duplicata para exames adicionais (PCR, cultivos microbiológicos) sem solução fixadora acondicionadas sob refrigeração

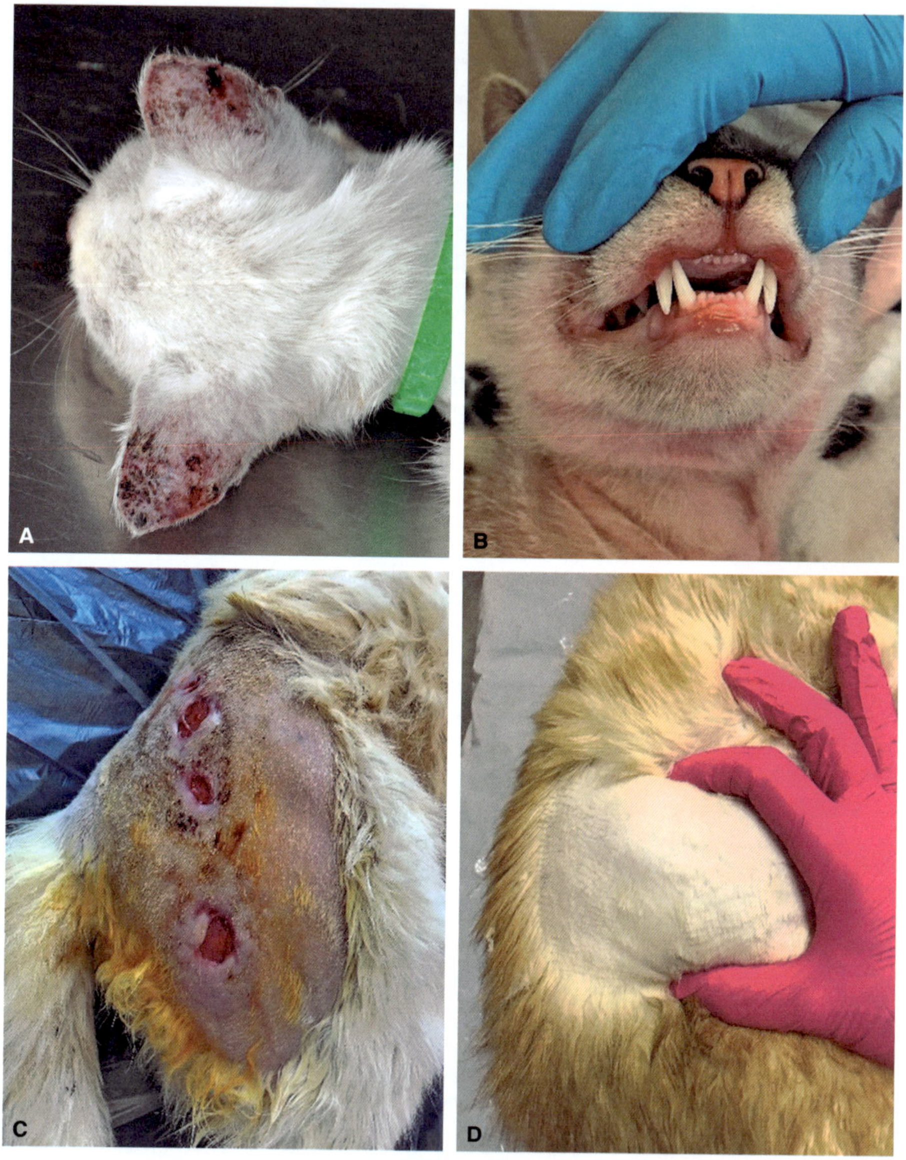

FIGURA 3. Aspectos macroscópicos lesionais em felinos. **A:** lesões erodoulcerativas, eritematosas, alopécicas e crostosas em pinas (dermatite solar e carcinoma de células escamosas). **B:** ulceração bilateral e simétrica em lábio superior (úlcera indolente felina). **C:** ulcerações profundas crônicas (bordos lesionais hipertróficos e claros) associados a drenagem de conteúdo purulento (micobacteriose atípica felina). **D:** neoformação subcutânea focalmente extensa em flanco direito (sarcoma induzido).

Fonte: arquivo pessoal da autora.

LITERATURA SUGERIDA

Gross TL, Ihrke PJ, Walder EJ, Affolter VK. Doenças da pele do cão e do gato: diagnóstico clínico e histopatológico. 2. ed. São Paulo: Roca; 2009. 889p.

Miller WH, Griffin CE, Campbell KL. Diagnostic methods. In: Muller & Kirk's Small Animal Dermatology. 7. ed. St. Louis: Elsevier; 2013. p.92-5.

Noli C, Colombo S. Feline dermatology. Cham: Springer; 2020. 938p.

Simčič P, Pierini A, Lubas G, Lowe R, Granziera V, Tornago R, et al. A retrospective multicentric study of electrochemotherapy in the treatment of feline nasal planum squamous cell carcinoma. Vet Sci. 2021;8(53).

Welle MM, Linder KE. The integument. In: McGavin MD, Zachary JF editors. Pathologic basis of veterinary disease. 7. ed. St. Louis: Elsevier; 2021. p.1095-262.

27

Radiografia contrastada

Christine Souza Martins

O PULO DO GATO

Com disponibilidade crescente de outras modalidades de imagem diagnóstica, a radiografia contrastada tem sido pouco usada, mas em algumas situações continua sendo a melhor escolha.

O esôfago não é avaliado pela ultrassonografia e, se a endoscopia não for uma opção, a radiografia contrastada é indicada.

A dinâmica de filtração renal e a integridade de bexiga e uretra também são mais bem avaliadas utilizando-se técnicas de radiografia contrastada.

Uma vez determinada sua indicação, deve-se fazer o preparo adequada do paciente e seguir as instruções técnicas de modo a obter uma imagem de qualidade.

INTRODUÇÃO

A radiografia contrastada é uma modalidade de diagnóstico radiográfico que utiliza meios de contraste com o objetivo de facilitar a visualização de determinados tecidos ou estruturas. Mesmo com a crescente disponibilidade de outros meios de diagnóstico por imagem, como a ultrassonografia e a endoscopia, a radiografia contrastada ainda tem papel importante na investigação de determinadas suspeitas diagnósticas na clínica de felinos.

MEIOS DE CONTRASTE

Como a imagem radiográfica é baseada na percepção das diferenças de densidade (e, consequentemente, de radiopacidade) entre os tecidos, a adição de meios de contraste acrescenta justamente a diferença que pode estar faltando. Eles podem ser positivos, ou seja, com maior radiopacidade que os tecidos ao redor, ou negativos, com menor radiopacidade.

Os contrastes positivos são compostos de elementos com números atômicos maiores que os tecidos orgânicos, como o iodo e o bário, e que por isso são capazes de bloquear/absorver os raios X e formar a imagem radiopaca. Por outro lado, os contrastes negativos são gasosos, menos capazes de bloquear/absorver os raios X, portanto, diminuem a radiopacidade das áreas onde são adicionados.

Existem diversos meios de contraste disponíveis, com utilidades e empregos diferentes (Quadro 1).

Agentes iodados iônicos são considerados hiperosmolares em comparação ao plasma, por isso são associados com maior frequência a efeitos adversos, em relação aos não iônicos. Os não iônicos são os únicos que podem ser injetados no espaço subaracnoide nos procedimentos de mielografia.

QUADRO 1

Meios de contraste mais usados e suas indicações

Meio de contraste	Indicações
Positivos	
▪ Sulfato de bário	▪ Sistema digestório
▪ Contrastes iodados	
• Iônicos (ex.: diatrizoato de sódio e/ou meglumina, metrizoato)	▪ Vascular ▪ Sistema digestório ▪ Urogenital ▪ Intracavitário ▪ Articular ▪ Fístulas
• Não iônicos (ex.: Iohexol, iopamidol)	▪ Sistema nervoso central ▪ Vascular ▪ Sistema digestório ▪ Urogenital ▪ Intracavitário ▪ Articular ▪ Fístulas
Negativos	
▪ Dióxido de carbono	▪ Sistema digestório ▪ Urogenital ▪ Intracavitário ▪ Articular
▪ Ar ambiente	▪ Sistema digestório ▪ Urogenital ▪ Intracavitário ▪ Articular

INDICAÇÕES E TÉCNICAS

Antes de indicar uma radiografia contrastada, considere:

- Vai auxiliar ou determinar o diagnóstico?
- É o melhor método disponível?
- Existe risco no procedimento?

Sempre se deve fazer uma radiografia sem contraste imediatamente antes de utilizar os contrastes.

Se há planos de realizar outros exames de imagem (ultrassonografia ou endoscopia), a presença dos contrastes pode atrapalhar a produção e interpretação das imagens.

Esôfago (Figura 1)

- O esofagograma com contraste (sulfato de bário) é indicado na suspeita de doenças esofágicas (estenoses, dilatações) e na investigação de massas torácicas, presença de sinais como regurgitação e/ou disfagia.
- **Técnica:**
    - Não há necessidade de preparo prévio do paciente.
    - O gato tem de estar consciente e com pleno funcionamento do reflexo de deglutição. Obtenha uma radiografia simples (sem contraste) antes da administração.
    - O contraste pode ser administrado na forma líquida, pastosa ou misturado com o alimento. O líquido é administrado na dose de 2 a 5 mL por quilo de peso. O gato dificilmente vai comer o alimento com contraste. No caso do contraste líquido, deve-se tomar cuidado com a posição da cabeça do gato, a fim de evitar a aspiração do conteúdo (ver capítulo 1 – Administração de medicamentos).
    - Se houver suspeita de perfuração, como após a retirada de um corpo estranho, deve-se utilizar contraste iodado a fim de evitar as consequências do extravasamento do sulfato de bário para a cavidade torácica.
    - Imediatamente após a administração, o gato é posicionado em decúbito lateral para realização da radiografia.
    - Observação: nos casos de suspeita de estenose, o contraste líquido pode dar uma falsa impressão de normalidade, sendo, nesses casos, recomendado

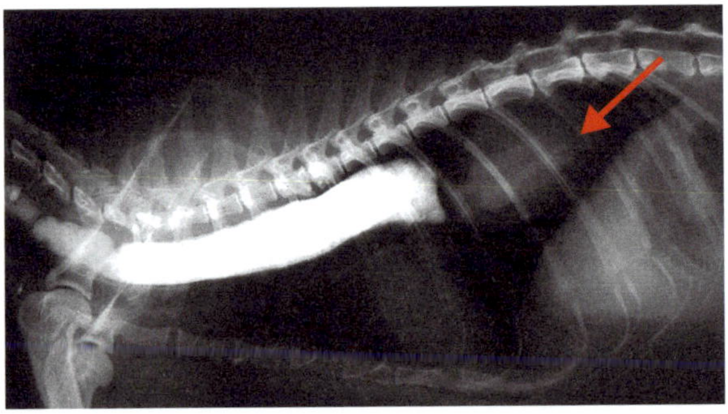

FIGURA 1. Radiografia contrastada de esôfago torácico de gato para a investigação de massa radiopaca localizada no mediastino caudal (seta vermelha). Observa-se que a coluna de contraste fica retida cranial à massa, confirmando a localização intraluminal. Após avaliação histopatológica de material coletado por endoscopia, obteve-se o diagnóstico de carcinoma de células escamosas.

Fonte: arquivo pessoal da autora.

administrá-lo na forma mais consistente possível (pastoso ou misturado com alimento).
  - Tendo em vista a composição muscular peculiar do terço distal do esôfago do gato, sua aparência na radiografia contrastada é diferente da vista nos cães. É visível a aparência típica denominada padrão “espinha de peixe”.
- **Possíveis complicações:**
  - A complicação mais comum é a aspiração do contraste, que pode trazer consequências graves, podendo ser fatal. Isso pode ser evitado tendo o máximo de cuidado durante a administração do contraste e mantendo o animal em observação, para evitar que a regurgitação do contraste cause a mesma complicação.
- **Limitações:** não é possível avaliar a motilidade do esôfago, nem lesões na mucosa (esofagite).

Estômago

- **Indicações:** investigar vômitos persistentes, hematêmese, suspeita de corpos estranhos radiotransparentes, suspeita de massas, obstruções, deslocamentos e perfurações, além de avaliação do tempo de esvaziamento gástrico.
- **Técnica:**
  - Recomenda-se jejum alimentar de 12 a 24 horas. Suspender a água 2 horas antes do procedimento.
  - Deve-se suspender quaisquer medicações que interfiram na motilidade gastrintestinal até 48 horas antes do procedimento.

  - Deve-se realizar uma radiografia simples imediatamente antes para certificar-se de que o conteúdo alimentar não vai se sobrepor à imagem.
  - Uma sonda deve ser introduzida até o estômago (conforme ilustrado no capítulo 7 – Nutrição enteral). Cerca de 7 a 12 mL de contraste líquido por quilo são administrados lentamente pela sonda gástrica. Na suspeita de perfuração, como alternativa, pode-se administrar cerca de 2 a 3 mL de contraste iodado por quilo. Se o objetivo for avaliar o tempo de esvaziamento gástrico, recomenda-se misturar o contraste com alimento da forma mais consistente possível.
  - As radiografias devem ser realizadas nas quatro projeções padrão imediatamente após a administração do contraste e depois aos 15, 30 e 60 minutos. Depois disso, o intervalo entre as exposições vai ser de 30 minutos até completar o estudo (se a investigação também envolver os intestinos).
  - Também é possível realizar a radiografia contrastada utilizando contraste negativo (pneumogastrograma), indicado principalmente na busca de corpos estranhos e determinação da posição do estômago. O procedimento pode ser desconfortável para o paciente.
- **Possíveis complicações:** vômitos e aspiração do contraste.
- **Limitações:** não é possível detectar pequenas lesões de mucosa.

Intestinos

Frequentemente, a avaliação radiográfica dos intestinos é feita juntamente com as radiografias do estômago, seguindo os mesmos critérios de preparo e cuidados.

Exceto nos casos de corpos estranhos, a avalição radiográfica vai render mais um diagnóstico de localização anatômica do que etiológico.

- **Técnica:**
  - Além das instruções anteriores, também se recomenda a administração de laxantes no dia anterior e/ou a realização de um enema 1 a 2 horas antes do procedimento, a fim de esvaziar o cólon.
  - **Observação:** as contrações segmentares do intestino do gato são mais óbvias, conferindo ao duodeno uma aparência de "colar de pérolas".
- **Complicações:** o sulfato de bário é considerado constipante e, se o gato já tem essa tendência, o procedimento pode agravar a condição.
- **Enema de bário:** utilizado para avaliar apenas o intestino grosso, especialmente nas suspeitas de estreitamentos, intussuscepção ileocólica ou dilatações anormais. Geralmente necessita de anestesia, pois é bastante desconfortável ao paciente. Recomenda-se esvaziar completamente o cólon com enemas 12 horas antes do procedimento e realizar uma lavagem final 2 horas antes. Uma sonda tipo Foley é inserida e o balão, inflado na altura do canal pélvico. A

solução de bário é diluída meio a meio com água morna e cerca de 2 a 6 mL por quilo da solução são administrados lentamente com seringa ou por gravidade, a partir de uma bolsa de fluido. Uma radiografia é feita quando metade da quantidade de bário tiver sido administrada.

Trato urinário

As principais técnicas utilizadas no trato urinário dos gatos são a urografia excretora, a cistografia e a uretrocistografia.

Urografia excretora (Figura 2)

- **Indicações:** avaliação da integridade da pelve renal e principalmente dos ureteres, na suspeita de ureter ectópico, para verificar se há obstrução ureteral completa ou parcial; permite uma avaliação estimada (não quantitativa) da função de cada rim individualmente e quando não há a possibilidade de avaliação ultrassonográfica dos rins. Pode ser indicada também quando há necessidade de avaliação da bexiga, mas não é possível realizar uma uretrocistografia.
- **Técnica:**
  - Jejum de 12 horas e enema, se necessário.
  - Embora possam ser utilizados tanto o contraste iodado iônico quanto o não iônico, a preferência é pela utilização do segundo, visto estar associado com menos efeitos adversos.
  - A dose de contraste é baseada em sua concentração de iodo, que pode variar entre as preparações comerciais. A dose recomendada de iodo é de 400 a 600 mg/kg.
  - É importante esvaziar a bexiga antes de injetar o contraste, se possível.
  - Deve-se realizar o acesso venoso na veia cefálica.
  - Uma radiografia ventrodorsal deve ser feita imediatamente e, após 5 minutos, uma lateral e outra ventrodorsal. Outras exposições radiográficas podem ser realizadas após 20 e 40 minutos. Para melhor visualização dos ureteres, recomenda-se também uma exposição oblíqua aos 5 minutos.
  - A urografia permite a visualização em quatro fases: 1) arteriografia; 2) nefrograma; 3) pielograma; e 4) cistografia. A fase arterial demonstra o fluxo sanguíneo renal; o nefrograma demonstra o acúmulo do contraste nos túbulos renais, permitindo avaliar o parênquima renal; a fase do pielograma avalia o sistema coletor, incluindo os ureteres; e a cistografia revela o acúmulo do contraste na bexiga.
- **Contraindicações:** não deve ser utilizada em gatos azotêmicos ou desidratados.
- **Complicações:**
  - Comuns: vômitos durante a injeção do contraste.

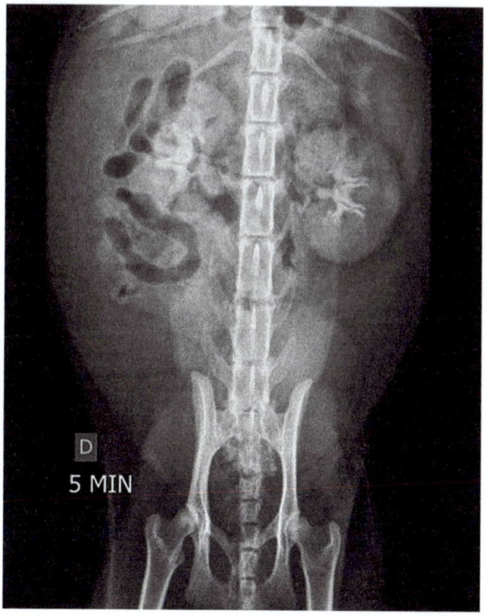

FIGURA 2. Urografia excretora de um gato, cinco minutos após a injeção intravenosa do contraste. É possível visualizar os divertículos e a pelve renal e os ureteres.

Fonte: imagem cedida por Fernanda Vieira Amorim da Costa.

- Ocasionais: agravamento da doença renal, inclusive com indução de falência renal. Recomenda-se que todo procedimento seja acompanhado por fluidoterapia e que qualquer desidratação seja corrigida antes da administração do contraste.
- Raras: anafilaxia e edema pulmonar.

Cistografia

A cistografia pode ser realizada com contraste positivo, contraste negativo (pneumocistografia) ou uma combinação de ambos.

- **Indicações:** a cistografia com contraste positivo é a melhor técnica nos casos de suspeita de ruptura da bexiga. A maior parte das indicações para a realização de cistografia, pneumocistografia ou com duplo contraste pode ser encaminhada para exame ultrassonográfico.
- **Técnica:**
  - O gato é anestesiado para a introdução segura de uma sonda uretral de calibre adequado para a uretra, de maneira estéril. A bexiga é esvaziada pela sonda.

    - O contraste iodado é diluído na proporção 1:10 em soro fisiológico. A quantidade de contraste pode variar de 10 a 50 mL no total.
    - A seringa com o contraste iodado é acoplada à sonda uretral e o contraste é injetado simultaneamente à palpação da bexiga, a fim de evitar que seja excessivamente distendida.
    - Exposições radiográficas nas incidências lateral e ventrodorsal são obtidas imediatamente após a injeção do contraste.
- **Complicações:** refluxo vesicoureteral, infecção iatrogênica, trauma à uretra e bexiga, ruptura da bexiga e, mais raramente, embolia gasosa (na pneumocistografia).

Uretrografia/uretrocistografia retrógada (Figura 3)

- **Indicações:** suspeita de estenose ou ruptura da uretra peniana e pélvica.
- **Técnica:**
    - Pode ser necessária a realização de um enema, caso seja constatada grande quantidade de fezes radiopacas sobrepondo o campo radiográfico.
    - O gato é anestesiado para a introdução de uma sonda uretral de calibre adequado e com abertura apenas na extremidade. Nesse caso, pode ser utilizado um cateter venoso, visto que não vai ser avançado até a bexiga.
    - Não é necessário esvaziar a bexiga, tendo em vista que, se estiver cheia, aumenta a distensão da uretra, melhorando a imagem.
    - Cerca de 5 mL de contraste iodado são injetados na uretra e o ideal é que a exposição radiográfica seja feita no exato momento da injeção. Se a imagem não estiver satisfatória, pode-se repetir a injeção do contraste.
    - É importante tomar cuidado para não deixar o contraste refluir, pois pode formar artefatos de interpretação na imagem.

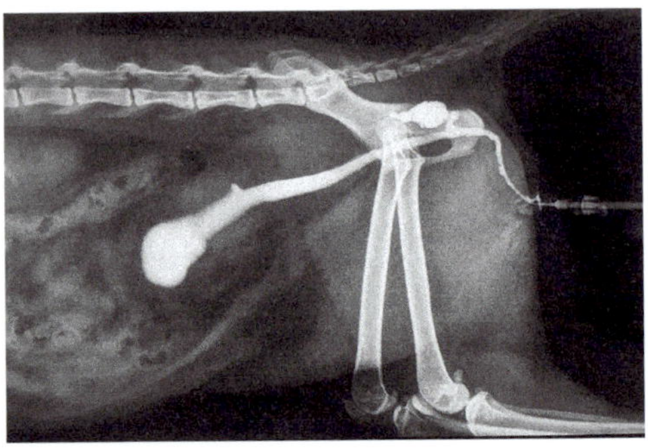

FIGURA 3. Uretrografia retrógrada de um gato, na qual se observa ruptura da uretra pélvica.

Fonte: imagem cedida por Fernanda Vieira Amorim da Costa.

- **Complicações:** infecção iatrogênica e trauma uretral. Ambos podem ser evitados com manuseio cuidadoso e limpo.

Com a maior disponibilidade de outras modalidades de diagnóstico por imagem, a radiografia contrastada perdeu popularidade, mas, estando ciente das indicações específicas e das técnicas apropriadas, o veterinário pode desfrutar das informações obtidas da melhor maneira para o cuidado de seu paciente felino.

LITERATURA SUGERIDA

Hecht S, Adams WH. Digestive tract (including contrast procedures). In: Hecht S, editor. Diagnostic radiology in small animal practice. 2. ed. Stuttgart: 5M Publishing; 2020. p.224-55.

Heuter KJ. Excretory urography. Clin Tech Small Anim Pract. 2005;20(1):39-45.

Holloway A. Contrast radiography. In: Holloway A, McConnell JF, editors. BSAVA Manual of Canine and Feline Radiography and Radiology: A Foundation Manual. Gloucester: BSAVA; 2013. p.74-108.

Hudson J. Normal gastrointestinal anatomy. In: Holland M, Hudson J, editors. Feline diagnostic imaging. Hoboken, NJ: Wiley-Blackwell; 2020. p.333-46.

Hudson J. Normal urinary system. In: Holland M, Hudson J, editors. Feline diagnostic imaging. Hoboken, NJ: Wiley-Blackwell; 2020. p.439-54.

Prüllage ML, Schwendenwein I, Eberspächer-Schweda E, Kneissl S. Does intravenous contrast medium administration result in altered renal biomarkers? A study in clinically stable cats with and without azotemia. J Feline Med Surg. 2022;24(6):565-79.

Scarabelli S, Cripps P, Rioja E, Alderson B. Adverse reactions following administration of contrast media for diagnostic imaging in anaesthetized dogs and cats: a retrospective study. Vet Anaesth Analg. 2016;43(5):502-10.

28

Ecocardiografia

Alexandre Bendas
Karen Macambira

O PULO DO GATO

O diagnóstico das cardiomiopatias felinas é importante para a classificação do fenótipo da cardiomiopatia, mas principalmente para instituir o tratamento adequado.

A ecocardiografia é considerada padrão-ouro para o diagnóstico das cardiopatias.

Na clínica de felinos, esse exame é um importante método auxiliar, que contribui tanto para o diagnóstico de doenças cardíacas já instaladas quanto para a detecção de animais em risco de desenvolver insuficiência cardíaca congestiva e tromboembolismo.

INTRODUÇÃO

As cardiomiopatias são comuns em gatos e constituem-se em um grupo heterogêneo de doenças do miocárdio. Estima-se que 15% dos gatos aparentemente saudáveis sejam afetados, estando entre as dez causas mais comuns de morte. A ecocardiografia representa o exame padrão-ouro para diagnóstico das cardiomiopatias, pois possibilita a avaliação morfofuncional das estruturas cardíacas de forma não invasiva. O exame ecocardiográfico é constituído por três modalidades: modo B, modo M e estudo Doppler. A partir das alterações visualizadas, as cardiomiopatias são classificadas, com base nas características estruturais e funcionais, em: hipertrófica, restritiva, dilatada, arritmogênica e não específica.

PREPARAÇÃO DO EXAME

Idealmente, o exame deve ser realizado por operadores treinados em manejo de gatos não sedados e em ambiente silencioso e calmo.

Realizando a contenção e o manejo adequado, a maioria dos pacientes pode ser avaliada sem sedação, porém, em algumas situações, ela pode ser necessária. O butorfanol (0,25 mg/kg) por via intramuscular constitui uma opção interessante. Uma alternativa que também é bem tolerada e que apresenta bons resultados é a utilização da gabapentina (20 mg/kg ou 100 mg/gato), por via oral, duas horas antes do exame. A tricotomia deve ser realizada em ambos os hemitóraces para melhor aquisição de imagens. A utilização do registro eletrocardiográfico no próprio aparelho de ecocardiografia durante a realização do exame ecocardiográfico permite maior precisão para as mensurações de acordo com o momento do ciclo cardíaco. O exame é realizado com o paciente posicionado em decúbito lateral esquerdo e, posteriormente, direito, para a aquisição das imagens.

MODO B

O modo bidimensional (modo B) permite a obtenção de imagens planas do coração em tempo real. Nesse modo, é possível avaliar a presença de neoplasias, trombos, estrutura das valvas, grandes vasos e anormalidades de movimentação das paredes. Além disso, permite melhor avaliação do tamanho de átrios e ventrículos. Uma das principais medidas realizadas é a relação átrio esquerdo/aorta (relação AE/Ao), que permite a avaliação do tamanho do átrio esquerdo, sendo de fundamental importância para avaliar o risco de ocorrência de edema pulmonar e de trombos. Embora existam vários métodos para avaliação, um dos principais é por meio do corte no eixo curto na incidência basilar do coração (Figura 1).

Quando realizado dessa maneira, o valor normal da relação AE/Ao é menor que 1,5. Valores acima de 1,8 indicam maior risco de desenvolver insuficiência cardíaca congestiva e/ou tromboembolismo (Tabela 1).

MODO M

O modo movimento (modo M) possibilita a medição da espessura das paredes dos ventrículos, das dimensões das câmaras cardíacas e do movimento valvular. A partir dessas medições, alguns índices funcionais são calculados, como a fração de encurtamento do ventrículo e átrio esquerdo.

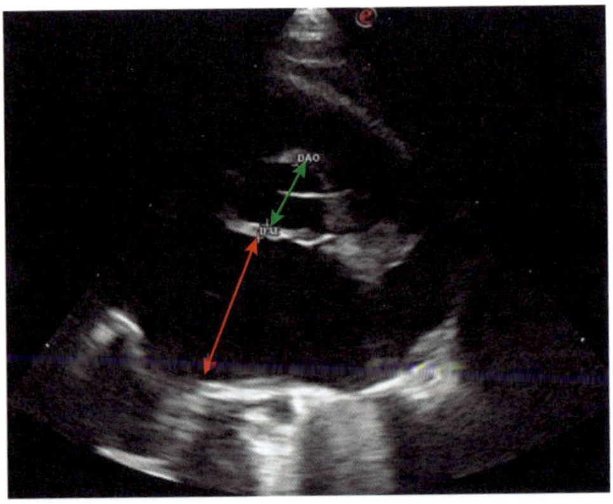

FIGURA 1. Imagem ecocardiográfica no modo bidimensional (transverso) em felino com cardiomiopatia de fenótipo hipertrófico, evidenciando uma relação entre átrio esquerdo (seta vermelha) e aorta (seta verde) (AE/Ao) de 1,99.

Fonte: arquivo pessoal dos autores.

TABELA 1 Valores de referência para o átrio esquerdo em felinos

	Diâmetro do AE	Relação AE/Ao
Normal	< 16 mm	≤ 1,5
Aumento discreto	16-19 mm	1,51-1,79
Aumento moderado	20-25 mm	1,80-1,99
Aumento grave	> 25 mm	≥ 2,0

AE: átrio esquerdo; Ao: aorta.
Fonte: Schober e Chetboul, 2015; Côté, 2011.

DOPPLER

O modo Doppler mede basicamente a direção e velocidade das hemácias, e diferencia o fluxo laminar (normal) do não laminar (turbulento). As duas modalidades de Doppler incluem o pulsátil e o contínuo. O Doppler pulsátil permite avaliar alterações na velocidade, direção ou turbulência do fluxo sanguíneo transvalvar e nas artérias aorta e pulmonar. As imagens obtidas no modo colorido constituem-se em uma forma de Doppler pulsátil e são visualizadas no exame nas cores vermelho e azul. O movimento do fluxo de sangue que se desloca em direção ao transdutor é visualizado na cor vermelha, e o que se distancia do transdutor é visto na cor azul.

Desse modo, é possível avaliar presença de refluxos valvares e de *shunts*. O Doppler contínuo permite a avaliação de fluxos anormais de alta velocidade, sendo útil na avaliação em casos de estenose. Resumidamente, o modo Doppler fornece informações quantitativas dos gradientes de pressão nas valvas que apresentam regurgitação ou estenoses, ou nos fluxos presentes em lesões de *shunts*, além da quantificação das pressões de enchimento do ventrículo esquerdo.

NOVAS MODALIDADES

Novas técnicas de imagem cardiovascular foram desenvolvidas no início do século XXI, resultantes tanto do aperfeiçoamento da tecnologia dos aparelhos como do desenvolvimento de *softwares* específicos. Dentre essas técnicas, destaca-se o Doppler tecidual miocárdico ou imagem por Doppler tecidual (TDI). Novos índices da função miocárdica puderam surgir a partir dessa nova modalidade, como: velocidade de deslocamento da parede miocárdica, deformação (*strain*), velocidade de deformação (*strain rate*), ângulos de rotação e torção e sincronismo segmentar.

Essas novas ferramentas de imagem, que podem ser combinadas em vários graus, fornecem uma análise precisa da função miocárdica focal e global, complementando as informações obtidas pela ecocardiografia convencional.

PRINCIPAIS ALTERAÇÕES ECOCARDIOGRÁFICAS NAS CARDIOMIOPATIAS

Fenótipo hipertrófico

O fenótipo hipertrófico é caracterizado por aumento da espessura, difusa ou regional, das paredes do ventrículo esquerdo, na ausência de estenose aórtica ou hipertensão arterial sistêmica grave o suficiente para causar essa alteração (Figura 2).

Medidas de parede iguais ou superiores a 6 mm são consideradas aumentadas. Os músculos papilares também podem se apresentar hipertrofiados. A hipertrofia na via de saída do ventrículo esquerdo (VSVE) e o aumento da tensão nas cordas tendíneas favorecem o deslocamento da válvula mitral durante a sístole, provocando obstrução da VSVE e refluxo mitral secundário (Figura 3). Essa alteração é denominada movimento sistólico anterior da válvula mitral.

A avaliação de tamanho e função do átrio esquerdo é fundamental. Quando o átrio esquerdo se encontra gravemente aumentado, há uma maior chance de o paciente estar em um quadro de insuficiência cardíaca congestiva (ICC) ou de desenvolvê-la em curto espaço de tempo, além de ser favorável à estase sanguínea (que pode ser visualizado no exame como um contraste espontâneo, que se denomina sinal de *smoke*) e formação de trombos, principalmente na região auricular esquerda (Figura 4). A disfunção diastólica é comumente encontrada e, na avaliação com Doppler pulsado, é

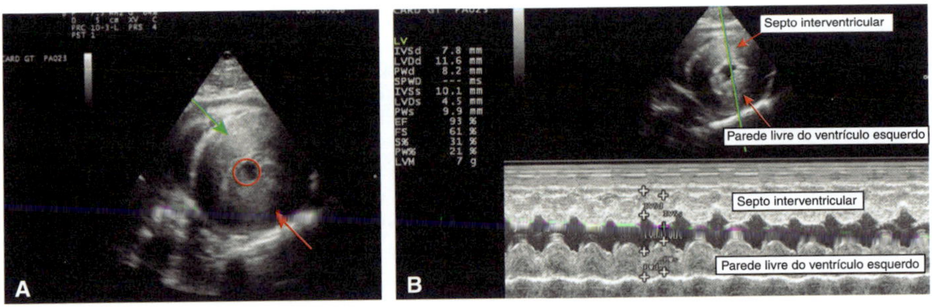

FIGURA 2. **A:** imagem ecocardiográfica no modo bidimensional (corte transverso no nível dos músculos papilares) em felino, evidenciando hipertrofia concêntrica da parede livre do ventrículo esquerdo (seta vermelha) e do septo interventricular (seta verde), com diminuição da luz ventricular (círculo vermelho). **B:** imagem ecocardiográfica em modo M (corte transverso no nível dos músculos papilares) de felino com cardiomiopatia de fenótipo hipertrófico evidenciando hipertrofia concêntrica do septo interventricular (IVSd: 7,8 mm) e da parede livre do ventrículo esquerdo (PWd: 8,2 mm).

Fonte: arquivo pessoal dos autores.

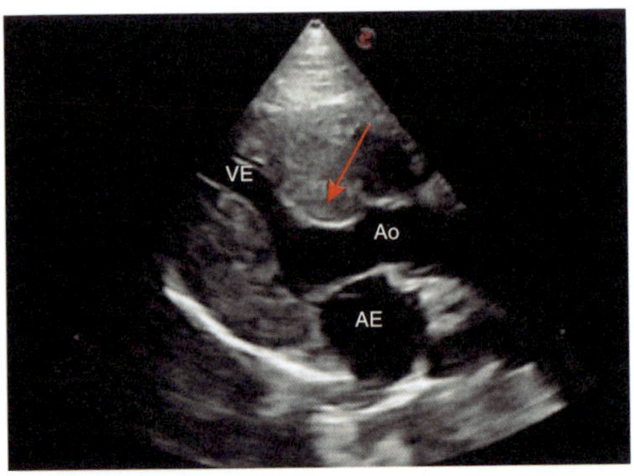

FIGURA 3. Imagem ecocardiográfica no modo bidimensional (via de saída de ventrículo esquerdo – VSVE) em felino evidenciando obstrução parcial da VSVE pela hipertrofia da região infundibular do septo interventricular (seta vermelha).

AE: átrio esquerdo; Ao: aorta; VE: ventrículo esquerdo.

Fonte: arquivo pessoal dos autores.

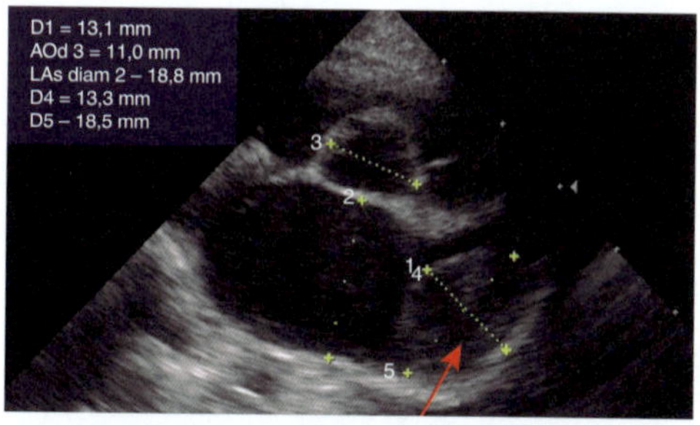

FIGURA 4. Imagem ecocardiográfica no modo bidimensional (transverso) em felino com cardiomiopatia de fenótipo hipertrófico, evidenciando a presença de um trombo no interior da aurícula esquerda.

Fonte: imagem cedida por Dra. Cristina Amaral Torres.

possível visualizar medidas de velocidade da onda E reduzidas, evidenciando padrão de relação E/A invertida.

Fenótipo dilatado

Ao contrário do fenótipo hipertrófico, a cardiomiopatia fenótipo dilatado é caracterizada por diminuição da contratilidade miocárdica, que resulta em hipertrofia excêntrica, com espessura de parede do VE normal ou diminuída. Aumento de átrio esquerdo, insuficiência mitral e trombos também podem estar presentes.

Fenótipo restritivo

A cardiomiopatia fenótipo restritivo é caracterizada por disfunção diastólica decorrente de fibrose miocárdica ou endomiocárdica. A forma endomiocárdica é caracterizada por deposição macroscopicamente visível de tecido fibroso, que comunica o septo interventricular e a parede livre do VE e/ou músculos papilares. Na forma miocárdica, ocorrem morte dos cardiomiócitos e fibrose de substituição. Com isso, o ventrículo esquerdo fica mais rígido, aumentando a pressão diastólica intraventricular, causando aumento do átrio esquerdo. As dimensões da parede e da cavidade do VE são normais. Em virtude das áreas de fibrose, o miocárdio é visualizado no exame como uma estrutura mais hiperecogênica (Figura 5).

Fenótipos arritmogênico e não específico

O fenótipo arritmogênico é incomum. Caracteriza-se anatomicamente por adelgaçamento da parede livre do ventrículo direito. No exame ecocardiográfico,

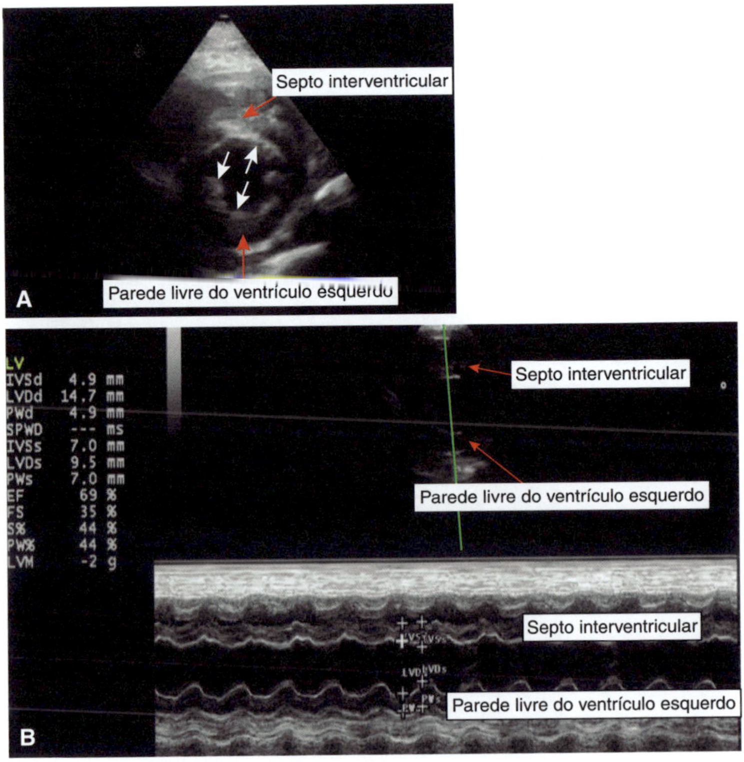

FIGURA 5. **A:** imagem ecocardiográfica no modo bidimensional (corte transverso no nível dos músculos papilares) em felino evidenciando cardiomiopatia de fenótipo restritivo, provavelmente do tipo endomiocárdica (bordas hiperecoicas – setas brancas). **B:** imagem ecocardiográfica em modo M (corte transverso no nível dos músculos papilares) de felino com cardiomiopatia de fenótipo restritivo, evidenciando fração de encurtamento em limite mínimo (FS: 35%) e bordas endomiocárdicas hiperecoicas.

Fonte: arquivo pessoal dos autores.

visualiza-se aumento acentuado das cavidades direitas. A insuficiência tricúspide também pode estar presente, sendo visualizada por meio do Doppler colorido.

Quando as alterações presentes no exame não se enquadram nas classificações anteriores, essas são agrupadas no fenótipo não específico (Figura 6).

O Quadro 1 resume as características ecocardiográficas encontradas nas principais cardiomiopatias felinas, enquanto a Tabela 2 apresenta os valores ecocardiográficos de referência para a espécie.

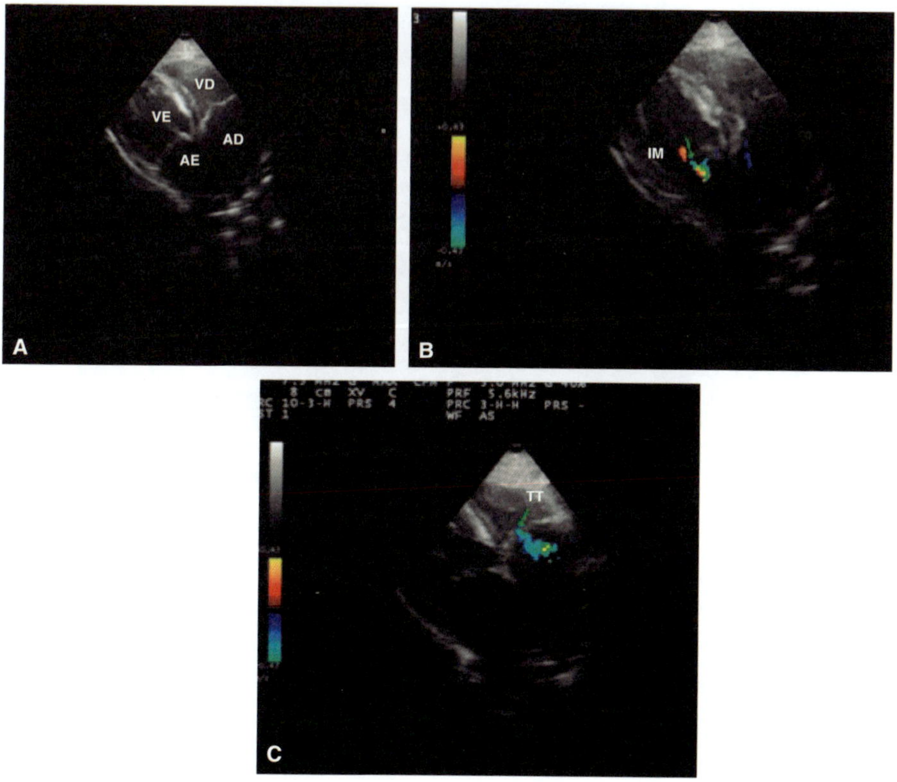

FIGURA 6. Imagem ecocardiográfica no modo bidimensional (apical 4 câmaras) em felino, evidenciando: **(A)** aumento biatrial; **(B)** insuficiência mitral; e **(C)** insuficiência tricúspide, sem outras alterações cardíacas, sendo classificado como cardiomiopatia de fenótipo não específico.

Fonte: arquivo pessoal dos autores.

QUADRO 1

Características ecocardiográficas segundo cada fenótipo

Fenótipo	Características
Hipertrófico	Aumento da espessura da parede do ventrículo esquerdo, difusa ou regional
Dilatado	Disfunção sistólica do VE com hipertrofia excêntrica
Restritivo	Presença de fibrose, medidas de VE normais, dilatação atrial esquerda
Arritmogênico	Aumento acentuado atrioventricular direito com disfunção sistólica de VD
Não específico	As alterações não se enquadram nas classificações anteriores

VD: ventrículo direito; VE: ventrículo esquerdo.

TABELA 2 Valores ecocardiográficos de referência em felinos segundo vários autores

Parâmetro (mm)	Ware (2014)	Schober (2005)	Sisson (1991)	Jacobs (1985)
SIV_d	≤ 5,5	3,4-5,9	3,0-6,0	2,2-4,4
SIV_s	≤ 9,0	4,4-10,1	4,0-9,0	4,7-7,0
VE_d	12,0-18,0	11,5-17,8	10,8-21,4	12,0-19,8
VE_s	5,0-10,0	2,6 10,0	6,4-16,8	6,4-16,8
$PLVE_d$	≤ 5,5	3,1-5,9	2,5-6,0	2,2-4,4
$PLVE_s$	≤ 9,0	5,6-9,5	4,3-9,8	5,4-8,1

SIV_d: septo interventricular em diástole; SIV_s: septo interventricular em sístole; VE_d: diâmetro interno do ventrículo esquerdo em diástole; VE_s: ventrículo esquerdo em sístole; $PLVE_d$: parede livre do ventrículo esquerdo em diástole; $PLVE_s$: parede livre do ventrículo esquerdo em sístole.

Fonte: adaptada de Souza et al., 2019.

REFERÊNCIAS

Côté E. Feline cardiology. Chichester: Wiley-Blackwell; 2011. 498p.

Schober KE, Chetboul V. Echocardiographic evaluation of left ventricular diastolic function in cats: hemodynamic determinants and pattern recognition. J Vet Cardiol. 2015;17(Suppl 1):S102-33.

Souza et al. In: Larsson MH, organizadora. Tratado de cardiologia de cães e gatos. São Caetano do Sul: Interbook; 2019.

LITERATURA SUGERIDA

Côté E, Kittleson MD. The feline cardiomyopathies. J Feline Med Surg. 2021;23(11):1009-67.

Fuentes VL, Abbott J, Chetboul V, Côté E, Fox PR, Häggström J, et al. ACVIM consensus statement guidelines for the classification, diagnosis, and management of cardiomyopathies in cats. J Vet Intern Med. 2020;34(3):1062-77.

Häggström J, Andersson AO, Falk T, Nilsfors L, Olsson U, Kresken JG, et al. Effect of body weight on echocardiographic measurements in 19,866 pure-bred cats with or without heart disease. J Vet Intern Med. 2016;30(5):1601-11.

Shober K, Wetli E, Drost WT. Radiographic and echocardiographic assessment of left atrial size in 100 cats with acute left-sided congestive heart failure. Vet Radiol Ultrasound. 2014;55(4):359-67.

29

Eletrocardiograma

Alexandre Bendas
Nathália da Conceição Lima

O PULO DO GATO

O eletrocardiograma é um exame de fácil realização, não invasivo, de baixo custo e que deve ser solicitado para todos os gatos que apresentem alterações de ritmo na ausculta, na monitoração de anestesias, em tratamento intensivo e aqueles que apresentem sinais clínicos de cardiopatia.

INTRODUÇÃO E PRINCÍPIOS BÁSICOS

O eletrocardiograma (ECG) registra a atividade elétrica do coração fornecendo informações sobre o ritmo, a frequência e a condução do impulso, sendo o exame de eleição para o diagnóstico de arritmias. O ECG pode ser utilizado para confirmar a presença de uma arritmia identificada durante a ausculta, para o monitoramento de pacientes em tratamento intensivo ou procedimento anestésico. Além do diagnóstico de arritmias, o eletrocardiograma pode sugerir sobrecarga atrial ou ventricular e alterações metabólicas, como distúrbios eletrolíticos ou hipóxia.

O nó sinusal é o marca-passo cardíaco, sendo responsável por gerar o impulso elétrico que será conduzido por todo o coração. O impulso gerado no **nó sinusal** é conduzido pelo miocárdio atrial realizando a despolarização do átrio (onda P), que atinge então o **nó atrioventricular**, onde a velocidade do impulso é retardada, e direcionado ao **feixe de His**, despolarizando o septo interventricular (onda Q), seguindo pelos ramos esquerdo e direito do feixe (onda R) até atingir as porções mais internas do **miocárdio ventricular**, despolarizando a base da parede ventricular posterior e do septo interventricular (onda S). Após a contração ventricular, sua repolarização é identificada no traçado eletrocardiográfico pela onda T.

A posição padronizada para o registro do ECG é o decúbito lateral direito, com o animal posicionado em uma superfície não condutora. Os membros devem estar paralelos entre si, com os eletrodos posicionados na mesma altura. Os eletrodos dos membros torácicos devem ser posicionados na altura do cotovelo, e os dos membros pélvicos, na altura das patelas (Figura 1). O uso de álcool ou gel é importante para garantir um bom contato.

A partir do potencial elétrico gerado na superfície corpórea pela atividade elétrica cardíaca, consegue-se registrar essa atividade em diferentes polaridades através das derivações cardíacas (derivações bipolares: DI, DII, DIII; derivaçoes unipolares: aVR, aVL, aVF e derivações precordiais unipolares: rV_2, V_2, V_4 e V_{10}). A polaridade de uma onda registrada depende da direção do impulso elétrico e da derivação analisada (Figura 2A e B).

ANÁLISE DO EXAME ELETROCARDIOGRÁFICO

A interpretação do eletrocardiograma é feita a partir da análise de todas as derivações, sendo possível analisar o eixo elétrico e descartar as possíveis interferências pela análise do mesmo segmento em diferentes derivações.

A identificação de amplitude e duração das ondas é possível porque a análise do ECG é feita a partir de um painel milimetrado na horizontal e vertical, formando pequenos quadrados de 1 mm ou 0,1 mV. A cada cinco quadrados pequenos, um quadrado maior é formado, sendo destacado. Cada quadrado maior

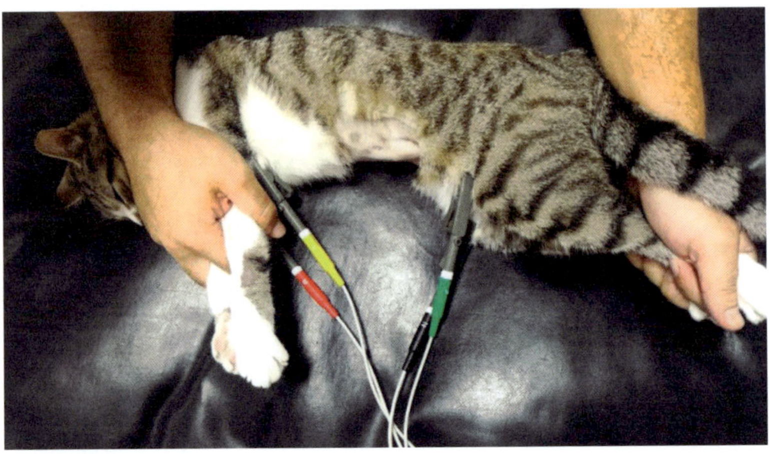

FIGURA 1. Posicionamento dos eletrodos para a realização de exame eletrocardiográfico em um gato.

Fonte: arquivo pessoal dos autores.

equivale a 0,5 mV ou 0,1 s. A velocidade do traçado é padronizada em 50 mm/s e, nessa velocidade, o quadrado de 1 mm é equivalente a 0,02 s. Na velocidade de 25 mm/s, o quadrado equivale a 0,04 s. A análise do ECG vai além da identificação de alterações no ritmo, pois também consiste na análise da amplitude e duração das ondas, de seus segmentos e intervalos, do eixo elétrico do plano médio frontal, da morfologia das ondas e na determinação da frequência cardíaca (Figura 3).

Por meio das medidas realizadas no traçado eletrocardiográfico, é possível obter a amplitude e a duração das ondas e intervalos, sendo os valores comparados com a tabela de referência eletrocardiográfica para a espécie (Tabela 1). A tabela também inclui informações sobre ritmo cardíaco normal, média do eixo elétrico da onda P, do complexo QRS e da onda T, além dos desvios de eixo mais comuns.

A frequência cardíaca pode ser avaliada de diferentes formas pelo ECG. A avaliação de um trecho de 3 segundos pode estimar a frequência cardíaca do traçado. Na velocidade de 50 mm/s, o trecho de 3 segundos equivale a 15 cm ou 30 quadrados maiores. O número de ondas R dentro desse intervalo é multiplicado por 20 para o cálculo da frequência cardíaca. Quando a avaliação é feita em 25 mm/s, o número de ondas R deve ser multiplicado por 10. Outra forma de cálculo da frequência cardíaca é pela contagem do número de quadrados menores dentro de um intervalo RR: na velocidade de 50 mm/s, dividindo-se 3.000 pelo número encontrado; e na velocidade de 25 mm/s divide-se 1.500 pelo número de quadrados menores entre um intervalo RR. Este último método de análise da frequência cardíaca é válido em ritmos regulares.

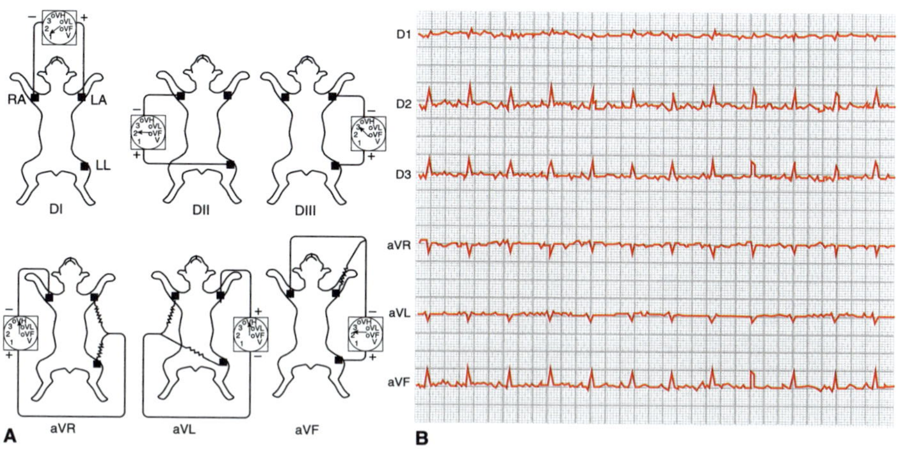

FIGURA 2. **A:** esquema de comparação entre os eletrodos para a obtenção das derivações bipolares (DI, DII e DIII) e unipolares (aVR, aVL e aVF). **B:** traçado eletrocardiográfico normal de um felino evidenciando a polaridade das derivações.

Fonte: A: adaptada de Tilley, 1992. B: arquivo pessoal dos autores

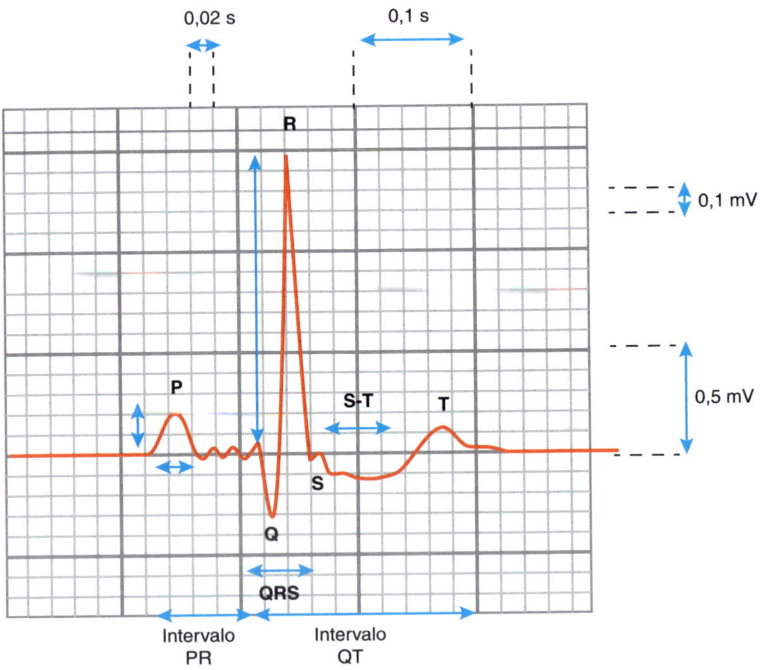

FIGURA 3. Representação das medidas do eletrocardiograma configurado em amplitude N e velocidade 50 mm/s.

Fonte: arquivo pessoal dos autores.

O reconhecimento de um ritmo sinusal é importante para que o ritmo anormal seja identificado. Para identificar um ritmo sinusal, deve-se identificar se há uma onda P para cada complexo QRS e se há um complexo QRS para cada onda P. É preciso saber identificar a morfologia normal da onda P e do complexo QRS e as possíveis variações da onda T. No ritmo sinusal, a onda P é positiva nas derivações II e aVF, e os intervalos PQ e os intervalos RR são constantes e regulares (Figura 4).

A arritmia sinusal, normalmente associada aos movimentos respiratórios decorrentes do estímulo vagal, é caracterizada por um ciclo de aceleração da frequência cardíaca durante a inspiração e desaceleração durante a expiração. Em felinos, a arritmia sinusal dificilmente é vista, em razão do estímulo simpático gerado durante a realização do exame, porém, pode acontecer em repouso (Figura 5).

Outra variação do ritmo que pode ocorrer é a **parada sinusal** (*sinus arrrest*), classificada como uma pausa na atividade sinusal, que tem duração de duas vezes ou mais o tempo do intervalo RR anterior. Essa pausa pode ser interrompida por um batimento de escape ou pelo retorno da atividade sinusal (Figura 6).

TABELA 1 Intervalos de referência das mensurações eletrocardiográficas em gatos não sedados (valores obtidos com os animais posicionados em decúbito lateral direito na derivação DII)

Parâmetro eletrocardiográfico	Valor de referência
Frequência cardíaca	140-220 bpm
Ritmo cardíaco normal em ambiente clínico	Ritmo sinusal
Onda P	
Amplitude	< 0,2 mV
Duração	< 35 ms
Eixo elétrico médio no plano frontal	de 0° a +90°
Intervalo PQ	50-90 ms
Complexo QRS	
Amplitude da onda R	< 0,9 mV
Duração	< 40 ms
Eixo elétrico médio no plano frontal	De 0° a +160°
Desvio do eixo para direita	De +160° a -0° no sentido horário
Desvio do eixo para esquerda	De 0° a -60° no sentido anti-horário
Segmento ST	Normal: isoelétrico
Intervalo QT	160-220 ms
Onda T	
Amplitude	De 0,03 mV a -0,03 mV
Polaridade	Variável

Fonte: adaptada de Santilli et al, 2020.

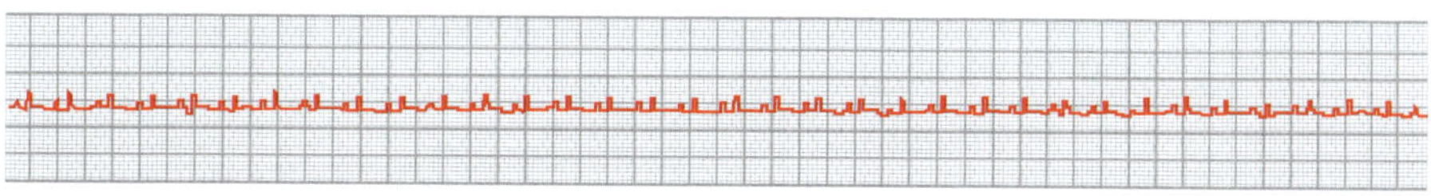

FIGURA 4. Traçado eletrocardiográfico de felino evidenciando ritmo sinusal (DII, 25 mm/s, N).

Fonte: arquivo pessoal dos autores.

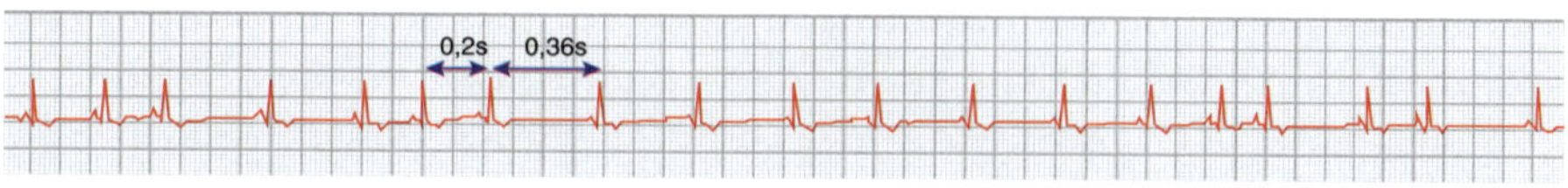

FIGURA 5. Traçado eletrocardiográfico de felino evidenciando arritmia sinusal (DII, 50 mm/s, N).

Fonte: arquivo pessoal dos autores.

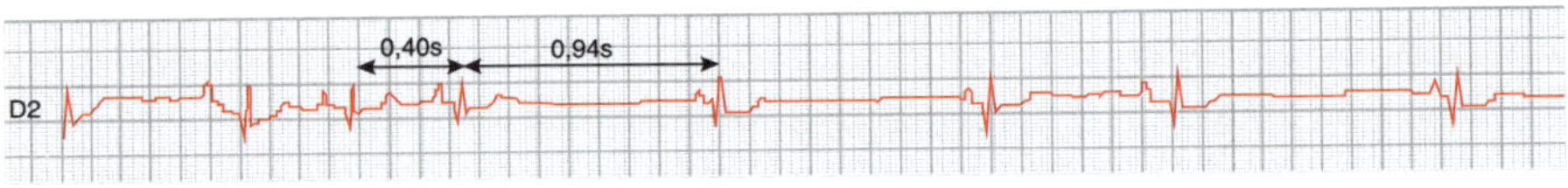

FIGURA 6. Traçado eletrocardiográfico de felino evidenciando parada sinusal (intervalo RR duas vezes ou mais superior ao intervalo anterior) (DII, 50 mm/s, N).

Fonte: arquivo pessoal dos autores.

Para a classificação das arritmias, é importante identificar sua origem, frequência e regularidade. Quanto à origem, podem ser classificadas como **arritmias supraventriculares**, que têm origem nos átrios ou nó atrioventricular, e **arritmias ventriculares**, que têm origem nos ventrículos. Quanto à frequência, as arritmias são classificadas como **taquiarritmias**, quando apresentam alta frequência cardíaca, ou **bradiarritmias**, nos casos de baixa frequência cardíaca. Algumas arritmias mantêm seu ritmo regular, como nas taquicardias; já na **fibrilação atrial**, por exemplo, ocorre um ritmo irregular.

Todo impulso que não é gerado no nó sinusal é considerado um impulso ectópico e gera uma arritmia. O impulso ectópico é classificado de acordo com seu local de origem e de acordo com seu tempo de ocorrência. Os impulsos ectópicos podem ter origem atrial, juncional ou ventricular, e podem ser prematuros, quando ocorrem antes do próximo impulso esperado, ou de escape, quando aparecem após uma pausa. Os impulsos de escape funcionam como um mecanismo de defesa do coração, na tentativa de retomar o ritmo.

Os impulsos ectópicos podem aparecer isolados, em pares ou até em grupos de três ou mais, sendo classificados nesse caso como taquicardias. Quando há alternância entre um complexo ectópico prematuro e um QRS normal, classifica-se com bigeminismo. As taquicardias podem ser classificadas em não sustentadas (duração < 30 s), sustentadas (duração > 30 s), incessantes (> 12h), repetitivas (não sustentadas alternando-se com ritmo sinusal) e paroxísticas (início e fim abruptos). Nos pacientes em que foi auscultado distúrbio de ritmo ou que haja suspeita de arritmia e o eletrocardiograma se apresenta normal, é importante a solicitação do exame de **Holter**, no qual o registro eletrocardiográfico é realizado durante 24 horas, facilitando a detecção de arritmias paroxísticas.

PRINCIPAIS ARRITMIAS

Complexos supraventriculares prematuros

As arritmias denominadas supraventriculares são aquelas que têm origem acima do nó atrioventricular (AV). Podem ter como origem os átrios ou a área juncional AV. Quando são de origem atrial, os complexos prematuros são representados por uma onda P anormal (positiva, negativa ou bifásica), denominada onda P', podendo, em alguns casos, encontrar-se fusionada à onda T anterior (Figura 7).

A onda P' ectópica pode ocorrer antes da completa repolarização do nó AV. Quando acontece dessa forma, o impulso não é conduzido aos ventrículos, gerando um bloqueio AV. Quando a ectopia é de origem juncional, uma onda P' negativa pode ser vista sobreposta ou precedendo o complexo QRS, resultante da ectopia. Como a condução para os ventrículos é feita pelas vias de condução normal, a conformação do complexo QRS é normal, desde que não ocorra um distúrbio de condução concomitante.

Taquicardia supraventricular

A taquicardia de origem atrial pode ocorrer por uma rápida descarga de um foco atrial anormal ou por reentrada atrial, as quais podem ser de caráter paroxístico ou sustentadas. As ondas P' se apresentam inseridas nas ondas QRS-T de forma oculta. Em alguns casos, o nó AV não conduz todos os impulsos pela alta frequência de disparo, podendo gerar um bloqueio AV. Geralmente, a taquicardia supraventricular tem como foco uma alça reentrante que utiliza o nó AV. Nesses casos, o complexo QRS permanece com morfologia normal, quando a condução intraventricular é preservada (Figura 8).

Fibrilação e *flutter* atrial

Na fibrilação atrial, não se identificam ondas P no ECG, a linha de base apresenta ondulações de forma irregular e não há ativação elétrica organizada; dessa forma, a contração atrial fica comprometida (Figura 9). Nesses casos, a frequência cardíaca será determinada pela velocidade de condução AV, que conduz para os ventrículos a quantidade de impulsos possível. Os complexos QRS se apresentam em sua morfologia normal, quando a via de condução intraventricular está

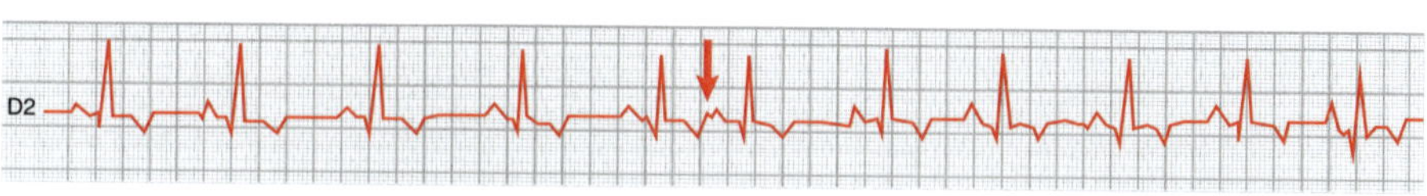

FIGURA 7. Traçado eletrocardiográfico evidenciando complexo supraventricular prematuro (onda P', seta vermelha) (DII, 25 mm/s, N).

Fonte: arquivo pessoal dos autores.

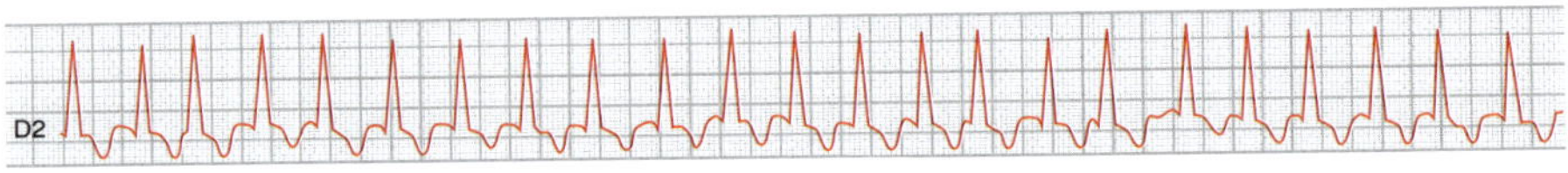

FIGURA 8. Traçado eletrocardiográfico de um felino da raça Maine Coon, 5 anos de idade, com cardiomiopatia de fenótipo hipertrófico, evidenciando taquicardia supraventricular (sobreposição entre as ondas P' e T) (DII, 50 mm/s, N).

Fonte: arquivo pessoal dos autores.

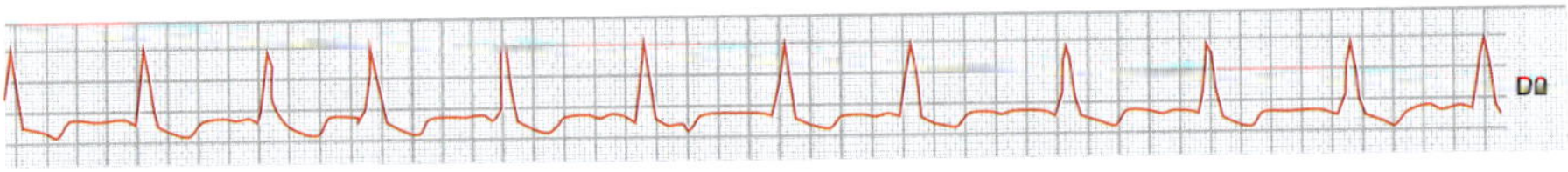

FIGURA 9. Traçado eletrocardiográfico de felino sem raça definida, 9 anos de idade, com cardiomiopatia de fenótipo hipertrófico, evidenciando fibrilação atrial (ausência de ondas P e ritmo RR irregular) (DII, 50 mm/s, 2N).

Fonte: arquivo pessoal dos autores.

preservada. A fibrilação atrial pode ocorrer como consequência de cardiopatias que geram remodelamento atrial importante.

No *flutter* atrial, observam-se ondas na linha de base com padrão de "dentes de serra", que representam a ativação atrial. A resposta ventricular pode ocorrer de forma regular ou irregular, dependendo da condução AV (Figura 10). O *flutter* atrial não é um ritmo estável, progredindo rapidamente para fibrilação atrial.

Complexos ventriculares prematuros

Complexos ventriculares prematuros (CVP) apresentam conformação anormal do QRS, não seguem as vias normais de condução e têm origem abaixo do nó AV. O estímulo ectópico originado nos ventrículos não é conduzido no sentido inverso para a estimulação dos átrios; assim, os CVP normalmente vêm acompanhados de uma pausa compensatória no ritmo sinusal. Os CVP podem ter a mesma morfologia em todo o traçado, sendo classificados como monomórficos, ou variar sua morfologia durante o traçado, sendo classificados como polimórficos (Figura 11).

Taquicardia ventricular

A taquicardia ventricular é caracterizada pela presença de quatro ou mais CVP. As ondas P sinusais não conduzidas podem aparecer sobrepostas, porém não estão relacionadas com os CVP. As taquicardias ventriculares também são classificadas como monomórficas ou polimórficas, sustentadas ou paroxísticas.

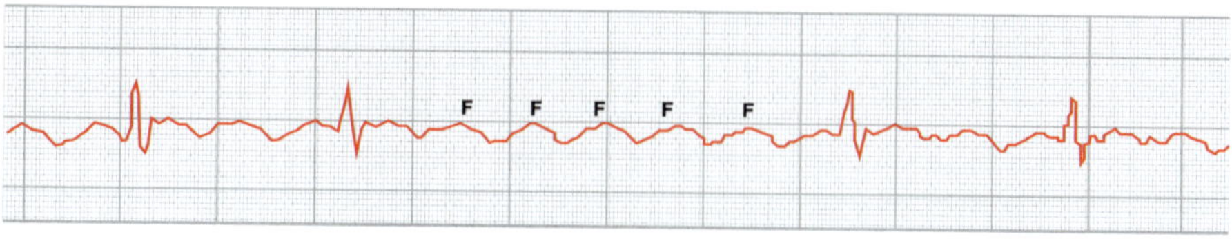

FIGURA 10. Traçado eletrocardiográfico de felino sem raça definida, 14 anos de idade, com cardiomiopatia de fenótipo restritivo, evidenciando *flutter* atrial (onda F) (DII, 25 mm/s, 2N).

Fonte: arquivo pessoal dos autores.

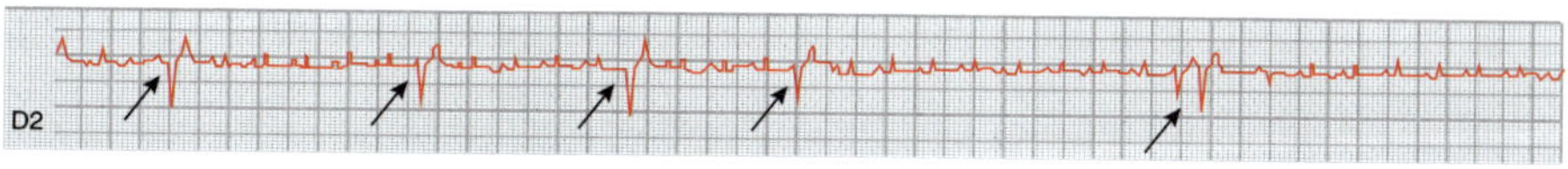

FIGURA 11. Trecho de ECG evidenciando complexos ventriculares prematuros monomórficos (DII, 25 mm/s, N).

Fonte: arquivo pessoal dos autores.

Fibrilação ventricular

É classificada como um evento terminal em que os ventrículos não apresentam atividade sistólica efetiva, levando o débito cardíaco a próximo de zero. No ECG, observam-se ondas irregulares que não se identificam com nenhuma morfologia padrão: as ondas variam em amplitude, forma e profundidade.

Bloqueio atrioventricular

O bloqueio atrioventricular (BAV) é caracterizado pela interrupção parcial ou total da condução dos estímulos elétricos dos átrios para os ventrículos. São divididos em três tipos. No BAV de primeiro grau, há o prolongamento no tempo de transmissão do estímulo dos átrios para os ventrículos, e no ECG observa-se um aumento no intervalo PR. No BAV de segundo grau, há falha na condução do impulso atrial para os ventrículos, e no ECG observam-se ondas P que não conduzem a um complexo QRS. O BAV de segundo grau é classificado como Mobitz tipo I (quando há um aumento progressivo do intervalo PR antes da onda P não conduzida) ou Mobitz tipo II (quando o intervalo PR é constante antes da onda P não conduzida) (Figura 12A). No BAV de terceiro grau, nenhum impulso é conduzido para os ventrículos, e no ECG as ondas P e os complexos QRS não estão correlacionados, havendo uma dissociação atrioventricular (Figura 12B).

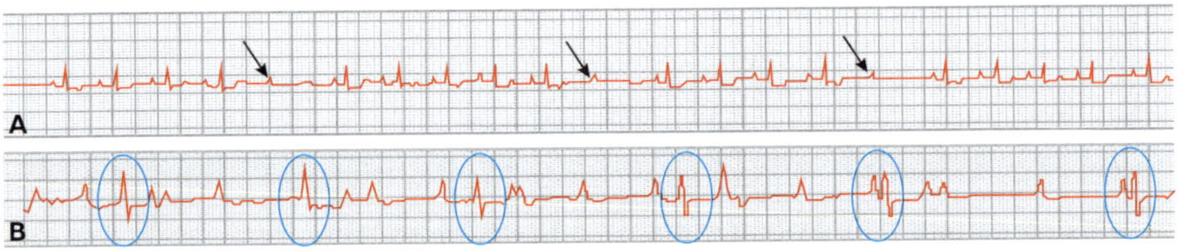

FIGURA 12. **A:** ECG evidenciando BAV de II grau Mobitz tipo II (presença de ondas P não conduzidas, setas pretas). **B:** ECG evidenciando bloqueio atrioventricular de terceiro grau (observar a ausência de relação entre os complexos QRS (círculos azuis) e as ondas P) (DII, 25 mm/s, N).

Fonte: arquivo pessoal dos autores.

REFERÊNCIA

Santilli R, Moise NS, Pariaut R, Perego M. Eletrocardiografia de cães e gatos. 2. ed. São Paulo: MedVet; 2020. 358p.

Tilley LP. Essentials of canine and feline electrocardiography: interpretation and treatment. 3 ed. Lippincott Williams & Wilkins; 1992. 470p.

LITERATURA SUGERIDA

Côté E, MacDonald KA, Meurs KM, Sleeper MM. Feline cardiology. Chichester: Wiley-Blackwell; 2011. 498p.

Larsson MHMA. Tratado de cardiologia de cães e gatos. São Paulo: Interbook; 2020. 472p.

Tilley LP, Goodwin J. Manual de cardiologia para cães e gatos. 3. ed. São Paulo: Roca; 2002. 489p.

30

Quimioterapia em felinos

Cristiano Gomes
Simone Passos Bianchi

O PULO DO GATO

A quimioterapia é eficaz, principalmente, contra tumores com volume mínimo e alta proporção mitótica. Para outros tipos tumorais, a quimioterapia é usada como adjuvante ou como neoadjuvante.

O tratamento do câncer em gatos é semelhante ao tratamento de qualquer doença crônica. O objetivo deve ser tratar a doença e, ao mesmo tempo, manter ou melhorar qualidade de vida do animal.

O proprietário deve entender o prognóstico esperado para o gato e os possíveis riscos, custos e comprometimento de tempo associados ao tratamento.

INTRODUÇÃO

O tratamento quimioterápico em felinos vem crescendo na Medicina Veterinária em decorrência de diferentes fatores, como aumento no número de pacientes com câncer, maior viabilidade financeira do tratamento, procura dos proprietários por tratamentos que aumentem a sobrevida e a qualidade de vida dos seus gatos, e o fato de os efeitos adversos serem menos frequentes e mais bem tolerados em gatos, quando comparados aos humanos.

O ponto inicial para a indicação de quimioterapia a um paciente é o diagnóstico definitivo citológico ou histopatológico, aliado a uma avaliação da extensão tumoral, por meio de exames complementares para o correto estadiamento da lesão, que podem incluir hemograma, perfil bioquímico sérico, urinálise, radiografias torácicas, ultrassonografia abdominal, tomografia computadorizada (TC), ressonância magnética (RM) e mielograma. Além disso, é essencial a avaliação do estado de saúde do paciente e a investigação de comorbidades, para a seleção do protocolo mais adequado, evitando, assim, a ocorrência de efeitos adversos graves.

Os proprietários geralmente se preocupam com os efeitos adversos e os custos do tratamento. Por isso, é de suma importância que o médico veterinário tenha conhecimento sobre o tema para esclarecer essas dúvidas e ressaltar a importância do comprometimento durante o tratamento, pois a coleta de exames e o intervalo entre as aplicações são frequentes.

Previamente a cada sessão de quimioterapia, se faz necessária a reavaliação clínica do paciente, bem como a realização de exames laboratoriais hematológicos e bioquímicos, sempre levando em consideração os possíveis efeitos adversos dos medicamentos que estão sendo aplicados. Uma atenção maior deve ser dada ao "nadir" de cada fármaco, que se refere ao período de maior efeito do quimioterápico e, consequentemente, de maior toxicidade. Por isso, nesse momento ocorre menor contagem leucocitária (neutrófilos) do paciente.

MECANISMO DE AÇÃO

A base do mecanismo de ação dos quimioterápicos está relacionada ao processo de divisão celular. A maioria dos fármacos atua nas diferentes fases do ciclo celular, como na replicação do DNA (fase S) e na divisão celular (fase M). Outros novos agentes quimioterápicos também podem agir interferindo no processo de sinalização, impedindo que a célula inicie um novo ciclo e continue se proliferando. Como essa ação não é seletiva à célula tumoral, as células normais também são afetadas (principalmente as com alta taxa de replicação), levando à ocorrência de alguns dos efeitos adversos dos quimioterápicos. Em contrapartida, tumores com crescimento muito rápido tendem a ter melhor resposta à quimioterapia, em virtude do maior número de células em divisão ativa.

MODALIDADES TERAPÊUTICAS

A quimioterapia é indicada como a principal modalidade terapêutica, no caso de linfomas e leucemias, ou em associação a cirurgia, criocirurgia ou radioterapia. Ela pode ser utilizada como agente único ou em combinação com outros quimioterápicos (**poliquimioterapia**). Essa combinação visa a uma ação sinérgica com o uso de diferentes quimioterápicos, que vão agir em diferentes fases do ciclo celular, melhorando a resposta ao tratamento e diminuindo as chances de resistência aos quimioterápicos.

A **quimioterapia neodjuvante** é realizada antes do tratamento local (cirurgia, criocirurgia ou radioterapia), com o objetivo de reduzir o tamanho do tumor quando ele for muito extenso e/ou invasivo, evitando um procedimento muito agressivo e mutilador, além de combater micrometástases que podem estar presentes no momento do diagnóstico. Entretanto, deve ser utilizada somente em casos em que sua efetividade contra a neoplasia já é conhecida, para evitar o retardo no tratamento local.

A **quimioterapia adjuvante** é usada após a cirurgia, criocirurgia ou radioterapia, com o intuito de combater células tumorais residuais locais ou na circulação, para o controle de recidivas ou metástases distantes em tumores muito agressivos.

Pode-se utilizar a **quimioterapia paliativa** quando os tumores são considerados inoperáveis por sua extensão (tumores muito grandes, disseminados ou invadindo estruturas vitais), presença de metástases distantes ou, ainda, pela recusa dos proprietários em realizar o procedimento cirúrgico. O objetivo dessa terapia é controlar o crescimento tumoral, buscando a melhora na qualidade de vida do paciente.

No tratamento de **neoplasias linfoides**, pode-se dividir os protocolos quimioterápicos em três tipos:

- **Quimioterapia de indução:** tem como objetivo buscar a remissão do tumor, utilizando-se doses mais altas em um menor tempo.
- **Quimioterapia de manutenção:** busca manter a remissão e evitar a recidiva tumoral, com o emprego de protocolos menos intensos quando comparados à quimioterapia de indução.
- **Quimioterapia de resgate:** inclui protocolos quimioterápicos com fármacos não utilizados anteriormente, quando a terapia de indução falhou ou quando ocorreu a recidiva do tumor.

RESISTÊNCIA À QUIMIOTERAPIA

A resistência tumoral ocorre quando as células neoplásicas desenvolvem a capacidade de sobreviver à ação dos quimioterápicos. Essa resistência pode ser natural ou adquirida após o tratamento com a quimioterapia. Quando essa resistência se desenvolve não somente à medicação anteriormente administrada, mas também a outros medicamentos com diferentes mecanismos de ação, é chamada de resistência a múltiplas drogas (MRMD). Esse mecanismo está associado à expressão da glicoproteína-p, presente na membrana. Essa glicoproteína impede a permanência do quimioterápico dentro das células, impedindo sua ação. Alguns fármacos, como a prednisona, podem promover a superexpressão da glicoproteína-p, levando à resistência do tumor ao efeito dos quimioterápicos, quando utilizada por um longo período anterior aos protocolos de quimioterapia. Porém, ainda não existem estudos sobre quais tumores felinos seriam mais propensos a esse tipo de resistência, nem a dose e duração do tratamento com prednisona necessários para isso ocorrer.

CÁLCULO DA DOSE

O cálculo dos quimioterápicos em felinos é baseado na superfície corporal (mg/m²) e não na massa corporal, em miligramas por quilograma (mg/kg), como a grande maioria dos medicamentos na Medicina Veterinária (Tabela 1). Esse ajuste se deve ao fato de a dose terapêutica ser muito próxima da dose tóxica, pois, para combater as células tumorais, busca-se a dose máxima tolerada pelo animal, sem que hajam efeitos adversos graves.

Podem ser necessários ajustes nas doses conforme o estadiamento do tumor e a presença de comorbidades, bem como ajustes em animais obesos ou com acúmulo de líquidos corpóreos, como efusões pleurais, ascite e edema. Também pode ser necessário ajustar o intervalo entre as doses, caso o paciente desenvolva alguma complicação mais grave com relação aos efeitos adversos dos quimioterápicos.

AGENTES QUIMIOTERÁPICOS

A seguir, estão listados os principais quimioterápicos utilizados em felinos. É importante que o clínico esteja familiarizado com os fármacos e tenha conhecimento de sua dosagem, seu metabolismo e sua toxicidade. A dose demonstrada

TABELA 1 Relação entre o peso e a superfície corporal em gatos

kg	m²	kg	m²	kg	m²	kg	m²	kg	m²
0,1	0,022	1,6	0,137	4,0	0,252	6,4	0,345	8,8	0,426
0,2	0,034	1,8	0,148	4,2	0,260	6,6	0,352	9,0	0,433
0,3	0,045	2,0	0,159	4,4	0,269	6,8	0,360	9,2	0,439
0,4	0,054	2,2	0,169	4,6	0,277	7,0	0,366	9,4	0,445
0,5	0,063	2,4	0,179	4,8	0,285	7,2	0,373	9,6	0,452
0,6	0,071	2,6	0,189	5,0	0,292	7,4	0,380	9,8	0,458
0,7	0,079	2,8	0,199	5,2	0,300	7,6	0,387	10	0,464
0,8	0,086	3,0	0,208	5,4	0,307	7,8	0,393		
0,9	0,093	3,2	0,217	5,6	0,315	8,0	0,400		
1,0	0,100	3,4	0,226	5,8	0,323	8,2	0,407		
1,2	0,113	3,6	0,235	6,0	0,330	8,4	0,413		
1,4	0,125	3,8	0,244	6,2	0,337	8,6	0,420		

na Tabela 2 é aplicada em felinos clinicamente saudáveis e como agentes únicos. Quando forem administrados em protocolos de poliquimioterapia ou se houver alguma comorbidade, como disfunção renal ou hepática, pode ser necessário o ajuste da dose. É importante ressaltar que os quimioterápicos cisplatina e fluoruracila são contraindicados para gatos por causarem, respectivamente, edema pulmonar e neurotoxicidade fatais.

EFEITOS ADVERSOS

Deve-se ter atenção à toxicidade dos quimioterápicos pois, como são administrados na sua dose máxima tolerada e não agem exclusivamente nas células tumorais, pode ser necessário atrasar ou suspender seu uso temporariamente, ou mesmo substituí-los. Por essas razões, pode ocorrer prejuízo ao tratamento, aumentando as chances de repovoamento das células tumorais residuais.

Além disso, esses efeitos adversos podem levar a uma piora na qualidade de vida do paciente e à desistência do proprietário pelo tratamento. Porém, os gatos normalmente toleram bem o uso de quimioterápicos. De acordo com o atual sistema de classificação para os efeitos adversos da quimioterapia, 83% dos casos apresentam grau I de toxicidade, indicando que a maioria dos gatos ficam assintomáticos ou com sintomas leves, e a intervenção médica não é necessária. Apenas 2% dos gatos experimentam eventos adversos graves ou com risco à vida. O agente quimioterápico mais associado a inapetência, vômitos e neutropenia é a ciclofosfamida.

A toxicidade pode ser classificada como aguda (até 48 horas após a aplicação), tardia (2 a 14 dias após a aplicação) e crônica ou cumulativa (semanas, meses ou anos após a aplicação). A Tabela 3 apresenta as principais toxicidades dos quimioterápicos em felinos.

CUIDADOS DURANTE A APLICAÇÃO E RECOMENDAÇÕES AOS PROPRIETÁRIOS

Os fármacos citotóxicos podem acarretar problemas ao manipulador, desde náuseas, cefaleia, vômitos, irritação de pele e mucosas, até lesões hepáticas, alterações hematológicas, teratogenicidade e carcinogenicidade. Por isso, é importante o cuidado na manipulação desses fármacos (Quadro 1) e uma adequada orientação aos proprietários (Quadro 2). As principais fontes de contaminação ocorrem pelo contato direto com a pele, inalação e ingestão.

TABELA 2 Principais quimioterápicos utilizados em felinos, com indicação, protocolos e toxicidade

Quimioterápico	Indicação	Protocolos	Toxicidade	Observações
Alquilantes				
Clorambucil	Leucemia linfocítica crônica e linfomas de pequenas células	PO: 20 mg/m^2 q. 2 semanas; 2 mg/gato q. 2-3 dias; 2-4 mg/m^2 em dias alternados; 15 mg/m^2 em dias alternados durante 4 dias consecutivos 1x q. 3 semanas Comprimidos de 2 mg	Mielossupressão e efeitos gastrintestinais leves, principalmente com o uso crônico. Neurotoxicidade e hepatotoxicidades raras	
Ciclofosfamida	Linfomas, tumores mamários e sarcoma de aplicação	IV: 200-300 mg/m^2 Uso intracavitário PO: 50 mg/gato divididos em 2-4 dias Uso IV garante dose mais acurada Frasco 200 mg/20 mL ou 1.000 mg/75 mL Comprimidos de 50 mg	Mielossupressão, toxicidade gastrintestinal, cistite hemorrágica estéril (utilizar 1 dose de furosemida após a aplicação da ciclofosfamida para prevenção)	O protocolo de terapia metronômica com ciclofosfamida (administração diária com baixa dose – 10 mg/m^2) mostrou reduzir o risco de recorrência de sarcomas de tecidos moles
Ifosfamida	Sarcoma de aplicação	IV: 900 mg/m^2 durante 30 min. q. 21 dias Frascos de 0,5 g, 1 g e 2 g	Grave neutropenia 5 a 28 dias após aplicação Toxicidade renal, cistite hemorrágica, toxicidade gastrintestinal Reação anafilática já relatada	Administrar junto com mesna (20% da dose calculada em *bolus* antes da infusão de ifosfamida e 2 e 5 horas após a infusão) Diurese salina 18,3 mL/kg/h iniciando 30 min antes da aplicação da ifosfamida até 5h depois
Lomustina	Linfomas, mieloma múltiplo e mastocitoma.	PO: 50-60 mg/m^2 q. 3 semanas Comprimidos 10 e 40 mg	Neutropenia e trombocitopenia Efeitos gastrintestinais e hepáticos incomuns Fibrose pulmonar rara após múltiplas doses	Atravessa a barreira hematoencefálica

continua

TABELA 2 Principais quimioterápicos utilizados em felinos, com indicação, protocolos e toxicidade (*continuação*)

Quimioterápico	Indicação	Protocolos	Toxicidade	Observações
Antraciclinas				
Doxorrubicina	Tumores linfoides, sarcomas, carcinomas	IV: 20-25 mg/m^2 ou 1 mg/kg devagar durante 10-20 min q. 3 semanas Frasco de 10 e 50 mg Não exceder a dose cumulativa de 180 a 240 mg/m^2 (cardiotoxicidade cumulativa). Pó liofilizado para solução injetável com 50 mg	Neutropenia, anorexia, toxicidade gastrintestinal e renal. Toxicidade cardíaca potencial. Não deve ser usada em gatos com insuficiência renal, hepato e cardiopatas	A doxorrubicina é um vesicante potente; por isso, deve-se ter a máxima cautela para não ocorrer extravasamento durante a administração Reação de hipersensibilidade aguda potencial, pré-medicar com difenidramina ou dexametasona
Mitoxantrona	Linfomas, tumores mamários, carcinoma de células escamosas, sarcomas	IV: 5,5-6,5 mg/m^2 q. 3 semanas Frascos de 200 mg	Mais mielossupressiva e menos nefrotóxica que a doxorrubicina Toxicidade gastrintestinal branda	Não induz reações de hipersensibilidade e não é vesicante potente se extravasar Menos efetiva em gatos
Antimetabólitos				
Citosina arabinosídeo	Linfomas, leucemias Atravessa a barreira hematoencefálica	SC: 600 mg/m^2, divididos em 4 doses, 2 vezes/dia, durante 2 dias IC: 300 mg/m^2/dia durante 2 dias Pó liofilizado para solução injetável com 100 mg	Mielossupressão, toxicidade gastrintestinal rara	Meia-vida plasmática extremamente curta, sendo mais eficaz quando administrado com infusão a taxa constante ou com a dose dividida em injeções subcutâneas 2 vezes/dia ao longo de alguns dias
Metotrexato	Linfomas	IV ou PO: 0,6-0,8 mg/kg q. 7 dias	Mielossupressão, toxicidade gastrintestinal e nefrotoxicidade	

continua

TABELA 2 Principais quimioterápicos utilizados em felinos, com indicação, protocolos e toxicidade (*continuação*)

Quimioterápico	Indicação	Protocolos	Toxicidade	Observações
Agentes platinados				
Carboplatina	Carcinomas e sarcomas	IV: 200-240 mg/m^2 ou 10 mg/kg q. 4 semanas Uso intracavitário ou intratumoral (1,5 mg/cm^3 em emulsão de óleo de gergelim purificado injetada a cada 0,5 cm no tumor e em tecidos adjacentes, q. 1 sem, até 4 tratamentos) Frascos de 50, 150 e 450 mg	Neutropenia e trombocitopenia em 7-21 dias após a aplicação Considerar menor frequência em pacientes nefropatas (excreção renal) – fazer a cada 6 ou mais semanas	
Alcaloides da vinca				
Vincristina	Linfomas e leucemias	IV: 0,5 mg/m^2 ou 0,025 mg/kg q. 1 semana Uso intracavitário Frascos de 1 mg/mL	Pouca mielossupressão, a não ser quando dada com L-asparaginase Toxicidade gastrintestinal, anorexia Neuropatia periférica relatada em felinos	Hepatotoxicidade potencial
Vimblastina	Linfomas e mastocitomas	IV: 1,5-2 mg/m^2 q. 1 semana Frascos de 10 mg	Mais mielossupressão e menor toxicidade gastrintestinal que a vincristina	Hepatotoxicidade potencial
Outros				
L-asparginase	Linfomas	IM ou SC: 400 UI/kg ou 1.000 mg/m^2	Pouca toxicidade Mielossupressão com a vincristina Relatos de pancreatite	Reação de hipersensibilidade aguda potencial, pré-medicar com difenidramina ou dexametasona Menos efetiva em gatos
Prednisolona	Linfomas, plasmocitomas e mastocitomas	2 mg/kg q. 12 ou 24h		

IV: via intravenosa; PO: via oral; SC: via subcutânea.

TABELA 3 Principais toxicidades dos quimioterápicos em felinos

Toxicidade	Apresentação	Prevenção	Tratamento
Hematológica	Neutropenia, trombocitopenia e anemia	Realizar hemogramas seriados, preferencialmente na época do nadir dos fármacos	Adiar a nova aplicação até a recuperação, uso de fator estimulante de colônias de granulócitos (Filgrastim – 5 µg kg-1 SID 3 dias) para neutropenia, antibióticos, hospitalização e antibioticoterapia sistêmica
Digestória	Anorexia, vômito e diarreia	Jejum antes da quimioterapia Ondasetrona 0,1-0,3 mg/kg/IV, q. 8h	Adiar a nova aplicação até a recuperação Maropitant 1 mg/kg/SC ou PO, q. 24h Mirtazapina 2 mg/gato/PO, q. 24h Grave – hospitalização e fluidoterapia
Renal	Elevação dos níveis de ureia, creatinina e GGT urinária Síndrome urêmica	Diurese em alta taxa para fármacos nefrotóxicos como a ifosfamida	Suspender quimioterápico Tratar insuficiência renal
Vesical	Disúria, estrangúria e hematúria	Administrar 1 dose de furosemida após a aplicação da ciclofosfamida Estimular ingestão de água e diurese Administração pela manhã	Suspender e substituir o quimioterápico
Cutânea	Alopecia	Não é preciso suspender o protocolo quimioterápico	Reversível
	Necrose no local da aplicação	Uso de cateter e diluição do fármaco durante a aplicação	Deixar o cateter e aspirar o produto Doxorrubicina: aplicar dexrazoxano IV (10x a dose de doxorrubicina durante 3 horas ou 400-600 mg/m^2 IV durante 15 min), repetir em 24-48h Bandagem quente em alcaloides da vinca e gelada na doxorrubicina Tratar como ferida aberta

IV: via intravenosa; PO: via oral; SC: via subcutânea.

QUADRO 1

Cuidados imprescindíveis com a manipulação de quimioterápicos

- Manipulação em capela de fluxo laminar vertical classe II, tipo B2.
- Medicamentos mantidos em local adequado, identificados e com acesso restrito a pessoas treinadas.
- Paramentação adequada (avental longo de material descartável e baixa permeabilidade, óculos de proteção, gorro, máscaras com filtro de carbono e luvas próprias para a manipulação de quimioterápicos).
- Cuidado com a dispersão de aerossóis durante a manipulação pela diferença de pressão durante a diluição; preferencialmente utilizar um quimiodispensador.
- Quando necessário, manipular comprimidos em farmácia de manipulação. Jamais fracionar comprimidos.
- Após a manipulação, limpar a área de trabalho, fazendo o descarte de todo o material em embalagem apropriada e identificada, e lavar as mãos.

QUADRO 2

Recomendações aos proprietários que tenham pacientes em tratamento quimioterápico

- Armazenar os medicamentos em local seguro, longe de crianças e animais.
- Não realizar fragmentação de comprimidos.
- Impedir que crianças e gestantes manipulem os fármacos, resíduos e dejetos dos animais.
- Utilizar luvas de látex para administração oral.
- Usar luvas para recolher dejetos e colocá-los em sacos plásticos fechados no lixo.
- Lavar as mãos após a manipulação dos fármacos e recolher fezes e urina.

LITERATURA SUGERIDA

Bulman-Fleming JC, Turner TR, Rosenberg, MP. Evatuation of adverse events in cats receiving long--term piroxican therapy of various neoplasms. J Feline Med Surg. 2010; 12(4):262-8.

Cunha SCS, Silva FB, Corgozinho KB, Silva KVGC, Ferreira AMR. Retrospective study of adverse events of chemotherapy in cats. Acta Sci Vet (Online). 2018;46:1-12.

Floch F, Boissy L, Lanore D, Sayag D, Serres F. Evaluation of intracavitary carboplatin Chemotherapy of treatment of pleural carcinomatosis in cats: a retrospective study of eight cases. J Feline Med Surg. 2019;22(2):84-90.

Gustavson DL, Page RL. Cancer chemotherapy. In: Withrow SJ, Vail DM, Page RL. Small animal clinical oncology. 5. ed. St. Louis: Elsevier; 2013. p.157-79.

Kent MS. Cats and chemotherapy: treat as 'small dogs' at your peril. J Feline Med Surg. 2013; 15(5):419-24.

Klahn S. Chemotherapy safety in clinical veterinary oncology. Vet Clin Small Anim. 2014;44:941-63.

Musser LM, Quinn HT, Chretin JD. Low apparent risk of CCNU (lomustine)-associated clinical Hepato-toxicity in cats. J Feline Med Surg. 2012;14(12):871-5.

Rodaski S, De Nardi AB. Quimioterapia antineoplásica em cães e gatos. São Paulo: Medvet; 2008.

Smallwood K, Harper A, Blackwood L. Lomustine, methotrexate and cytarabine chemotherapy as a rescue treatment for feline lymphoma. J Feline Med Surg. 2020; 23(8):722-9.

Thornton LA, Cave N, Bridges JP, Stell AJ. Owner perceptions of their cat's quality of life when treated with a modified University of Wisconsin-Madison protocol of lymphoma. J Feline Med Surg. 2017;20(4):356-61.

31

Coleta e análise de fluido cerebrospinal

Bruno Benetti Junta Torres
Luana de Sousa Ribeiro

O PULO DO GATO

A coleta e análise de fluido cerebrospinal está indicada para pacientes com acometimento das estruturas do sistema nervoso central, nas encefalopatias ou nas mielopatias e, principalmente, quando se suspeita de envolvimento das meninges, nas etiologias inflamatórias, infecciosas e neoplásicas.

A coleta deve ser realizada por um profissional capacitado, com o paciente anestesiado e monitorado, e mediante técnica asséptica.

A análise do FCE fornece pistas sobre enfermidades do SNC, mas não necessariamente confirma o diagnóstico.

INTRODUÇÃO

O fluido cerebrospinal (FCE) é um líquido transparente e de baixa celularidade que banha todo o sistema nervoso central (SNC), mantendo sua integridade físico-química. A compreensão das exigências pré-analíticas, bem como das complicações inerentes à coleta e suas contraindicações, é peça fundamental para um exame seguro e resultados fidedignos. Apesar de ser um exame pouco específico, apresenta alta sensibilidade na identificação de distúrbios neurológicos e, por isso, deve ser interpretado à luz das suspeitas clínico-neurológicas.

ASPECTOS ANATOMOFISIOLÓGICOS

O FCE é produzido a partir do ultrafiltrado do sangue capilar que chega aos plexos coroides, presentes nos ventrículos encefálicos. Flui livremente entre os ventrículos laterais, terceiro e quarto ventrículo, a partir de onde alcança o canal espinal e o espaço subaracnoide.

Em felinos, é produzido a uma taxa constante de 0,017 mL/min e se mantém em movimento contínuo, conhecido como "fluxo de massa". Em seguida, deve ser ininterruptamente absorvido nas vilosidades aracnoides (prolongamentos da aracnoide ancorados no periósteo), nos vasos linfáticos que caminham junto aos nervos cranianos e no próprio parênquima do SNC.

Ao banhar todas as estruturas do SNC, tem por funções:

- Diminuir o peso relativo do SNC, permitindo que fique boiando dentro do arcabouço ósseo.
- Realizar sua proteção física e transportar metabólitos, neurotransmissores e nutrientes por toda sua extensão, mantendo sua homeostase.

INDICAÇÕES E CONTRAINDICAÇÕES PARA COLETA

A análise do FCE é indicada quando houver envolvimento do parênquima do SNC e/ou das meninges, mas, principalmente, para o descarte ou a confirmação de processos inflamatórios, infecciosos ou neoplásicos. Lesões de raízes nervosas, como nas suspeitas de polirradiculoneurites, também podem provocar alteração no FCE, já que tais estruturas estão envoltas pelas meninges.

É importante reconhecer fatores que contraindiquem a punção e possíveis complicações inerentes ao procedimento. Em pacientes com suspeita de lesões expansivas e aumento da pressão intracraniana (PIC), sugere-se a realização de imagem prévia, sempre que possível. Quando identificado, o aumento da PIC oferece risco de herniação de tecido encefálico e, caso seja necessário proceder à punção, deve-se realizar terapia hiperosmolar com manitol ou salina hipertônica. Embora seja um assunto controverso, acredita-se que nesses casos a punção na região lombar ofereça menor risco de herniação de tecido encefálico.

Também é importante que o proprietário tenha ciência que, em casos especiais, pelo baixo volume de FCE obtido, pode ser necessário repetir a coleta para a realização de todas as análises solicitadas. No Quadro 1 estão listadas as principais indicações, contraindicações e complicações inerentes à coleta.

COLETA DA AMOSTRA

O FCE pode ser coletado através do forame magno na junção occipito-atlântica, ou na coluna lombar, entre as vértebras L6-L7 ou L7-S1. A escolha do local de punção depende da preferência e experiência do profissional, embora seja recomendado a coleta caudalmente em virtude da localização da lesão. Alterações

QUADRO 1

Indicações, contraindicações e complicações da coleta do fluido cerebrospinal

Indicações	Contraindicações	Complicações
Encefalopatias **Mielopatias** **Meningopatias** **Radiculopatias**	Hipertensão intracraniana Risco anestésico inaceitável Coagulopatias Lesões no local da coleta (piodermites, feridas, tumores, fraturas ou luxações)	Contaminação por quebra de assepsia Hemorragia Lesão iatrogênica ao SNC Herniação encefálica Parada respiratória Coma Óbito

SNC: sistema nervoso central.

nas estruturas da região, como dermatite no local da punção, podem influenciar nessa decisão.

Sob anestesia geral, o paciente é posicionado em decúbito lateral e a área da punção é preparada para uma coleta asséptica. Realizam-se tricotomia e antissepsia da pele e podem-se utilizar panos de campo para isolar a região. É necessário usar luvas e agulhas espinais estéreis. Preconiza-se o uso de agulha espinal 22G 3 ½ (0,7 mm × 90 mm), com bisel tipo Quincke, pois permite menor carreamento de tecidos transpassados, além de permitir melhor fluxo de FCE.

Na coleta através da cisterna magna, a cabeça é mantida em um ângulo de 90° em relação ao pescoço, e a presença do tubo endotraqueal é imprescindível para evitar obstrução das vias aéreas. Uma vez inserida a agulha, progride-se lentamente até romper a dura-máter, mais espessa e fibrosa e, a seguir, alcançar o espaço subaracnoide, quando se retira o mandril da agulha e é possível observar o FCE fluir (Figura 1). Quando há contaminação por sangue, deve-se retirar a agulha e, a seguir, comprimir o local com gaze por 3 minutos e reposicionar a agulha para nova tentativa.

Na região lombar, a ventroflexão da coluna também promoverá distração do espaço entre as lâminas vertebrais, permitindo a passagem da agulha, cujo bisel deverá atravessar o cordão espinal para alcançar o espaço subaracnoide ventral, onde o FCE será coletado. Deve ser coletado por gotejamento e nunca aspirado, para evitar aumento da PIC e danos iatrogênicos.

CUIDADOS PRÉ-ANALÍTICOS

A fase pré-analítica corresponde a todas as etapas anteriores ao processamento, como coleta, armazenamento e transporte da amostra. Cada etapa é importante e deve ser planejada adequadamente para que se obtenha um resultado fidedigno.

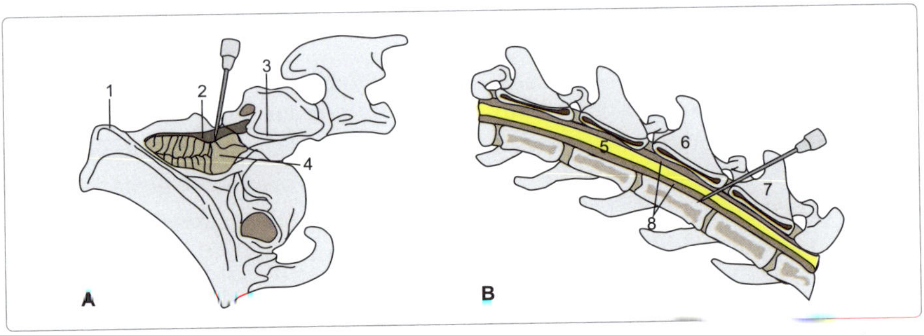

FIGURA 1. Coleta do fluido cerebroespinal em cisterna magna **(A)** e em coluna lombar **(B)**.

1: protuberância occipital externa; 2: cisterna magna; 3: asa do atlas; 4: tronco cerebral caudal; 5:cordão espinal; 6: vértebra L5; 7: vértebra L6; 8: espaço subaracnoide espinal.

Mais da metade dos erros encontrados na patologia clínica está relacionada com falhas na requisição, amostra inadequada, identificação incorreta, conservação, tempo de armazenamento e transporte inapropriados.

Em virtude de sua característica hipotônica, o FCE possui poucos nutrientes para nutrir suas escassas células pós-coleta, o que as predispõe à degeneração. Assim, para não subestimar a contagem, deve ser realizada dentro de 30 minutos após a coleta. É preciso calcular se o tempo de deslocamento ao laboratório permite uma análise viável, e o patologista clínico deve estar previamente avisado para que se organize e processe a amostra o mais rápido possível.

Sempre que possível, recomenda-se que um volume total de 0,5 a 1 mL seja coletado e dividido em três tubos secos, estéreis e identificados. O primeiro é destinado a análises microbiológicas e imunológicas, o segundo para testes bioquímicos e o terceiro (mais límpido) para contagem e avaliação citológica. As amostras devem ser refrigeradas a 4 °C até que sejam analisadas. Amostras para PCR devem ser enviadas congeladas.

PROCESSAMENTO DA AMOSTRA

Cor e turbidez

A cor e a turbidez devem ser avaliadas em tubo transparente. A mudança de coloração indicará a presença de hemácias (vermelho) ou pigmentos (vermelho a xantocrômico). Já a alteração na turbidez é decorrente do aumento de células (> 200 leucócitos/mL e/ou > 400 hemácias/mL), ou elevação da concentração de proteínas (hiperproteinorraquia).

Proteínas

Normalmente, o FCE contém somente albumina e em baixas concentrações. A hiperproteinorraquia se dá pela produção intratecal de imunoglobulinas em processo inflamatório e/ou dano tecidual do SNC, ou origina-se do sangue, em decorrência da ruptura na barreira hematoencefálica. A interpretação dependerá da técnica utilizada para sua mensuração (Quadro 2).

Contagem e análise citológica

A contagem de hemácias e células nucleadas deve ser realizada na câmara de Fuchs-Rosenthal. São adicionados 10 μL de FCE em cada lado da câmara para obter o resultado em células/μL. O aumento do número de células nucleadas ocorre em processos inflamatórios e é denominado pleocitose.

Em virtude da baixa celularidade do FCE, é necessário utilizar técnicas de concentração do soluto para a confecção da lâmina, sendo a citocentrífuga a mais indicada em comparação com a decantação. Para isso, é usado maior volume de FCE (100-150 μL) e pode-se observar maior quantidade de células na lâmina do que na câmara. No entanto, a análise citológica não deve ser utilizada para quantificação, e sim para diferenciar as células nucleadas em mononucleares (monócitos e linfócitos), neutrófilos ou eosinófilos.

QUADRO 2

Técnicas de mensuração de proteínas no fluido cerebrospinal

Técnica	Avaliação	Comentário
Vermelho de Pirogalol (bioquímica úmida)	Excelente para a detecção de albumina e menos sensível para imunoglobulinas	Técnica de escolha por ser considerada a mais específica para a determinação de proteínas no FCE
Fita urinária (bioquímica seca)	Detecta apenas albumina	Deve ser evitada por não ser uma técnica validada
Teste de Pandy	Alta sensibilidade para imunoglobulinas	Triagem para imunoglobulinas, mas é subjetivo por avaliar a qualidade da turbidez; a sensibilidade depende da quantidade de proteínas
Eletroforese	Excelente sensibilidade e consegue identificar albuminas e imunoglobulinas	Viável apenas em FCE com proteínas elevadas

FCE: fluido cerebrospinal.

Deve-se, ainda, avaliar a morfologia celular e identificar sinais de fagocitose e de degeneração, presentes em processos infecciosos. Agentes infecciosos (p. ex., hifas de *Cryptococcus neoformans*) e células neoplásicas podem ser ocasionalmente identificados.

Outras análises (Quadro 3)

QUADRO 3

Exames adicionais que podem ser solicitados na análise do fluido cerebroespinal

Parâmetro	Observação	Interpretação
Glicose	Se coletadas no mesmo momento, a glicorraquia deve corresponder a 60-80% da glicemia	Hipoglicorraquia ocorre em infecções bacterianas, por consumo
Titulação de anticorpos	Para detecção de doenças virais, fúngicas, protozoárias, bacterianas e riquetsiais	Pode ser difícil distinguir entre produção intratecal e ruptura da barreira hematoencefálica
Cultura	Pode-se realizar a cultura tanto para bactérias aeróbicas e anaeróbicas quanto para fungos	Difícil crescimento; ocorrência de falso-negativos por amostra ou meio inadequado, baixo número de microrganismos e por sofrerem rápida autólise nos tubos
PCR	Para detecção de vírus, fungos, protozoários, bactérias e riquétsias	Maiores sensibilidade e especificidade

INTERPRETAÇÃO

Ao interpretar os resultados da análise do FCE, é importante conhecer seus parâmetros fisiológicos para a espécie (Tabela 1). Além disso, alguns fatores podem influenciar os resultados, como a contaminação sanguínea, que pode elevar o número de células nucleadas e proteínas, ou o uso recente de corticosteroides, que mascara a contagem de leucócitos.

A análise do FCE fornece pistas sobre uma enfermidade do SNC (Quadro 4), mas não necessariamente confirma o diagnóstico. Por isso a importância de ser interpretado diante das suspeitas levantadas após a localização da lesão, a identificação de fatores predisponentes e o entendimento do curso da doença.

TABELA 1 Principais análises realizadas no fluido cerebrospinal, com seus valores de referência e respectivas alterações

	Cor e turbidez	Proteínas	Celularidade
Normal	Transparente e límpido	≤ 36 mg/dL	Hemácias ausentes Leucócitos ≤ 5 céls/µL, predomínio de mononucleares
Alterado	**1. Xantocromia** • Hemorragia > 24h • Icterícia intensa **2. Avermelhado** • Hemorragia • Contaminação sanguínea **3. Turvo** • Aumento de celularidade e/ou de proteínas	**Hiperproteinorraquia** • Discreta: 31-100 mg/dL • Moderada: 101-200 mg/dL • Acentuada: > 200 mg/dL **1. Associada à pleocitose** • Inflamação/infecção **2. Isolada = dissociação albuminocitológica** • Neoplasias, polirradiculoneurite, doenças degenerativas, trauma	**1. Pleocitose** • Discreta: 6-50 céls/µL • Moderada: 51-1.000 céls/µL • Acentuada: > 1.000 céls/µL **2. Diferencial da pleocitose** • Monocítica: > 80% de mononucleares • Neutrofílica: > 50% de neutrófilos • Eosinofílica: > 20% de eosinófilos • Mista

QUADRO 4

Principais afecções e respectivas alterações em fluido cerebrospinal de felinos

Afecção	Proteínas	Pleocitose	Citologia
Deficiência de tiamina	Normal ou aumento discreto	Ausente a discreta	Neutrofílica
MEM bacteriana	Aumento moderado a acentuado	Moderada a acentuada	Neutrofílica
MEM eosinofílica	Aumento moderado a acentuado	Moderada a acentuada	Eosinofílica
MEM fúngica	Aumento acentuado	Moderada a acentuada	Mista, ocasionalmente eosinofílica
MEM protozoária	Aumento moderado a acentuado	Moderada	Mista, ocasionalmente eosinofílica
MEM viral	Variável	Normal a moderada	Monocítica
Linfoma	Aumento discreto	Discreta	Monocítica
Neoplasias	Variável	Variável	Variável
PIF	Aumento acentuado	Moderada a acentuada	Neutrofílica ou mista

MEM: meningoencefalomielites; PIF: peritonite infecciosa felina.

LITERATURA SUGERIDA

De Lahunta A, Glass E, Kent M. Cerebrospinal fluid and hydrocephalus. In: De Lahunta A, Glass E, Kent M. Veterinary neuroanatomy and clinical neurology. 5. ed. Philadelphia: Saunders; 2021. p.79-105.

Feliu-Pascual AL, Garosi L, Dennis R, Platt S. Iatrogenic brainstem injury during cerebellomedullary cisterna puncture. Vet Radiol Ultrasound. 2008;49(5):476-71.

Singh M, Foster DJ, Child G, Lamb WA. Inflammatory cerebrospinal fluid analysis in cats: clinical diagnosis and outcome. J Feline Med Surg. 2005;7:77-93.

Terlizzi RD, Platt SR. The function, composition and analysis of cerebrospinal fluid in companion animals: Part I – Function and composition. Vet J. 2006;172:422-31.

Terlizzi RD, Platt SR. The function, composition, and analysis of cerebrospinal fluid in companion animals: Part II – Analysis. Vet J. 2009;180:15-32.

Whipple KM, Leissinger MK, Beatty SS. Frequency and classification of errors in laboratory medicine at a veterinary teaching hospital in the United States. Vet Clin Pathol. 2020;49:240-8.

32

Reanimação cardiopulmonar

Leandro Fadel

O PULO DO GATO

O rápido reconhecimento da situação e início precoce do protocolo são mandatórios para a obtenção de melhores desfechos.

O suporte básico de vida consiste em realizar manobras de compressão torácica e ventilação.

O suporte avançado de vida engloba as manobras de monitoramento e obtenção de acesso para a administração de fármacos necessários para o suporte e a correção da(s) causa(s) que levaram o paciente à parada cardiorrespiratória.

O treinamento da equipe por meio de simulações é de vital importância para aperfeiçoar a técnica e garantir melhores desfechos.

INTRODUÇÃO

A parada cardiorrespiratória (PCR) é um problema grave encontrado em vários cenários dentro da rotina clínica veterinária. A proficiência na identificação e na realização do protocolo de reanimação cardiopulmonar (RCP) é o caminho para atingir melhores indicadores de desfechos desses pacientes que cursam com PCR. Isso é evidenciado quando se avaliam, na literatura existente, os resultados alcançados com esses pacientes. Em felinos, estão publicadas taxas em torno de 3 a 6% de sucesso na RCP de origem não anestésica.

Atualmente, há na Medicina Veterinária uma diretriz de reanimação cardiopulmonar em pequenos animais, sob a denominação RECOVER (*Reassessment Campaign on Veterinary Resuscitation*), conduzida pela iniciativa conjunta do ACVECC (American College of Veterinary Emergency and Critical Care) e da VECCS (Veterinary Emergency and Critical Care Society). Nesse documento, há informações sobre as evidências existentes acerca das recomendações para a execução da RCP, assim como, e não menos importante, sobre como preparar o ambiente, os processos de liderança e auditorias para a melhoria contínua da RCP.

A execução do protocolo envolve três momentos: suporte básico de vida, suporte avançado de vida e cuidados (ou manobras) pós-parada. Uma visão geral do protocolo é mostrada na Figura 1 e cada momento será discutido adiante no texto.

IDENTIFICAÇÃO

A identificação do felino em PCR deve ser realizada o mais rápido possível. Todos os pacientes colapsados devem ser avaliados para possível quadro de parada cardiorrespiratória e essa avaliação não deve ser postergada por nenhum motivo. Na avaliação do paciente, deve-se suspeitar de PCR se ele se encontra não responsivo a nenhum tipo de estímulo externo. Associado a isso, ele deverá apresentar algum padrão de **apneia**, mas não se pode esquecer que a **respiração agônica** pode ser incluída como padrão respiratório na PCR. A avaliação das pupilas indicará **midríase bilateral não responsiva a estímulo luminoso** e, por fim, na avaliação cardíaca, se verifica a **ausência de batimentos**. Não é recomendado o uso da palpação de pulso para a identificação da ausência de batimentos, pois é descrito na literatura que esse é um método com alta chance de equívoco. O uso da eletrocardiografia tampouco é indicado, pois o tempo necessário para a colocação dos eletrodos e a correta interpretação do traçado podem gerar atraso no início do protocolo e prejudicar o desfecho. Assim, na diretriz é recomendada a auscultação e/ou avaliação da presença de choque precordial. A avaliação para a identificação do felino em PCR não deve durar mais que 15 segundos, então devem-se preconizar somente métodos rápidos e de fácil execução para a identificação da PCR.

Junto à identificação do estado de parada cardiorrespiratória, também se deve buscar a identificação de sua etiologia. Essa investigação deve ser conduzida em paralelo ao protocolo de reanimação e não pode ser negligenciada pois, mesmo quando há o retorno da circulação espontânea (ROSC, do inglês *return of spontaneous circulation*), se a causa da PCR não for corrigida ou pelo menos mitigada, ocorrerá um novo evento de parada. Dentre as principais causas, estão aquelas descritas na regra dos 5H e 5T. Essa regra é extrapolada da medicina humana, assim, há duas causas alocadas no H, que na medicina felina representam eventos pouco vistos, sendo eles trombose pulmonar e coronariana. Entretanto, em felinos, há uma incidência alta de tromboembolismo arterial. Dessa maneira, pode-se então avaliar inicial e principalmente 5H e 4T como causas de PCR em gatos (Quadro 1).

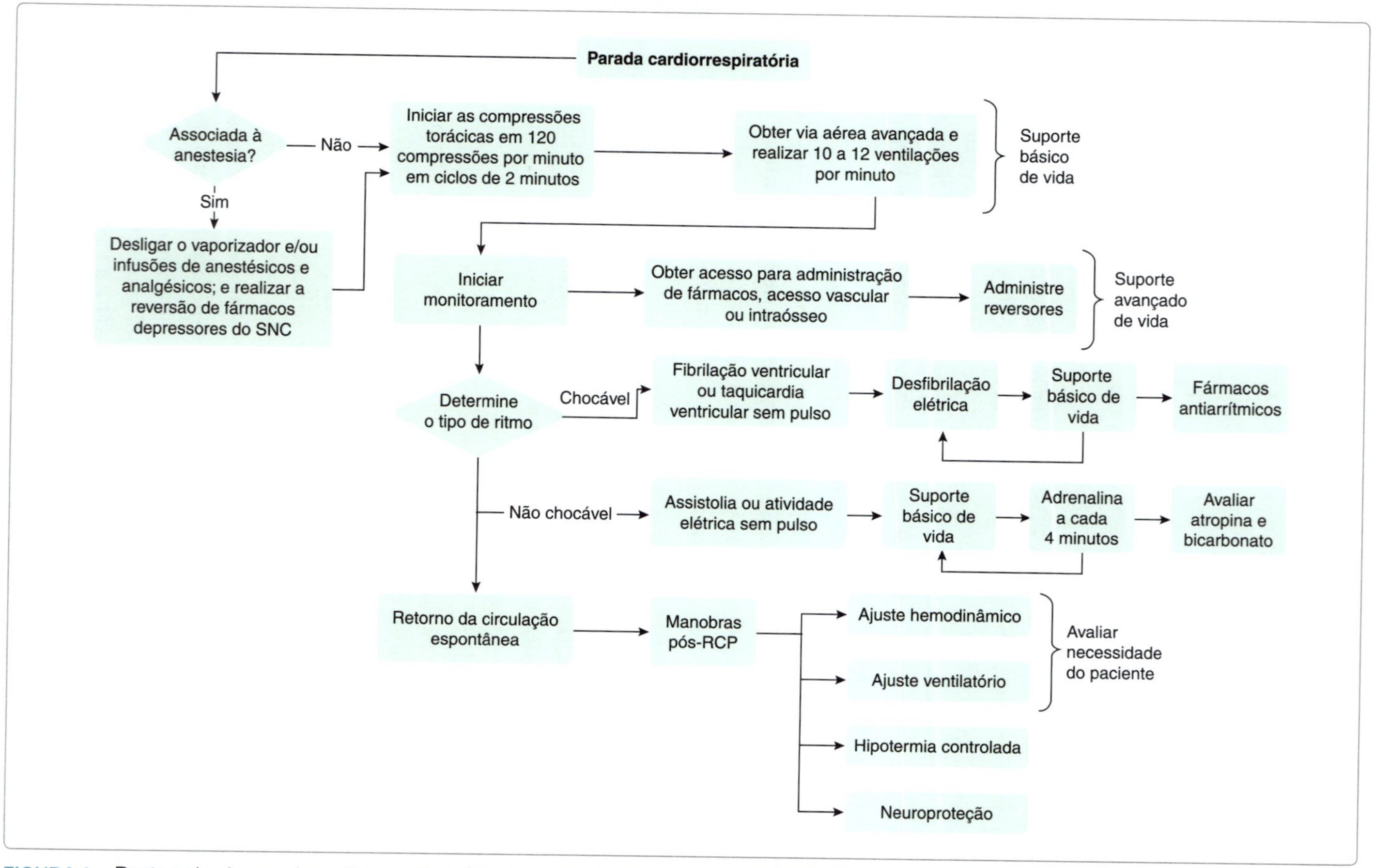

FIGURA 1. Protocolo de reanimação cardiopulmonar, adaptado da diretriz RECOVER.

QUADRO 1

Principais etiologias associadas à parada cardiorrespiratória, adaptadas de 5H e 5T da medicina humana para felinos

5H	4T
▪ Hipovolemia ▪ Hipóxia ▪ Hipocalemia/hipercalemia ▪ Hidrogênio (acidose) ▪ Hipotermia	▪ Tensão no tórax (pneumotórax) ▪ Tamponamento cardíaco ▪ Tóxicos ▪ Trombose aórtica

SUPORTE BÁSICO DE VIDA

O suporte básico de vida (SBV) é sem dúvida a parte mais importante do protocolo de reanimação. Sua execução de qualidade é associada aos melhores resultados. O SBV engloba os processos de compressão torácica e ventilação, ou seja, visa a artificialmente garantir fluxo sanguíneo aos tecidos, oxigenação e remoção de dióxido de carbono do paciente.

Compressões torácicas

Uma vez que o sistema cardiovascular para de executar sua função, instaura-se um desarranjo na entrega de oxigênio para todos os tecidos. Sua ausência leva a hipóxia tecidual e lesão isquêmica e, para evitá-las, a compressão torácica deve alcançar os seguintes objetivos:

- Promover fluxo pulmonar e garantir a hematose.
- Restabelecer a DO_2 (entrega de O_2, do inglês *oxygen delivery*).

Assim, é de suma importância que se executem compressões de alta qualidade pois, quando bem executadas, geram um terço do débito cardíaco normal, ou seja, qualquer perda de qualidade das compressões está relacionada diretamente com a diminuição de ROSC e da sobrevivência.

Para felinos, a recomendação é que se execute preferencialmente a bomba cardíaca, ou seja, a compressão é realizada sobre a região do coração. Há duas possibilidades de posicionamento durante a compressão, ambas em decúbito lateral (Figura 2):

- Compressão circunferencial, em que as mãos abraçam o tórax felino, uma pelo esterno (que aplicará pressão na região cardíaca) e outra na região da coluna vertebral.

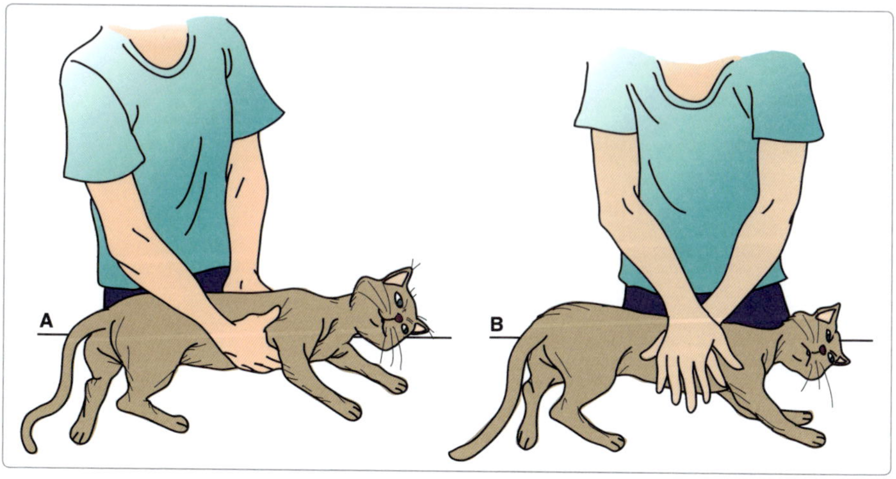

FIGURA 2. Compressões torácicas em gatos. **A:** decúbito lateral, diretamente sobre o coração, técnica circunferencial de uma mão. **B:** técnica de duas mãos em gatos maiores ou fatigados após a técnica de uma mão. Se a mesa for muito alta, pode-se usar um banquinho, subir na mesa ou colocar o paciente no chão. Porém, não é recomendado que se apoie no paciente, para permitir o recuo total da parede torácica.

Fonte: adaptada de Fletcher et al., 2012.

- Em gatos maiores, pode ser realizada a compressão com as duas mãos diretamente na região cardíaca.

As compressões devem obedecer a um ritmo de 100 a 120 por minuto, em ciclos de 2 minutos. O ciclo não deve ser interrompido e, ao fim dele, deve ser trocada a pessoa que o está executando, evitando a fadiga e a diminuição da qualidade das compressões. É importante salientar que a compressão deve garantir que o tórax tenha um aprofundamento de 1/3 até 1/2 de sua profundidade, e que o recuo seja total.

Ventilação

Na diretriz RECOVER, há duas recomendações para ventilação: boca-focinho e através de via aérea avançada (VAA). A recomendação para o uso da ventilação boca-focinho deriva de um relato de caso em cão, ou seja, para felinos não há nenhuma recomendação para o uso dessa técnica, e mesmo avaliando as recomendações humanas dos últimos 20 anos, há uma tendência a cada vez mais aceitar como padrão-ouro a ventilação através de intubação orotraqueal. Vale lembrar que a RCP apresenta uma taxa de sucesso ainda baixa e, para melhorá-la, devem-se utilizar técnicas que tragam garantia de melhor desempenho, além de a VAA já garantir uma rota para a administração de fármacos, como adrenalina e atropina.

Uma vez que é realizada a VAA, inicia-se a ventilação do paciente com o auxílio do reanimador manual. Este deve ser de silicone e possuir volume adequado para a espécie felina, assim, sugere-se que sejam utilizados os tipos neonatal e pediátrico. Este deve estar ligado a uma fonte de oxigênio 100% e possuir bolsa-reservatório. A frequência a ser utilizada é 10 a 12 movimentos por minuto, com cautela, para que se mantenha nessa faixa. Estudos experimentais demonstraram que altas frequências estão associadas ao insucesso. O volume corrente a ser entregue é de 10 mL/kg, em um tempo inspiratório de 1 segundo.

SUPORTE AVANÇADO DE VIDA

O suporte avançado de vida (SAV) é realizado em conjunto com o SBV. No SAV, são iniciados a monitoração, a aquisição de uma via para a administração de fármacos e o uso de fármacos necessários para obter ROSC. A desfibrilação é uma técnica realizada durante o SAV.

Monitoramento

O monitoramento do paciente em PCR deve ser iniciado com o uso do eletrocardiógrafo (EGC). É importante deixar claro que o ECG não deve ser usado para identificar a PCR, mas é importante durante o SAV, pois trará a informação de qual ritmo esse paciente está apresentando. Dentre os ritmos de PCR, há dois grupos que são classificados de acordo com a terapêutica a ser instituída. São eles: os ritmos chocáveis e os não chocáveis. Nos ritmos chocáveis estão a fibrilação ventricular (FV) e a taquicardia ventricular sem pulso (TVSP), já no outro grupo estão a assistolia e a atividade elétrica sem pulso (AESP).

Outra ferramenta importante para o monitoramento do paciente em RCP é a capnografia. A capnografia é um sensor que faz a mensuração dos níveis de CO_2 presente na expiração. Na RCP, sua importância se dá como marcador precoce da ROSC, pois uma vez restabelecido o funcionamento do metabolismo celular, este gerará um incremento da produção de CO_2 e, assim, será expirada uma concentração maior de CO_2. Outra situação muito importante, contemplada pelo uso da capnografia, é a decisão de encerrar a RCP. Essa decisão ocorre quando não se obtém pelo menos 10 mmHg de $EtCO_2$ após 20 minutos de RCP.

Outros métodos de monitoramento também são importantes e devem ser incluídos, como oximetria, mensuração de pressão arterial e, se disponível, hemogasometria. Esta tem um papel muito importante para buscar a etiologia, podendo identificar 3 dos 5 H (hipóxia, hipo e hipercalemia), e acidose. A ultrassonografia deve ser utilizada a partir de um protocolo descrito para pequenos animais, e ajuda tanto na identificação da causa da PCR, hipovolemia ou pneumotórax, como no monitoramento por meio da avaliação da contratilidade cardíaca e da volemia quando em ROSC.

Rotas de administração de fármacos

O RECOVER sugere que, assim que a VAA esteja disponível, já se inicie a administração dos fármacos de emergência pelo traqueotubo. É importante ressaltar que os fármacos devem ter suas doses ajustadas para a administração **intratraqueal (IT)** (Tabela 1). Outra via sugerida é a **intraóssea (IO)**, que, mesmo em situações de hipotensão, é factível de se obter. A via intraóssea admite a administração dos principais fármacos de emergência, utilizando a mesma dose que seria administrada por via intravenosa. Entretanto, **a via preferencial a ser obtida é a vascular.** Esse acesso pode ser realizado em diferentes vasos e através de punção comum ou mesmo através de dissecção de emergência.

Fármacos e desfibrilação

A adrenalina é o principal agente farmacológico usado na RCP, sendo ela parte do manejo terapêutico na presença de ritmo chocável ou não. Possui meia-vida curta e, assim, deve ser administrada a cada 4 minutos, ou seja, intercalada nos ciclos de compressão. A recomendação inicial é que seja usada em dose baixa (0,01 mg/kg) e, em situações em que o paciente chega em PCR superior a 10 minutos, pode ser administrada a dose alta (0,1 mg/kg). Esse aumento de dose é justificado, pois os receptores adrenérgicos perdem afinidade quando o paciente apresenta acidemia. A atropina (0,04 mg/kg) é usada nas bradiarritmias e pode

TABELA 1 Fármacos usados por via intratraqueal na reanimação cardiopulmonar em gatos

Fármaco	Concentração	Dose	Observação
Adrenalina (dose baixa)	1 mg/kg	0,02-0,1 mg/kg	A cada 4 minutos (ciclo sim, ciclo não)
Adrenalina (dose alta)	1 mg/kg	0,1 mg/kg	Considerar em PCR prolongadas (> 10 minutos)
Vasopressina	20 U/kg	1,2 U/kg	A cada 4 minutos (ciclo sim, ciclo não)
Atropina	0,5 mg/kg (mais comum)	0,15-0,2 mg/kg	Bradiarritmias ou para atividade vagal alta

ser empregada quando há suspeita de excesso de tônus vagal. A vasopressina (0,8 U/kg) é um vasopressor que, até o momento, não demonstra superioridade em relação à adrenalina, mas por agir nos receptores V e não ser influenciada pelo pH, pode ser uma opção em paciente acidóticos ou que chegam em PCR prolongada. Quando a PCR é prolongada, há a possibilidade do uso de bicarbonato (1 mEq/kg) para melhorar a acidemia e, assim, garantir um bom funcionamento da adrenalina e da maquinaria enzimática celular. É importante esclarecer que essa é uma situação extrema, portanto, o uso de bicarbonato é factível.

Os reversores serão sempre utilizados a fim de reduzir qualquer efeito depressor. Dentre os reversores disponíveis, é indicado utilizar a naloxona para reversão da ação de opioides, o atipamezol e para a reversão de alfa-2 agonistas e o flumazenil para a reversão de benzodiazepínicos.

A amiodarona (5 mg/kg) deve ser empregada como antiarrítmico para o tratamento da TVSP e FV, pela sensibilidade que o felino apresenta com o uso da lidocaína. Essas condições também devem ser tratadas com o uso da desfibrilação, visto que são classificadas como ritmos chocáveis. É importante o conhecimento do equipamento que está sendo utilizado, porque as cargas diferem entre equipamentos monofásicos (4-6 J/kg) e bifásicos (2-4 J/kg). O uso do desfibrilador requer conduta de segurança para evitar acidentes na equipe. O uso normalmente é determinado pelo tempo de PCR do paciente. Se o felino está parado até 4 minutos, pode-se realizar o disparo seguido de um ciclo de compressões torácicas, mas se o paciente está há mais de 4 minutos parado, invertem-se as terapêuticas: inicia-se com ciclo de compressão e depois realiza-se a desfibrilação. Na verificação de insucesso da conversão do ritmo, no próximo disparo é aceito um aumento de 50% na carga do desfibrilador, até chegar ao limite de 10 J/kg. A Tabela 2 dispõe das doses e indicações de cada medicação utilizada na RCP.

CONDUTAS PÓS-RCP

Na constatação de ROSC, iniciam-se as condutas pós-RCP. São manobras de estabilização da hemodinâmica e da parte ventilatória do paciente. Seguem os padrões já bem estabelecidos na emergência e terapia intensiva veterinária. Aqui, é muito importante o conhecimento da causa de base, para que o paciente não entre em nova PCR.

Duas condutas podem ser realizadas após a RCP, que são a neuroproteção e a hipotermia controlada. A neuroproteção abrange o uso de terapia com soluções osmóticas para reduzir o edema cerebral em pacientes que apresentam sinais de lesão no sistema nervoso central. A literatura indica o uso tanto do manitol como da solução salina hipertônica. A outra conduta inclui o uso de barbitúricos na profilaxia do desenvolvimento de convulsões, caso seja indicado. Já a hipotermia

TABELA 2 Fármacos usados por vias intravenosa e intraóssea na reanimação cardiopulmonar de gatos

Fármaco	Concentração	Dose	Observação
Adrenalina (dose baixa)	1 mg/kg	0,01 mg/kg	A cada 4 minutos (ciclo sim, ciclo não)
Adrenalina (dose alta)	1 mg/kg	0,1 mg/kg	Considerar em PCR prolongadas (> 10 minutos)
Vasopressina	20 U/kg	0,8 U/kg	A cada 4 minutos (ciclo sim, ciclo não)
Atropina	0,5 mg/kg (mais comum)	0,04 mg/kg	Bradiarritmias ou para atividade vagal alta
Bicarbonato	1 mEq/mL	1 mEq/kg	Considerar em PCR prolongadas (> 10 minutos)/pH < 7
Amiodarona	50 mg/kg	5 mg/kg	Para TV e FV refratárias
Naloxona	0,4 mg/mL	0,04 mg/kg	Reversão de opioides
Flumazenil	0,1 mg/mL	0,01 mg/kg	Reversão de benzodiazepínicos
Atipamezole*	5 mg/mL	0,025 mg/kg	Reversão de alfa-2 agonista

* Uso intramuscular.
FV: fibrilação ventricular; TV: taquicardia ventrilcular.

controlada, ou seja, a manutenção de 2 a 4°C abaixo da temperatura normal, é uma técnica que visa reduzir a atividade metabólica, aumentando as chances de sobrevivência e prevenindo sequelas, enquanto é realizada a estabilização do paciente.

REFERÊNCIA

Fletcher DJ, Boller M, Brainard BM, Haskins SC, Hopper K, McMichael MA, et al.; American College of Veterinary Medicine; Veterinary Emergency and Critical Care Society. RECOVER evidence and knowledge gap analysis on veterinary CPR. Part 7: Clinical guidelines. J Vet Emerg Crit Care. 2012;22 Suppl 1:S102-S131.

LITERATURA SUGERIDA

Boller M, Fletcher DJ. RECOVER evidence and knowledge gap analysis on veterinary CPR. Part 1: Evidence analysis and consensus process: collaborative path toward small animal CPR guidelines. J Vet Emerg Crit Care. 2012;22(Suppl 1):S4-S12.

Brainard BM, Boller M, Fletcher DJ. RECOVER evidence and knowledge gap analysis on veterinary CPR. Part 5: Monitoring. J Vet Emerg Crit Care. 2012;22(Suppl 1):S65-S84.

Hofmeister EH, Brainard BM, Egger CM, Kang S. Prognostic indicators for dogs and cats with cardiopulmonary arrest treated by cardiopulmonary cerebral resuscitation at a university teaching hospital. J Am Vet Med Assoc. 2009;235(1):0-57.

Hopper K, Epstein SE, Fletcher DJ, Boller M. RECOVER evidence and knowledge gap analysis on veterinary CPR. Part 3: Basic life support. J Vet Emerg Crit Care. 2012;22(Suppl 1):S26-S43.

McMichael M, Herring J, Fletcher DJ, Boller M. RECOVER evidence and knowledge gap analysis on veterinary CPR. Part 2: Preparedness and prevention. J Vet Emerg Crit Care. 2012;22(Suppl 1):S13-S25.

Rozanski E, Rush JE, Buckley GJ, Fletcher DJ, Boller M; RECOVER Advanced Life Support Domain Worksheet Authors. RECOVER evidence and knowledge gap analysis on veterinary CPR. Part 4: Advanced life support. J Vet Emerg Crit Care. 2012;22(Suppl 1):S44-S64.

Smarick SD, Haskins SC, Boller M, Fletcher DJ. RECOVER evidence and knowledge gap analysis on veterinary CPR. Part 6: Post-cardiac arrest care. J Vet Emerg Crit Care. 2012;22(Suppl 1):S85-S101.

33

Eutanásia

Christine Souza Martins

O PULO DO GATO

O médico-veterinário deve sempre buscar a saúde e o bem-estar de seus pacientes.

Quando chega o momento em que o bem-estar e a qualidade de vida se tornam insustentáveis, a eutanásia tem o papel de garantir um fim de vida digno e sem sofrimento.

Os proprietários devem ser bem esclarecidos sobre as condições de saúde e prognóstico, e o quanto a qualidade de vida de seu gato querido está comprometida.

Os proprietários devem ser apoiados em suas decisões sobre o fim da vida de seu animal, com empatia e compaixão.

INTRODUÇÃO

A palavra eutanásia é derivada da junção dos termos gregos *eu*, que significa bom/boa e *thanatus*, que significa morte. Portanto, a intenção do termo é englobar o significado de "boa morte", sendo aquela que ocorre com o mínimo de dor e sofrimento. No contexto da medicina veterinária, eutanásia se refere ao ato de induzir a morte de um animal de maneira humanitária, isto é, compassiva e misericordiosa. Considera-se nossa responsabilidade ética, profissional e humana garantir que nossos pacientes tenham um fim de vida com o mais alto grau de respeito e garantindo que a morte, quando necessária, seja indolor e com o menor nível de estresse e sofrimento possível.

A decisão de realizar eutanásia em um animal carrega uma carga emocional para o proprietário, assim como para o veterinário e sua equipe. Saber o momento certo pode ser um desafio. Não cabe ao médico-veterinário tomar a decisão, mas sim instruir e discutir todos os aspectos do diagnóstico e prognóstico do paciente com o proprietário. Devemos descrever em detalhes os aspectos de vida, sobrevida e, principal e fundamentalmente, de qualidade de vida do paciente, auxiliando e apoiando o proprietário na sua decisão. O exercício da compaixão e empatia nesse momento é fundamental. A forma como manejamos esse momento pode ter reflexo nas futuras interações com aquele proprietário e em sua percepção quanto a nossa competência profissional e confiança mútua.

Não cabe aqui discutirmos aspectos pessoais, religiosos ou éticos envolvidos no procedimento, mas incentivamos os veterinários que não se sintam à vontade com a realização da eutanásia a buscar informações mais aprofundadas.

O Conselho Federal de Medicina Veterinária, por meio da Resolução n. 1.138, de 16 de dezembro de 2016, aprovou o Código de Ética Profissional do Médico Veterinário, que traz, em seu artigo 6º, listando entre os deveres do médico-veterinário: "parágrafo XIII: realizar a eutanásia nos casos devidamente justificados, observando princípios básicos de saúde pública, legislação de proteção aos animais e normas do CFMV".

INDICAÇÕES

A decisão de realizar eutanásia em um animal é uma questão bastante complexa. As entidades envolvidas em bem-estar animal consideram que a eutanásia seja justificada quando o animal está sofrendo, em decorrência de doença incurável ou trauma grave irreversível, ou quando o animal representa risco à saúde ou à integridade física humana ou de outros animais por doença ou comportamento atipicamente agressivo.

Os proprietários frequentemente permitem que as emoções interfiram nas decisões. Aí entra o médico-veterinário nos esclarecimentos quanto aos aspectos de sofrimento físico e emocional do animal que não mais está mais sendo capaz de exercer suas funções ou exibir seu comportamento natural. O comprometimento da qualidade de vida deve ser explicado detalhadamente.

Infelizmente, não é raro que o proprietário se sinta obrigado a optar pela eutanásia por motivos financeiros, por não ser capaz de arcar com os custos do tratamento necessário para seu animal. Nessa situação, os sentimentos de impotência, culpa e frustração se tornam ainda mais devastadores.

MÉTODOS

A técnica de eutanásia deve resultar em rápida perda de consciência, seguida de parada cardíaca e respiratória, culminando na perda de funções cerebrais. Além disso, certamente a técnica e os procedimentos também devem priorizar a máxima redução de estresse, ansiedade e medo vivenciados pelo paciente antes da perda da consciência.

Com esses objetivos em mente, os procedimentos devem levar em consideração o manuseio do gato, respeitando suas características comportamentais e seu estado clínico no momento.

O ambiente escolhido para realizar a eutanásia deve ser livre de ruídos e com baixa luminosidade, longe de outros animais. Pode-se optar inclusive por fazer o procedimento "em domicílio". Antes do procedimento, o proprietário e o médico-veterinário devem combinar como será feito o descarte do corpo de maneira sanitária. Também se deve garantir privacidade ao proprietário e um momento para despedida antes e depois do procedimento, se assim desejar.

A realização da eutanásia no domicílio do animal pode ser menos estressante para o gato e para o proprietário, mas certamente é mais estressante para o veterinário. Por isso, o profissional deve ir preparado para quaisquer eventualidades, como acesso venoso difícil, falta de material, indisponibilidade de uma ampla variedade de fármacos. Mesmo em casa, deve-se garantir um local adequado para contenção e restrito de acesso ou fugas.

Quando os proprietários optam por estar presentes durante o procedimento, eles devem ser previamente esclarecidos e preparados para o que pode ocorrer. São informados sobre quais fármacos serão usados, o efeito de cada um deles e como o gato pode responder a eles. Reações esperadas, como vocalizações, fasciculações musculares, não fechamento das pálpebras, micção, defecação e movimentos de respiração agônica são aflitivas quando testemunhadas. Os proprietários podem interpretar movimentos involuntários durante a morte como tentativas de reação ou presença de consciência ou dor.

O método escolhido deve atender a quatro critérios:

- Ser indolor.
- Causar inconsciência de forma rápida, seguida de morte.
- Causar mínimo estresse ou medo.
- Ser confiável e irreversível.

O uso de agentes injetáveis é considerado o método mais rápido e confiável de realizar a eutanásia, de preferência por via intravenosa (Quadro 1). O uso da veia safena medial tem a vantagem de permitir que o proprietário, se assim quiser,

QUADRO 1

Métodos de eutanásia recomendados para utilização em gatos*

- Barbitúricos (tiopental) por via intravenosa
- Barbitúricos por via intraperitoneal, caso o acesso venoso seja impossível
- Outros anestésicos gerais por via intravenosa: propofol, etomidato
- Anestésicos inalatórios, seguidos, se necessário, de outros métodos para assegurar a morte
- Após perda de reflexo (plano anestésico): cloreto de potássio por via intravenosa em dose suficiente para assegurar parada cardiorrespiratória

* Segundo diretrizes do Conselho Nacional de Controle e Experimentação Animal (CONCEA) e do Conselho Federal de Medicina Veterinária (CFMV).

continue em contato próximo da face do gato, nas suas despedidas. Se o acesso venoso estiver difícil ou impossível, pode-se considerar uma sedação prévia e uma via alternativa, como a intraperitoneal, com o uso de agentes não irritantes.

A depender das condições do paciente, pode ser recomendado o uso prévio de um ansiolítico ou sedativo. A escolha deve ser por agentes que possam ser administrados de forma segura e eficaz, por via oral ou subcutânea.

É imperativo que, após o procedimento, a morte seja confirmada, pois animais inconscientes podem parecer mortos. É totalmente inaceitável um animal despertar do estado de inconsciência horas depois. Os seguintes sinais devem ser verificados para assegurar que a morte ocorreu de fato:

- Ausência de movimentos respiratórios (apneia).
- Ausência de batimentos cardíacos (assistolia), preferencialmente por meio do uso de estetoscópio.
- Ausência de pulsação periférica.
- Mucosas pálidas.
- Perda do reflexo corneal e do reflexo pupilar à luz.

Os proprietários podem não contar com uma rede de apoio social que seja capaz de compreender o apego emocional ao seu animal e muito menos a dor experimentada nesse momento. O médico-veterinário deve estar presente e se mostrar empático e disposto a ouvir, falando pouco e evitando frases feitas e padronizadas. Mostrar que entende o sofrimento e o valor da vida daquele animal pode servir de enorme conforto ao proprietário.

LITERATURA SUGERIDA

AVMA guidelines for the euthanasia of animals: 2020 edition. Schaumburg: American Veterinary Medical Association; 2020. p.1-121.

Beaver BV, Reed W, Leary S, McKiernan B, Bain F, Schultz R, et al. 2000 Report of the AVMA Panel on Euthanasia. J Am Vet Med Assoc. 2001;218:669-96.

Brasil. Conselho Federal de Medicina Veterinária (CFMV). Guia Brasileiro de Boas Práticas para Eutanásia em Animais. Disponível em: https://www.cfmv.gov.br/guia-brasileiro-de-boas-praticas-para-a-eutanasia-em-animais/comunicacao/publicacoes/2020/08/03/#1

Marchitelli B, Shearer T, Cook N. Factors contributing to the decision to euthanize: diagnosis, clinical signs, and triggers. Vet Clin North Am Small Anim Pract. 2020;50(3):573-89.

Ministério da Ciência, Tecnologia e Inovações. Resolução Normativa CONCEA n. 37/2018 – Diretriz da Prática de Eutanásia do Conselho Nacional de Controle de Experimentação Animal. Disponível em: https://antigo.mctic.gov.br/mctic/export/sites/institucional/legislacao/Arquivos/Anexo_Res_Norm_37_2018_CONCEA_Pratica_Eutanasia.pdf. Acesso em 05 maio 2023.

Robertson SA. Pharmacologic methods: an update on optimal presedation and euthanasia solution administration. Vet Clin North Am Small Anim Pract. 2020;50(3):525-43.

Spitznagel MB, Marchitelli B, Gardner M, Carlson MD. Euthanasia from the veterinary client's perspective: psychosocial contributors to euthanasia decision making. Vet Clin North Am Small Anim Pract. 2020;50(3):591-605.

Índice remissivo

D

E

T

U

V

X